DAS RADIALBOHREN

ON ERWIN STEPHAN

BETRIEBSHANDBUCH
DER RABOMA MASCHINENFABRIK HERMANN SCHOENING
BERLIN-BORSIGWALDE

Im Buchhandel zu beziehen durch den Verlag Julius Springer, Berlin W 9

ISBN-13:978-3-642-90432-5 e-ISBN-13:978-3-642-92289-3
DOI: 10.1007/978-3-642-92289-3

Softcover reprint of the hardcover 1st edition 1940

Am 1. Mai 1940 jährte sich zum 40. Mal der Tag, an dem

DR. ING. E. H. HERMANN SCHOENING

die Raboma-Maschinenfabrik Hermann Schoening gegründet hat. Dem Andenken dieses hervorragenden Mannes, der seine ganze Aufmerksamkeit vorausschauend und zielbewußt schon sehr früh auf ein einziges Erzeugnis, die Radialbohrmaschine, richtete, der in unermüdlicher Arbeit sein Unternehmen aus kleinsten Anfängen zu der heutigen Größe gebracht und der Raboma-Radialbohrmaschine Weltgeltung verschafft hat, widme ich in Dankbarkeit und Treue dieses Buch.

DER VERFASSER

VORWORT

Auf allen Gebieten der mechanischen Bearbeitung wird der Betriebsmann täglich vor neue Aufgaben gestellt. Ihre Lösung erfordert häufig über das normale Maß hinausgehende Sondererfahrungen auf den verschiedenen Teilgebieten, die nicht immer in genügendem Umfange zur Verfügung stehen.

Über eines dieser Teilgebiete, die Bohrerei mit der Radialbohrmaschine, gibt das vorliegende Buch einen umfassenden Überblick. In ihm sind die mannigfaltigen Aufgaben des Bohrbetriebes einzeln und in größerem Zusammenhang besprochen und auch die Einflüsse von Werkzeug, Maschine und Vorrichtung auf die Arbeitsgenauigkeit eingehend behandelt.

Das Buch ist also keine Sammlung von Gelegenheitslösungen. Es soll vielmehr ein *Betriebshandbuch* sein, das sich vor allem an die Betriebsleute wendet, die Auskunft auf Fragen über die wirtschaftliche Ausgestaltung der Bohrerei oder, bei nicht zufriedenstellenden Arbeitsergebnissen, nach Abhilfe suchen.

Gleichzeitig soll damit aber auch dem Nachwuchs die Gelegenheit gegeben werden, sich mit diesem Arbeitsgebiet vertraut zu machen und darüber hinaus die Entwicklung bis zum heutigen Tage kennenzulernen. Dies erschien uns wichtig genug, um auch die Aufnahme einiger Abschnitte einführender Art zu rechtfertigen.

Trotz dieser weiten Zielsetzung hätte ein tieferes Eingehen auf Einzelheiten angrenzender Arbeitsgebiete, wie beispielsweise die Ausbildung der Werkzeuge, zu weit geführt. Wir glaubten, darauf um so eher verzichten zu können, als gerade diese Fragen vielfach schon von berufener Seite eingehend behandelt sind.

Die einzelnen Kapitel sind so weit wie möglich in sich abgeschlossen. Die dadurch bedingten teilweisen Wiederholungen bringen den Vorteil der erleichterten Übersicht. Dieser Gesichtspunkt war auch bei der Ausgestaltung der Tafeln maßgebend: sie sollen durch die ihnen beigegebenen Erläuterungen auch ohne Nachlesen der betreffenden Abschnitte verständlich sein.

Die Dezimalklassifikation, nach der die Abschnitte geordnet sind, dient ebenfalls dem besseren Zurechtfinden und gestattet ein späteres Einfügen von Erweiterungen und Zusätzen ohne Störung des Zusammenhanges. Die beiden ersten Ziffern der Bild- bzw. Tafelnummern entsprechen dabei den Nummern der Abschnitte.

Aus der Praxis — für die Praxis: Der Hersteller einer fortschrittlichen Maschine kann auf die Sondererfahrungen der Betriebe ebensowenig verzichten wie der Betriebsmann auf diejenigen des Herstellers. Wenn das Buch Anregungen für die wirtschaftliche Ausnutzung der Radialbohrmaschine bietet, dann seien diejenigen um fernere Mitarbeit und um Erfahrungsaustausch gebeten, denen an einer Weiterentwicklung dieses Sondergebietes gelegen ist!

INHALTS-VERZEICHNIS

ABSCHNITT 10

ZWECK, ARBEITSWEISE UND ENTWICKLUNG DER RADIALBOHRMASCHINE

Die ersten Radialbohrmaschinen

Zweck und Arbeitsweise

Die Weiterentwicklung zur neuzeitlichen Radialbohrmaschine

Werkzeugmaschinen baute sich ursprünglich jeder Verbraucher nach Bedarf in den eigenen Werkstätten selbst. Erst um das Jahr 1850 herum wurden sie allgemein für den Verkauf hergestellt und haben seither eine in Anbetracht der Kürze der Zeit erstaunliche Entwicklung durchgemacht.

Die ersten Radialbohrmaschinen

Die Radialbohrmaschine stand etwa im Jahre 1840 in ihren Grundzügen fest, und zwar in zwei im Aufbau unterschiedlichen Bauarten, der älteren von **Whitworth** (kastenförmiger Hohlgußständer mit senkrecht verschiebbarem Schlitten, in dem der Ausleger mit zwei Zapfen um etwa 180° schwenkbar gelagert ist) und der jüngeren von **Fairbairn** (Rundsäule mit Schwenkbarkeit um 360°).
Früher gebaute Radialbohrmaschinen zeigen noch die von der Holzkonstruktion übernommenen Formen mit profilierten Querschnitten, ebenen Wänden und außenliegenden Rippen. Von den genannten beiden Bauarten, die etwa den Abb. 1 und 2 der Tafel 100 entsprechen, führte sich in Deutschland zuerst die Ständer-Radialbohrmaschine ein, deren prismatische Führungen mit den damaligen Mitteln leicht herstellbar waren. Aus ihr entwickelte sich auch die Wand-Radialbohrmaschine (Tafel 100/3), während aus der Bauart Fairbairn die heute das Feld beherrschende Rundsäulen-Radiale mit Mantelrohr entstand (Tafel 100/4).

Zweck und Arbeitsweise

Der leitende Gedanke bei der Schaffung der Radialbohrmaschine war, große, schwere Werkstücke — ursprünglich Zylinder von Dampfmaschinen und Feuerbüchsen von Lokomotiven — abbohren zu können, ohne sie verschieben zu müssen, also die Bohrspindel auf das Werkstück einstellbar zu gestalten. Der Ausleger mußte radial beweglich und der Bohrschlitten am Ausleger verschiebbar sein, während den Bohrspindelhub übersteigende Unterschiede in den Höhenabmessungen der Werkstücke und in der Länge der Werkzeuge durch eine Höhenverstellung des Auslegers ausgeglichen wurden.
Die ursprüngliche Forderung, sperrige Stücke überhaupt bohren zu können, wurde aber mit fortschreitender Entwicklung immer mehr dahingehend erweitert, daß diese Arbeiten nun auch mühelos, schnell und vor allem genau verrichtet werden sollten.
Heute sind alle diese Forderungen erfüllt, und die Radialbohrmaschine ist zur **Fertigungsmaschine** (Produktionsmaschine) geworden. Sie ermöglicht nicht nur die üblichen Bohrarbeiten (Senken, Reiben, Gewindeschneiden, Stehbolzeneinziehen, Abflächen usw.), sondern tritt auch in der Reihenfertigung beim Bohren in Vorrichtungen (Bohrkästen) infolge ihrer leichteren und schnelleren Handhabung

häufig an die Stelle des Waagerechtbohrwerkes, wobei jeder gewünschte Grad der Arbeitsgenauigkeit zu erreichen ist. Längere Werkzeuge lassen sich nach Wegschwenken des Auslegers leicht in die Vorrichtung einführen oder herausnehmen; doppelseitige Grundplatten oder solche in T- oder Kreuzform ermöglichen pausenloses Arbeiten durch Aufspannen und Abbohren mehrerer Werkstücke nacheinander. Alle Bedienungselemente sind am Bohrschlitten auf engstem Raum vereinigt, so daß der Arbeiter dauernd das Werkzeug beobachten kann (Standortbedienung), ohne zur Ausführung der notwendigen Handgriffe immer wieder beiseite treten zu müssen.

Die Radialbohrmaschinen sind so handlich geworden, daß sie in der **Kleinteilebearbeitung** sogar mit kleineren Ständerbohrmaschinen erfolgreich in Wettbewerb treten.

Beim **Abbohren großer Flächen,** Platten, Rahmen o. ä. reicht häufig eine einzige Radialbohrmaschine nicht aus, denn der Vergrößerung der Ausladung sind wegen der freitragenden Konstruktion Grenzen gesetzt, die heute bei etwa 5 m Ausladung liegen. So große Ausladungen erfordern aber eine Beschränkung der Genauigkeits- und Leistungsansprüche, wenn die Maschine nicht zu schwer und zu unhandlich in der Bedienung werden soll. Es müssen also entweder mehrere Maschinen so dicht nebeneinander gestellt werden, daß ihre Reichweiten sich gegenseitig überschneiden und den ganzen Bohrbereich überdecken (Tafel 101/1), oder aber eine einzige Maschine wird auf einem Bett verschiebbar angeordnet, wobei die verschiedenen Bohrbereiche nacheinander abgebohrt werden (Tafel 101/2).

Von den an den Werkzeugschneiden wirksam werdenden **Bohrkräften** versucht die Vorschubkraft, das Gestell elastisch zu verbiegen, während die waagerechten Schnittkräfte, gleichen Anschliff

Bild 102: Geschichtliche Entwicklung der Raboma-Radialbohrmaschinen

beider Bohrerschneiden vorausgesetzt, ein Drehmoment ohne seitlich abdrängende Kraft ergeben. Deshalb ist das Gestell der Radialbohrmaschine nur zur Aufnahme der Vorschubkraft und des Drehmomentes, nicht aber von einseitig auf **eine** Werkzeugschneide wirkenden starken Schnittkräften eingerichtet. Das bedeutet, daß der Anschliff der Bohrer auf genau arbeitenden Spiralbohrerschleif- und -anspitzmaschinen vorgenommen werden muß, eine Notwendigkeit, die leider sehr häufig übersehen wird. Durch ungleichmäßig von Hand angeschliffene Bohrer wird der Ausleger, wenn das Werkzeug nicht geführt ist, hin- und hergerissen, und selbst eine kräftig wirkende Spannvorrichtung kann ihn nicht festhalten. Einseitig schneidende Werkzeuge oder solche mit ungleicher Schneidenbelastung wie Ausbohrstähle und Abflächmesser oder auch Senker, die in vorgegossenen, unrunden oder versetzten Löchern arbeiten, müssen deshalb dicht oberhalb oder unterhalb der Werkzeugschneide gut geführt sein.

Die Vorschubkraft wirkt sowohl auf das Werkzeug als auch auf das **Werkstück** und seine Unterlagen und setzt die Grundplatte, die Säule und den Ausleger unter Spannung. Die Maschine biegt oder bäumt sich auf, und zwar solange, bis der Gleichgewichtszustand erreicht ist. Tritt dann die Bohrerspitze durch das gebohrte Loch hindurch, so entspannen sich Maschine, Werkstück und Unterlagen, und der Anfangszustand ist wieder hergestellt.

Schon diese oberflächliche Betrachtung der Kräfteauswirkung zeigt, daß nicht nur die Maschine, sondern auch das Werkstück bzw. seine Unterlagen dem Bohrdruck das Gleichgewicht halten und daß zur Erzielung eines Höchstmaßes von Leistung alle Teile die erforderliche Widerstandsfähigkeit besitzen müssen. Der Bemessung der **Unterlagen** (Tische, Wagen usw.) für nachgiebige Werkstücke, wie Platten, Profileisen o. ä., ist also besondere Aufmerksamkeit zu schenken.

Üblicherweise stehen die Maschinen auf eigenen **Fundamenten,** und somit ist die verankerte Grundplatte beim Bohren entlastet. Die federnde Verbiegung der Maschine beschränkt sich dann auf die Säule mit Mantelrohr bzw. den Ständer und den Ausleger. Da jedoch mit guter Fundamentierung nicht immer zu rechnen ist, besonders in Stockwerkbauten, sind bei den Raboma-Radialen alle drei Teile so kräftig bemessen, daß ihre gesamte Verbiegung unter Einschluß des Spieles zwischen den beweglichen Teilen die aus der Erfahrung heraus als zulässig ermittelte Aufbäumung nicht überschreitet.

Beim Bohren sind alle beweglichen Teile festgespannt. Da das Werkzeug bei gelöster Maschine eingestellt wird, muß von allen **Spanneinrichtungen** verlangt werden, daß sie die Lage des eingestellten Werkzeuges nicht verändern, also kein Versetzen der Lochachse gegenüber der vorgezeichneten Stelle oder ein Klemmen des Werkzeuges in der Bohrbüchse herbeiführen.

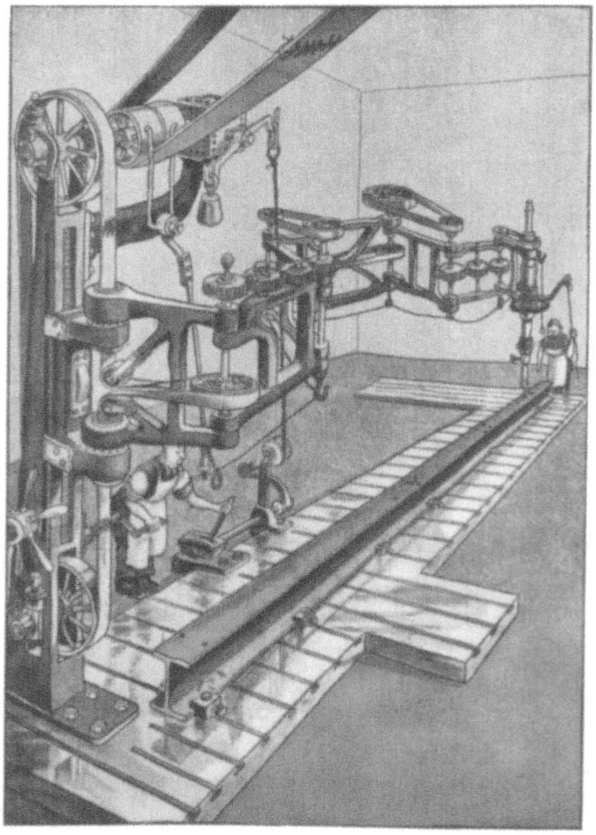

Bild 103: Karikatur einer Radialbohrmaschine

Die Weiterentwicklung der neuzeitlichen Radialbohrmaschine

Die Entwicklung der Radialbohrmaschine seit dem Jahre 1900 läßt sich am besten am Bild der Raboma erkennen (Bild 102). Zwar waren schon früher die meisten der auch heute noch gebräuchlichen Einrichtungen wenigstens in Ansätzen vorhanden, doch hat eine Zusammenfassung und Vereinheitlichung nicht nur das äußere Bild verändert, sondern auch die Handhabung von Grund auf umgestaltet, ganz abgesehen davon, daß aus den Maschinen heute eine viel höhere Leistung herausgeholt wird.

Früher saß jeder Bedienungsgriff dort, wo eine Einwirkung ausgeübt werden sollte. Die einzelnen Hebel und Griffe waren infolgedessen über die ganze Maschine verstreut und machten zum Teil Bewegungen für den Arbeiter nötig, die zwar jede für sich genommen nicht sehr erheblich waren, aber im Laufe eines Tages immerhin eine beträchtliche körperliche Leistung erforderten.

Heute sind nur wenige Schalt- und Bedienungsstellen vorhanden. Sie liegen ausschließlich am Bohrschlitten im engsten Griffbereich um den **Bedienungsmittelpunkt,** das Verschiebehandrad, in einer für den Bedienenden bequemen Lage, anders als dies der Karikaturist in dem Bild einer Gelenkradialbohrmaschine dargestellt hat (Bild 103).

Die Bohrspindel wird allgemein durch den von der Raboma-Maschinenfabrik erstmalig angewandten, auf dem Bohrschlitten stehend aufgebauten **Senkrechtmotor** (Bild 102) über ein Drehzahlwechselgetriebe angetrieben, von dem auch der Vorschub abgeleitet ist.

Vorläufer dieses stehenden Senkrechtmotors waren ein Waagerechtmotor mit Kegelradgetriebe sowie ein hinten am Bohrschlitten hängender Motor mit Stirnräderantrieb (Bild 104). Letzterer vermied zwar den Nachteil der überaus großen Abnutzung der schnellaufenden Kegelräder; die Notwendigkeit, die oben liegenden Stirnräder zu schmieren, erschwerte aber den Schutz des Motors vor Verölung.

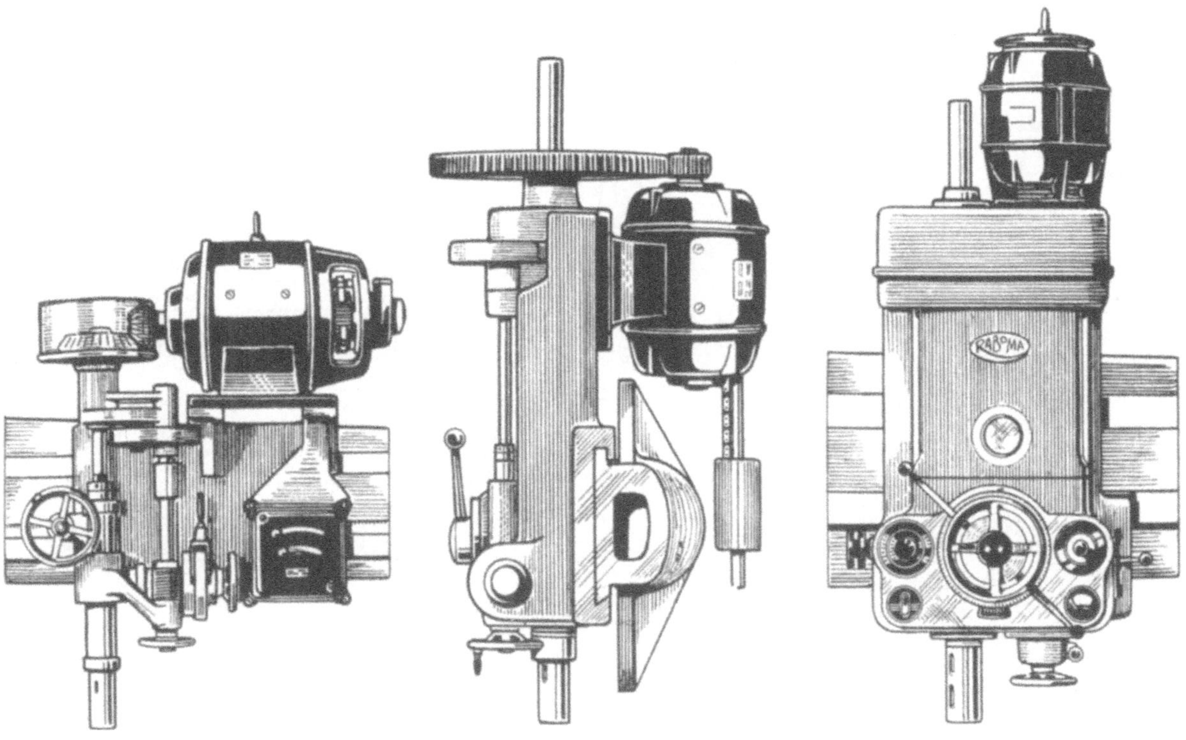

Bild 104: Entwicklung des direkten elektrischen Antriebes

RABOMA	Die beiden Grundtypen der **Radialbohrmaschinen**	Tafel 100

1

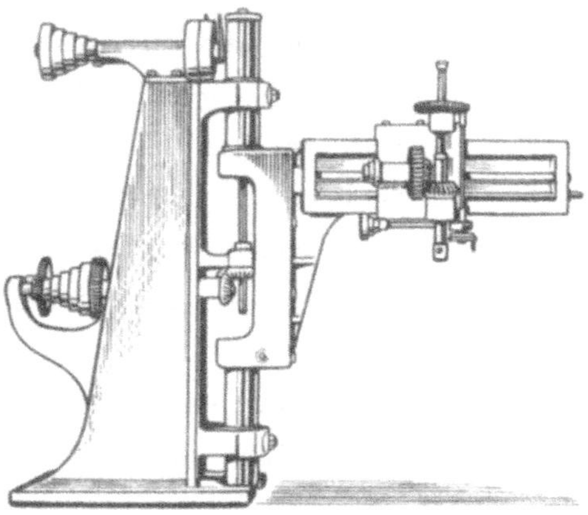

Der kastenförmige Hohlgußständer mit senkrecht verschiebbarem Ausleger.

2

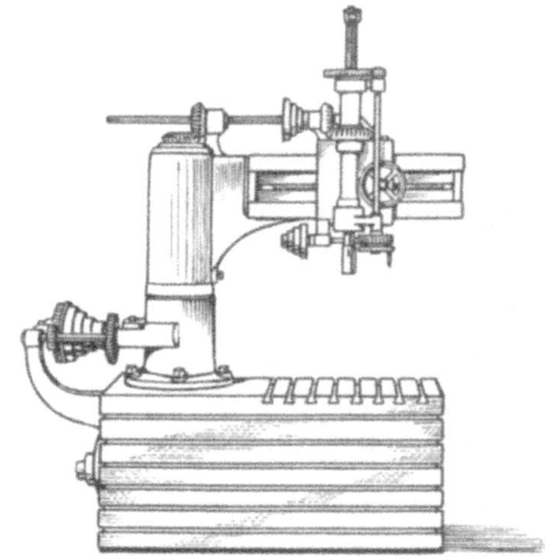

Die runde Säule ohne Höhenverschiebung des Auslegers.

3

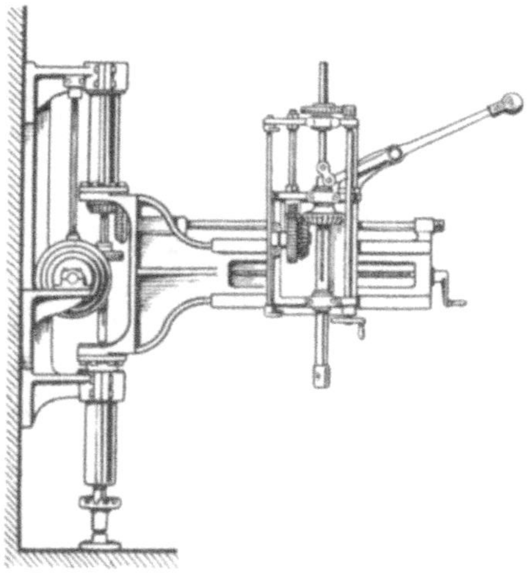

Aus der Ständerradialbohrmaschine entwickelte Wandradialbohrmaschine.

4

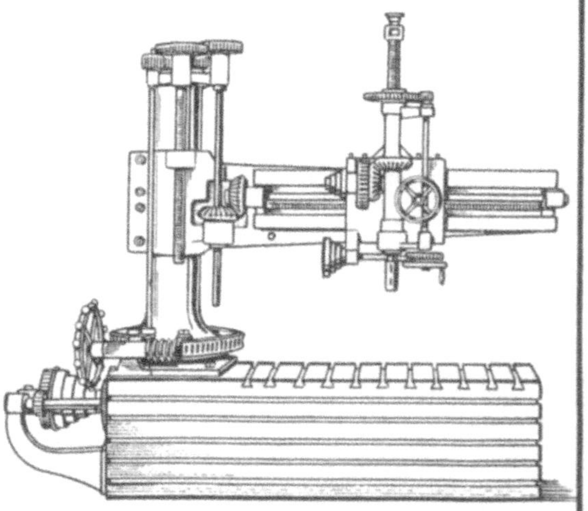

Rundsäulen Radialbohrmaschine mit in der Höhe verstellbarem Ausleger.

RABOMA

Abbohren großer Flächen

Tafel 101

1 Anordnung mehrerer feststehender Radialbohrmaschinen. Um auf beiden Seiten bohren zu können, müssen sich die Ausleger durchschwenken lassen.

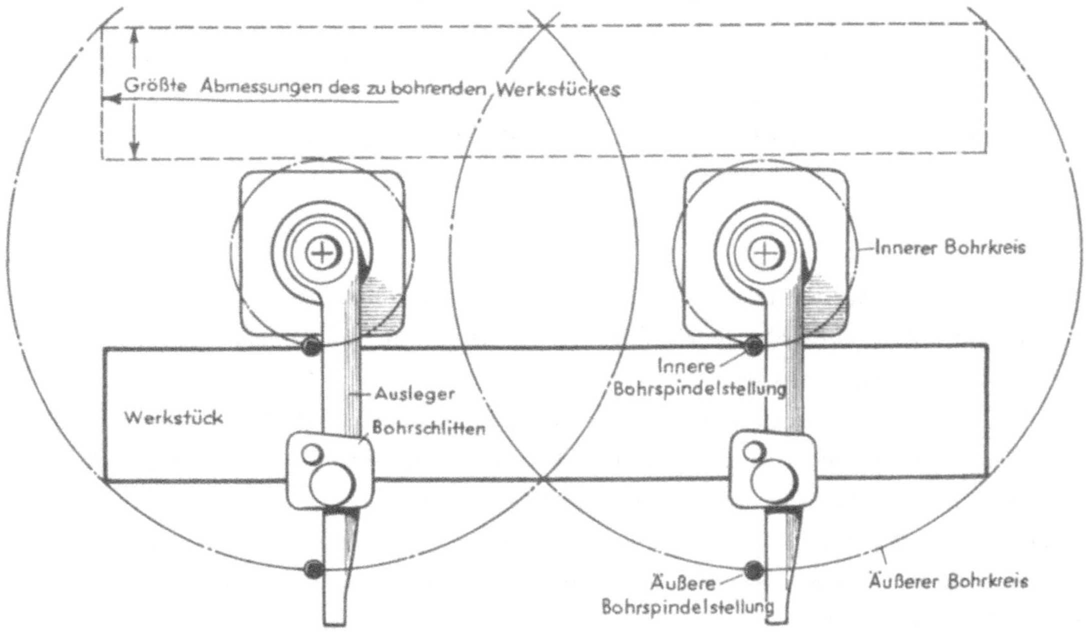

2

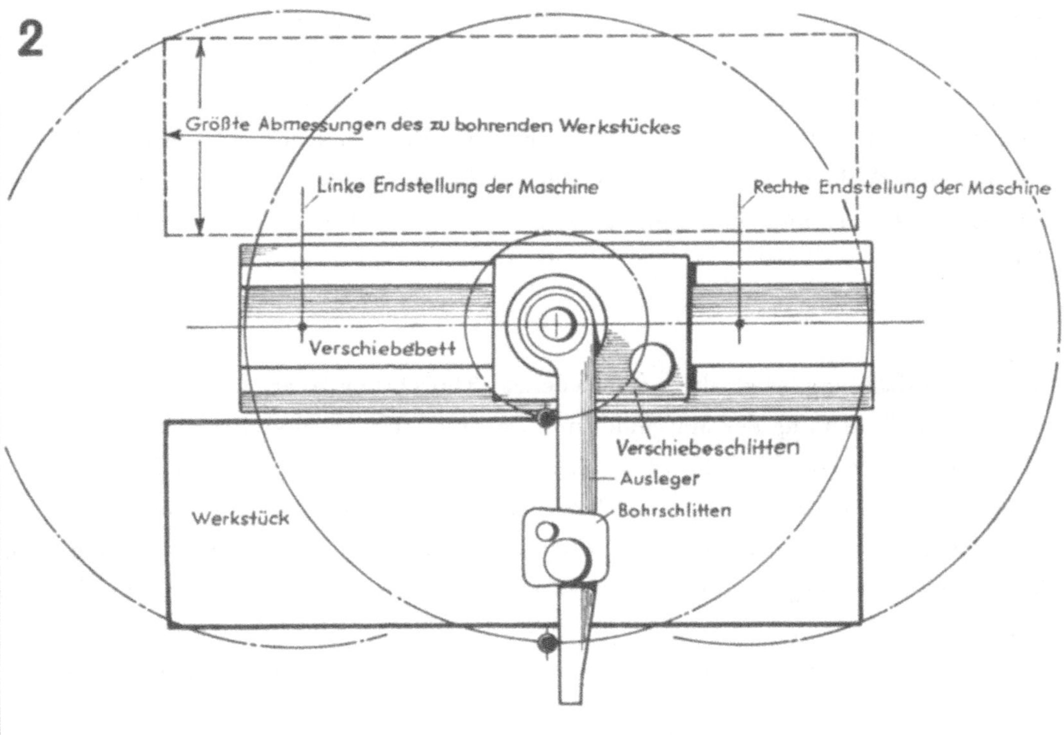

Anordnung einer auf Bett verschiebbaren Radialbohrmaschine.

ABSCHNITT 11

AUFBAU UND BEDIENUNG DER RADIALBOHRMASCHINE

Der Aufbau einer Rundsäulen-Radialbohrmaschine
Zweck und Wirkungsweise der verschiedenen Bedienungseinrichtungen
Die Bedienungsgriffe und -griffgruppen • Nachteile der Kopplung nicht zusammengehöriger Griffe
Auf kleinstem Raum zusammengefaßte Bedienung

Der **grundsätzliche Aufbau** einer neuzeitlichen Raboma-Radialbohrmaschine läßt sich am besten am Beispiel des gebräuchlichsten Baumusters (Bild 110 u. 111) erläutern, da es alle kennzeichnenden Einrichtungen besitzt.

Die Grundplatte, die feststehende Innensäule mit dem drehbaren Mantelrohr und der in der Höhe verstellbare Ausleger bilden zusammen das **Gestell,** das den Bohrschlitten trägt, die Einstellbewegungen vermittelt und die beim Bohren auftretenden Kräfte aufnimmt.

Im Sockel der Säule ist die Schalttafel mit den elektrischen Schaltern eingebaut und auf dem Rücken des Auslegers, in einem sogenannten Tornister, die Schützensteuerung für die Motoren. Zum Bohren werden Bohrschlitten und Säule gemeinsam durch ein elektro-hydraulisches Spannwerk festgeklemmt, dessen Druckknopfschalter in der Mitte des Bohrschlitten-Verschiebehandrades sitzt. Die Auf- und Abbewegung des Auslegers wird ebenfalls vom Bohrschlitten aus gesteuert.

Am **Bohrschlitten** befinden sich weiterhin die erforderlichen Einrichtungen zum Heben und Senken der Bohrspindel, zum Anstellen des mechanischen und des Handvorschubes sowie der selbsttätigen Tiefenauslösung, zum Wählen der Spindeldrehzahl und des Vorschubes, zum Schalten und Wenden des Drehsinnes der Bohrspindel und schließlich zur Kontrolle der Spindeldrehzahl und der Öl-Umlaufschmierung.

Die Bedienung

Die vorstehende Aufzählung zeigt die verschiedenen Einrichtungen an der Maschine. Zu ihrer Betätigung, d. h. zur Bedienung der Maschine sind, im Sinne der Arbeitszeitermittlung gesprochen, sogenannte Griffe notwendig, die sich entsprechend ihrer Zugehörigkeit zu einer bestimmten Verrichtung, z. B. zum Drehzahlwechsel, in **Griffgruppen** zusammenfassen lassen. Eine derartige Zusammenfassung zeigt, wieweit zwischen den Griffen dieser Gruppen eine gegenseitige Abhängigkeit besteht, die eine Zusammenlegung mit denjenigen einer anderen Gruppe verlangt, umgekehrt aber auch verbietet.

Vor dem Bohren sind an der Maschine eine Reihe solcher Bedienungsgriffe zu machen, die sich als Griffgruppen

A) bei jedem Loch,

B) meist nur nach einer Reihe von Löchern

wiederholen. Die dafür benötigten Zeiten sind in der Regel höher als die Schnittzeiten. Es ist also eine der wichtigsten Aufgaben, diese Nebenzeiten durch entsprechende Ausbildung der Bedienungseinrichtungen soweit wie irgend möglich zu verkürzen und darüber hinaus dafür zu sorgen, daß

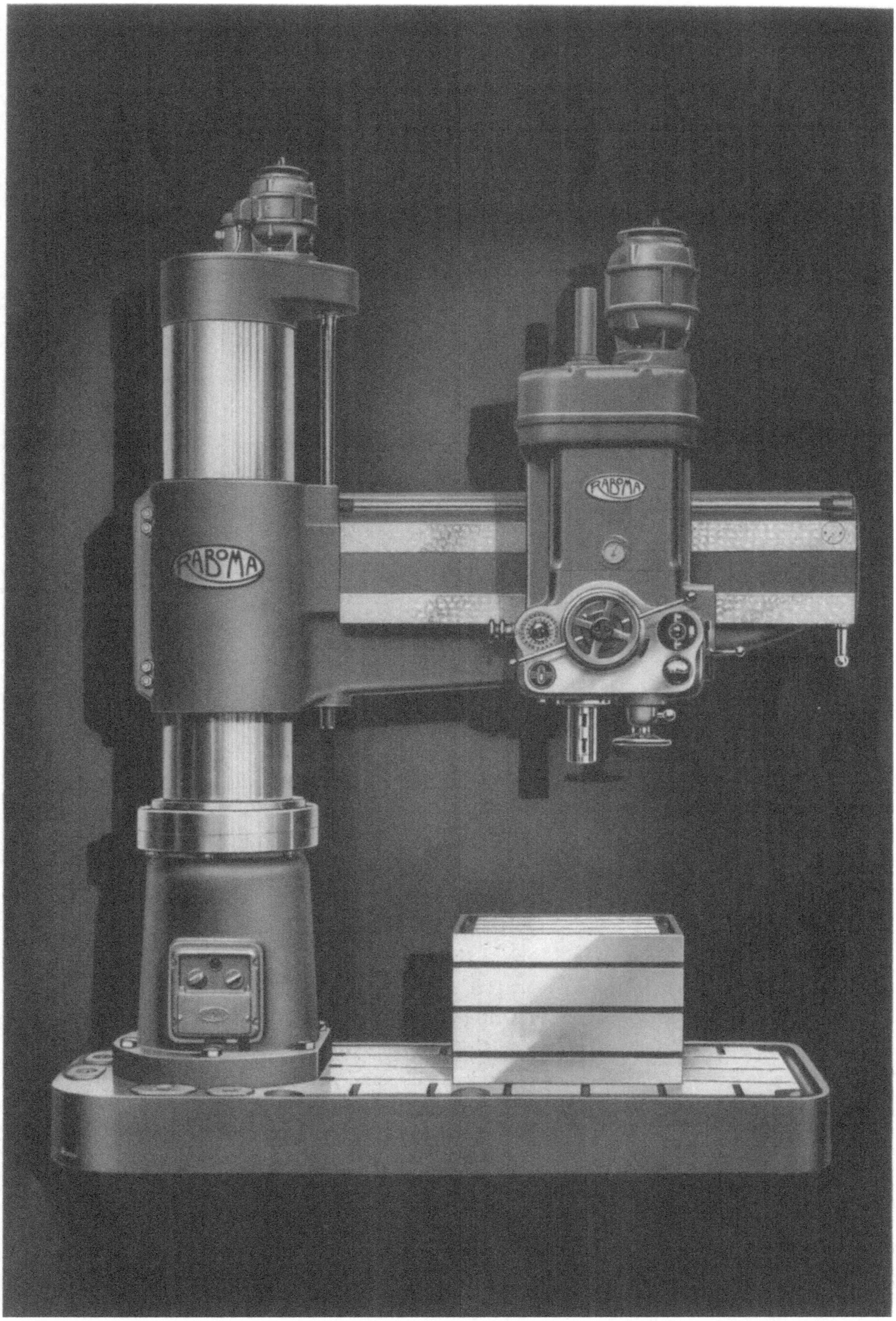

Bild 110: Raboma Radiale Baumuster 12 Rh 1500

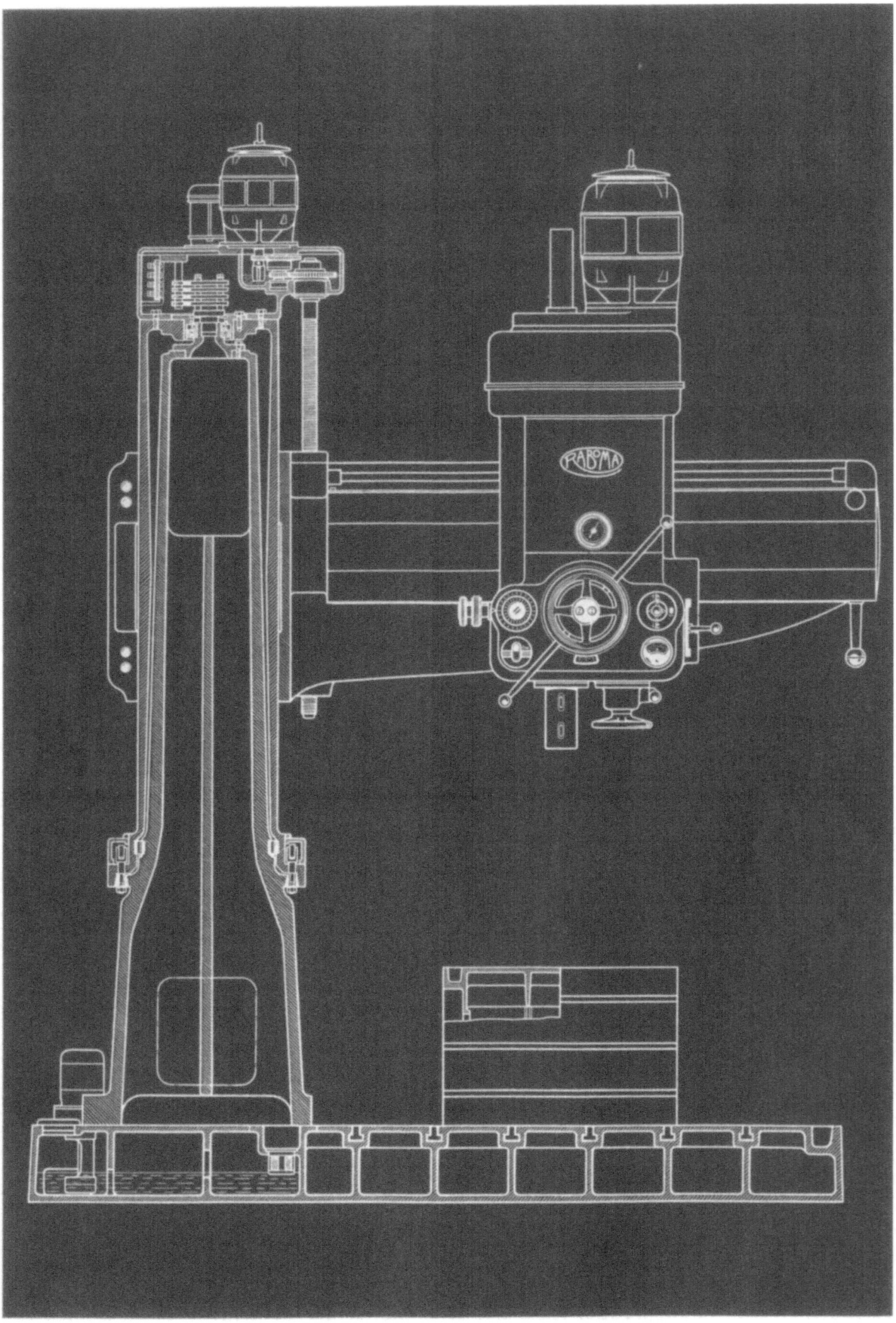

Bild 111: Schnitt durch Baumuster 12 Rh 1500

der Bedienungsmann von ermüdender, körperlicher Arbeit verschont bleibt und nur die Maschine zu steuern und die Arbeit zu überwachen braucht. Hierzu ist vor allem eine Einschränkung der Zahl der Bedienungsstellen zu fordern, z. B. durch Einhebelschaltungen; dann aber muß auch übersichtliche und handliche Anordnung in der Nähe des Bohrschlitten-Verschiebehandrades, das den Bedienungsmittelpunkt darstellt, verlangt werden. Nicht nur die Menge der geleisteten Arbeit, sondern auch ihre Genauigkeit hängt davon ab, **wie** die gestellten Aufgaben gelöst sind.

A) Bei jedem Loch sich wiederholende Griffgruppen

Zum Einstellen des Werkzeuges auf den Körner oder auf die Bohrbüchse muß die Bohrspindel in ihrer Achsenrichtung auf- und abbewegt, gleichzeitig aber auch der Ausleger geschwenkt und der Bohrschlitten verschoben werden. Zuvor sind noch die Säule und der Bohrschlitten zu lösen und nach dem Einstellen wieder festzuspannen (Tafel 112/1). Zum **Auf- und Abbewegen der Bohrspindel** dienen die Schaltkopfhebel. Zur leichteren Handhabung ist das Spindelgewicht ausgeglichen, und zwar nicht durch ein Gegengewicht, das bei jeder Bewegung beschleunigt und abgebremst werden müßte, sondern durch Spiralblattfedern von solcher Länge, daß nicht nur die Spindel in jeder Höhenstellung sicher festgehalten, sondern auch durch eine mühelos zu bedienende Nachstellvorrichtung das Gewicht schwerer Werkzeuge ausgeglichen werden kann.

Zum **Verschieben des Bohrschlittens und zum Schwenken des Auslegers** dient das Handrad (Tafel 112/1), das damit zwei Aufgaben erfüllt. Um diese zusammengesetzte Bewegung soweit wie möglich zu erleichtern, schwenkt der drehbare Teil der Säule oben um ein Kugellager und unten um einen Rollenkranz, dessen Laufbahnen gehärtete Federstahlbänder bilden (Bild 111). Durch sie wird vermieden, daß die gehärteten Rollen auf gußeisernen Bahnen laufen und sich einwalzen. Ein ebensolches obendrein noch unter Spannung stehendes Band liegt auf dem Auslegerprisma (Bild 111) und dient dem auf Rollenlagern spielend leicht beweglichen Bohrschlitten als Lauffläche. Es verhindert damit die Abnutzung des Auslegerprismas und sichert eine dauernd spielfreie Bohrschlittenführung. Säule und Bohrschlitten werden gemeinsam gelöst, und, nachdem das Werkzeug eingestellt ist, auch gemeinsam wieder festgespannt, denn beide Teile müssen beim Bohren unverrückbar fest stehen. Die Festspannung der Säule eilt jedoch gegenüber der des Bohrschlittens voraus, einmal um zu verhindern, daß der leicht bewegliche Ausleger beim Festspannen weggedrückt wird, dann aber auch, weil häufig Arbeiten vorkommen, die eine alleinige Bewegung des Bohrschlittens bei festgespannter Säule erfordern, z. B. leichte Fräsarbeiten.

Da nun der leicht bewegliche Ausleger beim Einstellen des Werkzeuges sich von vornherein ohne Zwang auf die Bohrbüchse einspielt, der massige Bohrschlitten dagegen meist noch einer kleinen Nachstellung bedarf, ist es notwendig, daß mit dem Handrad eine schlagähnliche Wirkung ausgeübt werden kann. Das Handrad muß deswegen in seinem Kranz ein gewisses Schwunggewicht besitzen und eine kleine Verdrehung in seiner Keilverbindung mit der Verschiebewelle gestatten. Handräder aus Kunststoffen oder Leichtmetall sind aus diesem Grund ungeeignet.

Die gemeinsame **Festspannung** wird bei den kleineren Baumustern **von Hand** bewirkt, und zwar durch einen in bequemer Reichweite unten am Bohrschlitten sitzenden Hebel, während die größeren Maschinen durch einen besonderen **elektro-hydraulischen Spannmotor** festgeklemmt werden, dessen Vorzüge schnelle Wirksamkeit, Unempfindlichkeit und Einfachheit sind und der auch sicher gegen Überlastung durch unsachgemäßes Einstellen der Festspannung schützt. Ölpumpe, Kolben und

Überdruckventil sind ohne jede Rohrleitung in einem vollkommen geschlossenen Gehäuse zusammengebaut; sie erfordern keinerlei Wartung und, da keine Leckverluste auftreten, auch keine Ölnachfüllung. Die Wirkung tritt augenblicklich ein durch Einschalten des Motors im Rechts- oder Linkslauf mit einem inmitten des Verschiebehandrades sitzenden Druckknopf (Tafel 112/1), dessen Bedienung demnach keinen besonderen Handgriff erfordert. Es ist somit auch dafür gesorgt, daß stets nur mit festgespannter Maschine gearbeitet wird. Durch leichtes Antippen des Druckknopfes ist jede beliebige Zwischenstufe der Festspannung erreichbar, so daß die Einstellung z. B. beim Bohren im Kontrollkreis verbessert werden kann, ohne die Maschine ganz lösen und damit das Werkzeug von neuem einstellen zu müssen.

Die **Festspanneinrichtung des Bohrschlittens** schaltet das Bewegungsspiel in der Führung am Ausleger aus, ohne die **senkrechte Lage der Bohrspindel** zu ändern. Dies setzt voraus, daß die Führungsteile dauernd mit geringstem Spiel in gegenseitigem Schluß gehalten werden, wie dies durch den Raboma-Rollenlagerkeil und das Stahlband erreicht ist. Durch Drehen einer Exzenterwelle hebt die Druckstelze, die schräg von oben gegen das Auslegerprisma gestemmt wird, den Bohrschlitten auf seiner Schwerpunktslinie an und preßt ihn unter Entlastung des Rollenkeiles satt in das untere Spitzwinkelprisma, zieht ihn aber auch gleichzeitig in seiner ganzen Breite gegen die Brustfläche der Führung. Der Bohrschlitten sitzt unverrückbar fest am Ausleger, so daß beide wie ein Ganzes wirken.

Die **Festspanneinrichtung der Säule,** die das drehbare Mantelrohr mit der feststehenden Innensäule verbindet, darf bei ihrer Betätigung das eingestellte Werkzeug nicht verrücken. Sie darf also weder die senkrechte Stellung der Säule verändern, noch den am Mantelrohr geführten Ausleger wegschwenken, zumal eine kleine Abweichung am Säulenhalbmesser sich wegen des großen Hebelarmes nach der Auslegerspitze hin stark bemerkbar machen würde.

Die Veränderung der Säulenstellung ist dadurch vermieden, daß die innere Säule nicht nur bei gelöster Festspannung das Gewicht von Ausleger und Bohrschlitten, sondern auch beim Bohren die Vorschubkraft aufnimmt, und zwar ganz allein und ohne Zuhilfenahme des drehbaren Mantelrohres. Dieses dient weder dazu, die innere Säule zu verstärken, noch sie zu unterstützen, kann also auch beim Festspannen keine aufrichtende Wirkung ausüben. Somit bleibt die Einstellung des Werkzeuges, d. h. die **Einstellgenauigkeit** gewahrt, denn auch das Wandern des Auslegers beim Festspannen wird verhindert, indem zwischen die feststehende Innensäule und das drehbare Mantelrohr ein Spannring mit keilförmigem Querschnitt (Bild 111) eingepreßt wird; er wirkt in der Achsenrichtung, also unter Vermeidung jedes drehenden Momentes. Günstige Hebelverhältnisse machen einen nur geringen Kraftaufwand dafür erforderlich. Durch eine entsprechende Form der verwendeten Kurvenhebel wird zuerst die Säule und dann der Bohrschlitten festgespannt. Es besteht also die Möglichkeit, beispielsweise beim Bohren einer Reihe nebeneinander liegender Löcher oder bei leichten Fräsarbeiten, den Bohrschlitten für sich allein bei festgespannter Säule zu verschieben, wie dies ja auch weiter oben für das Einspielen des Werkzeuges auf die Bohrbüchse als nötig bezeichnet wurde.

Die vorstehend beschriebenen, zur **Werkzeugeinstellung** notwendigen Griffe, die bei jedem einzelnen Loch sich wiederholen und zeitlich aufeinanderfolgen, erfordern auch keine räumlich ausladenden Handbewegungen. Der Druckknopf zur Festspannung von Säule und Bohrschlitten sitzt in der Mitte des zum Verschieben des Bohrschlittens und zum Schwenken des Auslegers dienenden Handrades. Außen um das Handrad kreisen die Hebel zum Auf- und Abbewegen der Bohrspindel. Diese Griffe sind also auf denkbar kleinstem Raum zusammengefaßt (Tafel 112/1).

Die zum **Drehzahlwechsel** der Bohrspindel notwendigen Griffe (Tafel 112/2) wiederholen sich unter Umständen ebenfalls bei jedem einzelnen Loch. Schieberadgetriebe, wie sie heute gebräuchlich sind, können nicht immer während des Laufes geschaltet werden, jedenfalls nicht bei höheren Drehzahlen. Zum Wechsel der Drehzahl müssen sie also mit Hilfe einer Kupplung vom laufenden Motor abgeschaltet werden.

Je ein Hebel sitzt rechts und links vom Verschiebehandrad, dem schon erwähnten Bedienungsmittelpunkt, so daß sich beide Griffe in bequemer Körperstellung mit beiden Händen gleichzeitig ausführen lassen. Der linke Hebel wirkt auf die Räderverschiebung, der rechte auf die Lamellen-Schalt- und -Wendekupplung. Bei der hydraulischen Vorwählerschaltung der neuen Raboma ist der Drehzahl- und auch der Vorschubwechsel noch weiter vereinfacht.

B) Nach einer Reihe von Löchern sich wiederholende Griffgruppen

Zu den Griffen, die sich meist nur nach einer Reihe von Löchern wiederholen, gehört vor allem die **Höhenverstellung des Auslegers** (Tafel 112/3). Beim Bohren ist der Ausleger an der Säule festgeklemmt. Vor dem Verstellen muß also die festgespannte Schelle, die den Ausleger am Mantelrohr der Säule führt, gelöst und nach erfolgter Höhenverstellung wieder festgespannt werden, damit beide Teile beim Bohren fest miteinander verbunden sind. Zur Höhenverstellung selbst wird der Hubmotor entsprechend der Bewegungsrichtung geschaltet. Schellenklemmung und Höhenverstellung gehören demnach zusammen, und da keine der beiden Betätigungen für sich allein gebraucht wird, müssen sie zwangläufig hintereinander folgen.

Aber auch wegen der Wahrung der Werkzeugeinstellung muß verlangt werden, daß die Auslegerschelle nur zum Verschieben des Auslegers geöffnet, sonst aber festgeklemmt ist. Das Öffnen der Schelle läßt die Spitze des Auslegers, wenn auch nur um wenige Zehntel Millimeter heruntersinken, und durch das Festklemmen hebt sie sich wieder. Würde die Bohrspindel also mit loser Schelle z. B. auf eine Bohrbüchse eingestellt, so müßte sich beim nachherigen Festspannen das Werkzeug in seiner Führung klemmen.

Bei der **Ausleger-Hub- und Spanneinrichtung** der Raboma wird die Auslegerschelle durch eine Spannmutter selbsttätig vor Beginn und nach Beendigung der Höhenverstellung gelöst bzw. wieder festgespannt. Die Bewegung wird vom Bohrschlitten aus durch Schalten des Hubmotors auf die gewünschte Richtung eingeleitet, erfordert also keinen besonderen Handgriff (Tafel 112/3). Der elektrische Schalter sitzt in Griffnähe des Verschiebehandrades und wird sinnfällig, nämlich entsprechend der gewünschten Bewegungsrichtung, geschaltet. Die Gefahr, daß der Ausleger infolge Verschleißes der Windwerksmutter am Mantelrohr heruntergleitet, ist durch die Spannmutter verhütet. Sie spannt den Ausleger beim Bruch der Windwerksmutter selbsttätig fest, und er kann nicht wieder gelöst werden, bevor nicht die gebrochene Mutter ersetzt ist. Durch eine besondere Einrichtung läßt sich der Grad der Gewindeabnutzung übrigens ohne weiteres auch von außen erkennen und überwachen.

Nachteile der Kopplung nicht zusammengehöriger Griffe

Selbstverständlich ist es nun nicht richtig, etwa der niedrigeren Herstellungskosten wegen, Griffe einer Gruppe mit denen einer anderen zusammenzukoppeln, wenn beide nichts miteinander zu tun haben, z. B. das nur gelegentlich notwendige Lösen und Festspannen der Auslegerschelle mit dem bei jedem einzelnen Loch benötigten Lösen und Festspannen des Bohrschlittens und der Säule zu verbinden. Ganz abgesehen davon, daß es allen Gesetzen der Wirtschaftlichkeit widerspricht, einen

Spannvorgang sich ganz zwecklos jeden Tag unzählige Male wiederholen zu lassen, ist damit der erwähnte Nachteil verbunden, daß sich Unterschiede ergeben, wenn das Werkzeug mit gelöster Auslegerschelle eingestellt, diese aber nachträglich festgespannt wird.

Bild 113: Das neue Gesicht der Raboma

Zusammenfassend kann gesagt werden, daß bei den Raboma-Radialen die gesamte Bedienung auf einem kleinsten Raum übersichtlich und handlich angeordnet ist (Tafel 112/4), daß nur die zusammengehörenden Handgriffe miteinander gekoppelt sind, und zwar so, daß die Bedienung außerordentlich vereinfacht ist. Am deutlichsten kommt dieses Bestreben zum Ausdruck bei den neuen Baumustern mit hydraulischer Vorwählerschaltung der Bohrspindeldrehzahlen und Vorschübe, wie dies „Das neue Gesicht der Raboma" (Bild 113) zeigt.

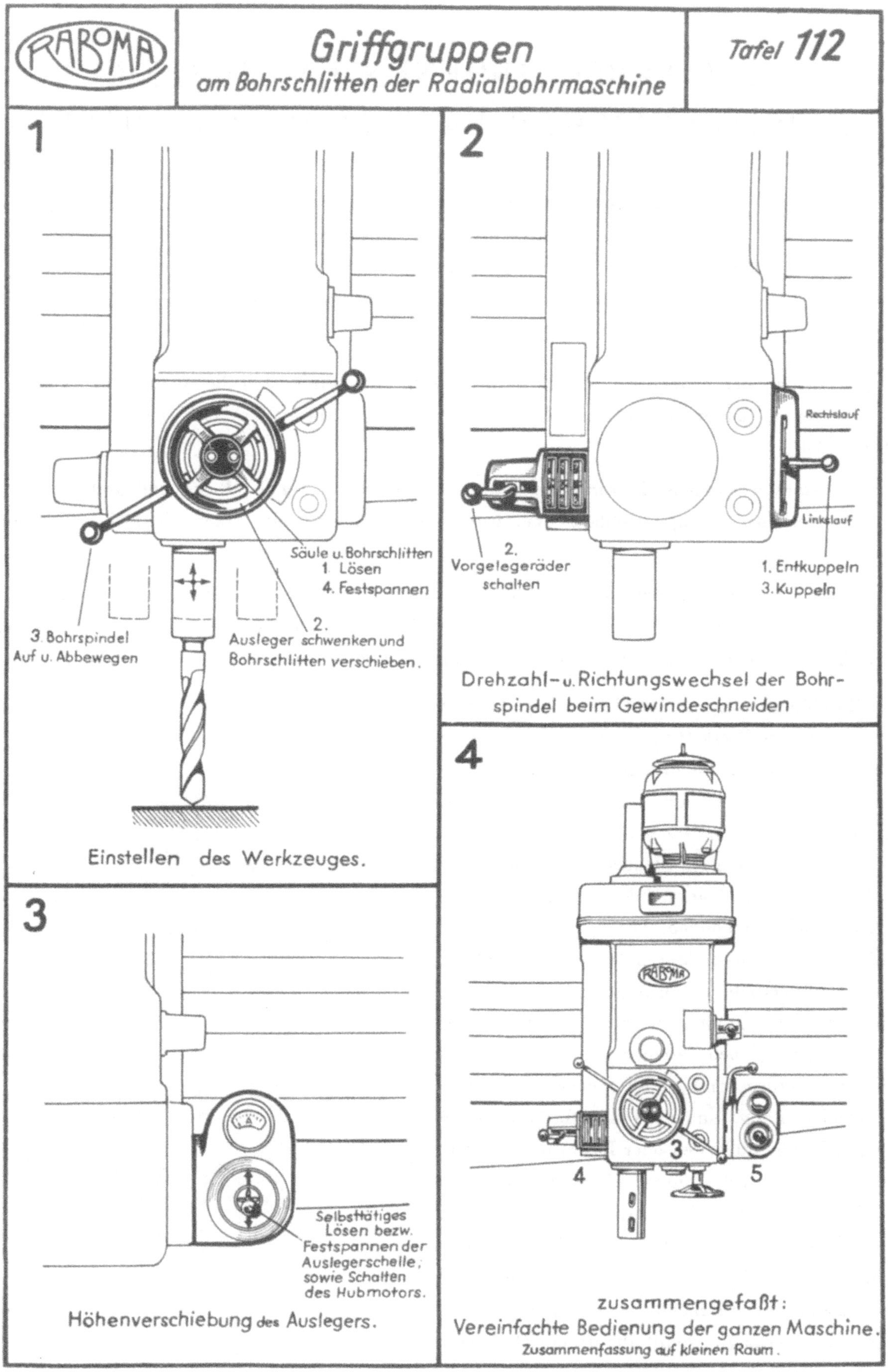
RABOMA
Griffgruppen
am Bohrschlitten der Radialbohrmaschine
Tafel 112
1
Säule u. Bohrschlitten
1. Lösen
4. Festspannen
2.
Ausleger schwenken und
Bohrschlitten verschieben.
3. Bohrspindel
Auf u. Abbewegen
Einstellen des Werkzeuges.
2
Rechtslauf
Linkslauf
2.
Vorgelegeräder
schalten
1. Entkuppeln
3. Kuppeln
Drehzahl- u. Richtungswechsel der Bohrspindel beim Gewindeschneiden
3
Selbsttätiges
Lösen bezw.
Festspannen der
Auslegerschelle,
sowie Schalten
des Hubmotors.
Höhenverschiebung des Auslegers.
4
RABOMA
3
4
5
zusammengefaßt:
Vereinfachte Bedienung der ganzen Maschine.
Zusammenfassung auf kleinen Raum.

ABSCHNITT 12

DIE VERSCHIEDENEN BAUMUSTER GEBRÄUCHLICHER RADIALBOHRMASCHINEN

Grundsätzliche Unterschiede in der Art der Bohrarbeiten
Maschinenbau • Stahlbau
Die verschiedenen Baumuster der gebräuchlichsten Radialbohrmaschinen
Seltener verwendete Radialbohrmaschinen

Der Aufbau der heute gebräuchlichen Baumuster und damit auch die Auswahl der geeigneten Maschine richtet sich nach der Art der zu leistenden Arbeit. Diese läßt sich in zwei Gruppen unterteilen:

> **stark wechselnde Bohrarbeiten,** wie sie im Maschinenbau die Regel sind und
> verhältnismäßig **gleichbleibende,** wofür der Stahlbau mit seinen Nietlöchern ein gutes Beispiel abgibt.

Jede dieser beiden Gruppen stellt andere Anforderungen an die Radialbohrmaschinen, die sich demnach ebenfalls in zwei im Aufbau, hauptsächlich in der Form des Gestelles und im Leistungsbereich des Bohrschlittens unterschiedliche Gruppen einteilen lassen.

Der **Maschinenbau** mit seinen vielgestaltigen hohen oder niedrigen Werkstücken, mit kleinen und großen Löchern, Paßbohrungen, Gewinden, Einsenkungen usw. verlangt Radialbohrmaschinen, deren Ausleger in der Höhe verstellbar sind, damit die Werkstücke je nach Bedarf auf einem Bohrtisch oder unmittelbar auf der Grundplatte aufgespannt werden können. Die Spindeldrehzahlen und Vorschübe müssen innerhalb weitester Grenzen rasch veränderlich und genügend fein abgestuft sein. Damit die größte, mit der Maschine hergestellte Bohrung auch gerieben oder mit Gewinde versehen werden kann, sind einerseits niedrige Drehzahlen nötig, andererseits erfordern kleine Löcher, Feinbohrarbeiten oder Leichtmetalle hohe Drehzahlen. Hinzu kommt die steigende Verwendung außergewöhnlich harter Werkstoffe, deren Bearbeitung eine sehr starke Herabsetzung der Schnittgeschwindigkeiten und damit auch der sonst im Regelfall erforderlichen niedrigsten Spindeldrehzahlen verlangt, womit die untere Drehzahlgrenze noch tiefer rückt.

Bild 120: Bohrschlitten für den Maschinenbau

Bild 121: Bohrschlitten für den Stahlbau

Bild 123: Arbeitsbeispiel aus dem Maschinenbau

Zum Stillsetzen der Bohrspindel bei dem häufigen Werkzeugwechsel und beim Umschalten der Spindeldrehzahlen sowie zum Wenden der Spindeldrehrichtung beim Gewindeschneiden ist eine feinfühlig steuerbare Schalt- und Wendekupplung unbedingt nötig (Bild 120).

Bei der zweiten Gruppe von Radialen, derjenigen für den **Stahlbau,** kann beim Gestell auf einige dieser Einrichtungen, wie z. B. die Grundplatte mit großer Spannfläche und die senkrechte Verschiebung des Auslegers, verzichtet werden; auch der Bohrschlitten kann einfacher sein, er braucht keine Wendekupplung zu haben, und der Drehzahl- und Vorschubbereich kann nicht nur kleiner, sondern gleichzeitig auch gröber abgestuft sein (Bild 121).

Gemeinsam ist **beiden Gruppen** die Forderung, daß die Nebenzeiten, vor allem die sich bei jedem Loch wiederholenden Verstell- und Einrichtezeiten ein Kleinstmaß erreichen, daß also die Bedienung einfach ist. Sicherheitsvorrichtungen müssen ferner eine Überlastung ausschließen, und auch die Wartung muß vereinfacht sein. Häufig überschneiden sich auf manchen Arbeitsgebieten die Anforderungen in dieser oder jener Hinsicht. Z. B. sind im **Behälter- oder Kesselbau** nur Löcher mit wenig voneinander abweichenden Durchmessern, ähnlich wie im Stahlbau zu bohren. Der Bohrschlitten kann also einfach sein, jedoch muß der Ausleger in der Höhe, und zwar innerhalb sehr weiter Grenzen verstellt werden können. Der **Schiffbau** dagegen verlangt z. B. für das Bohren von Panzerplatten sehr kräftige Maschinen mit hohen Gewindeschneidleistungen. In **Reparaturwerkstätten** mit einem dem Maschinenbau ähnlichen Charakter läßt sich gelegentlich eine Hochleistungs-Radialbohrmaschine nicht voll ausnutzen, weil hier mehr Wert auf die Möglichkeit, alle vorkommenden Arbeiten überhaupt ausführen zu können, gelegt wird, weniger dagegen auf die dafür gebrauchte Zeit. An anderen Stellen wiederum sind die Werkstücke in der Länge und Breite sehr stark ausgedehnt. Zu ihrer Bearbeitung müssen mehrere

Maschinen dicht nebeneinander gestellt werden, so daß sich die Reichweiten überschneiden und den ganzen Bohrbereich überdecken (z. B. im Schiffbau). Eine andere Möglichkeit besteht darin, daß auf einem Bett verschiebbare Maschinen verwendet und die verschiedenen Bohrbereiche nacheinander abgebohrt werden (z. B. im Groß-Dieselmotorenbau). Je nach der Art der Arbeit wird also entweder ein sogenannter Maschinenbau oder ein Stahlbau-Bohrschlitten in Verbindung mit einem Gestell verwendet, dessen Ausleger in der Höhe verstellbar ist oder nicht.

Bild 124: Arbeitsbeispiel aus der Reihenfertigung

Zur **ersten Gruppe** der für den **Maschinenbau** bestimmten Radialbohrmaschinen gehören aus unserem Bauprogramm:

Baumuster 12 (Tafel 122): Gebräuchlichste Rundsäulen-Radialbohrmaschine für allgemeine Bohrarbeiten. Die Werkstücke lassen sich sowohl auf dem Bohrtisch als auch auf der Grundplatte festspannen. Der Ausleger ist in der Höhe verstellbar und kann um 360° geschwenkt werden (Bild 123 u. 124). Eine bessere Ausnutzung der Maschine wird durch zwei oder mehr Grundplatten, u. U. auch durch eine Grube zur Aufnahme längerer Werkstücke erzielt.

Für Reparaturwerkstätten oder ähnliche Betriebe mit Einzelfertigung kann dieses Baumuster mit einem einfacheren Bohrschlitten versehen werden.

Baumuster 20 (Tafel 122): Tisch-Radialbohrmaschine für vorwiegend flache, in der Höhe nicht zu sehr voneinander abweichende Werkstücke. Eine Spannfläche an der Vorderseite des Tisches gestattet, auch höhere Werkstücke zu bearbeiten. Der Ausleger ist in der Höhe verstellbar und läßt sich um 360° schwenken.

Bild 125: Arbeitsbeispiel aus dem Stahlbau

Zur **zweiten Gruppe** der Radialbohrmaschinen für den **Stahlbau,** vorzugsweise für die Nietlochbohrerei, zählen:

Bild 126: Arbeitsbeispiel aus dem Schiffbau

Baumuster 5 (Tafel 122): Nietlochbohrmaschine zur Aufhängung an Wänden, Hallensäulen oder Eisenkonstruktions-Ständern (Wandradial-Bohrmaschine). Der nicht auf- und abbewegliche Ausleger läßt sich aber im Gegensatz zur Rundsäulen-Radialbohrmaschine nur um etwa 180° schwenken (Bild 125).

Baumuster 6 (Tafel 122): Aus dem Baumuster 5 entwickelte Wand-Radialbohrmaschine mit auf- und abbeweglichem Ausleger.

Baumuster 13 (Tafel 122): Freistehende Radialbohrmaschine mit angegossener Fußplatte ohne Auf- und Abbewegung des Auslegers, jedoch mit Schwenkbarkeit um 360°, so daß mit dieser Maschine zu beiden Seiten gebohrt werden kann. Im Schiffbau beispielsweise lassen sich schon während des Bohrens neue Blechpakete auf der anderen Tischseite stapeln (Bild 126).

Aus diesen Hauptbaumustern sind noch einige andere abgeleitet. Beispielsweise:

Baumuster 14 (Tafel 122): Rundsäulen-Radialbohrmaschine mit auf- und abbeweglichem Ausleger. Die Spannplatte ist durch eine Fundamentplatte ersetzt. (Vorwiegend für den Kesselbau bestimmt. Bild 127.)

Baumuster 24 (Tafel 121): Rundsäulen-Radialbohrmaschine mit auf- und abbeweglichem Ausleger und auf einem Bett verschiebbar (Bild 128).

Baumuster 23 (Tafel 121): Die auf einem Bett verschiebbare Abwandlung des Baumusters 13. Da die Höhenverschiebung des Auslegers fehlt, ist dieses Modell nur für flache Werkstücke brauchbar (Bild 129).

Die beiden Baumuster 24 und 23 gestatten mit verhältnismäßig geringer Ausladung ausgedehnte Flächen zu bestreichen (z. B. große Grundplatten von Dieselmotoren, Turbinen u. a. m.), wobei das Bohrgut neben dem Verschiebebett liegt.

Neben diesen gebräuchlichsten Baumustern sind gelegentlich noch **Sonderausführungen von Radialbohrmaschinen** anzutreffen, die der Vollständigkeit wegen in diesem Zusammenhang erwähnt seien.

Bild 127: Arbeitsbeispiel aus dem Kesselbau

Sie sind zweifellos dort am Platz, wo die Radialbohrmaschine in einer ihrer gebräuchlichen Normalausführungen für den vorliegenden Arbeitszweck nicht ausreicht.

Häufiger sind aber die Grenzfälle, bei denen nur die erste Überlegung eine Sonderausführung notwendig zu machen scheint, während bei näherem Zusehen auch für gelegentlich eintretende schwierige Fälle die normale Radialbohrmaschine genügt.

Bild 128: Arbeitsbeispiel aus dem Groß-Dieselmotorenbau

Zu den Sonderausführungen zählen

Gelenk-Radialbohrmaschinen
Transportable Radialbohrmaschinen
Universal-Radialbohrmaschinen
Kran-Radialbohrmaschinen.

Ihnen ist gemeinsam, daß sich nennenswerte Bohrleistungen bei voller Ausnutzung ihrer baulichen Eigentümlichkeiten nicht erzielen lassen. Je mehr Bewegungsstellen und Gelenke vorhanden sind, die die Aufnahme der Bohrkräfte erschweren, um so geringer wird die nutzbare Bohrleistung. Dies ist auch der Grund, weshalb diese Maschinen teils an Wertschätzung verloren haben, teils fast ganz vom Markt verschwunden sind. Bei den Universalradialen ist außerdem die Einstellung der Bohrspindel sehr schwierig. Als Ersatz für diese Maschinengattung werden deshalb soweit als möglich normale Radialbohrmaschinen in Verbindung mit universal verstellbaren Bohrtischen verwendet. Das Werkstück läßt sich hierbei so abstützen, daß der Vorschub beim Bohren nicht vermindert zu werden braucht.

Bild 129: Arbeitsbeispiel aus dem Rahmenbau

RABOMA	Baumuster der Raboma Radialen	Tafel 122

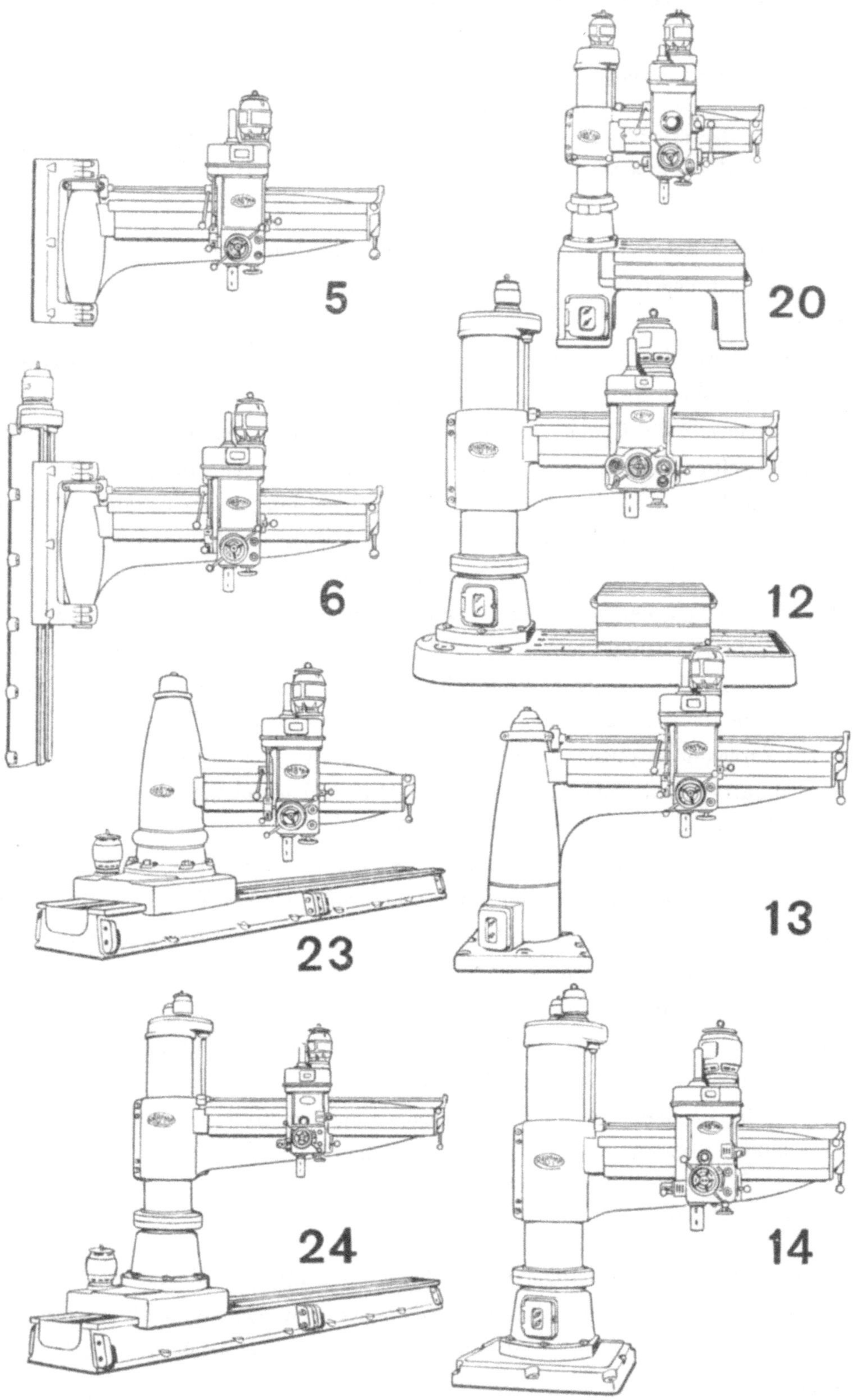

ABSCHNITT 13

DER LEISTUNGSBEREICH EINER RADIALBOHRMASCHINE

Die Leistungstafeln • Die Berücksichtigung des Werkstoffes
Die Leistungsbegrenzung der Maschine durch die Vorschubkraft, das Drehmoment und den Antriebsmotor
Die Leistungskurven • Der Schutz gegen Überlastung • Der größtzulässige Durchmesser beim Bohren ins Volle
Aufbohren und Ausbohren • Leistungsangaben für Werkzeuge

Um den Leistungsbereich einer Radialbohrmaschine eindeutig zu umreißen, werden den Betriebsanweisungen sogenannte **Leistungstafeln** (Tafel 130) mitgegeben, die alle erforderlichen Angaben enthalten.

Neben den Spindeldrehzahlen und Vorschüben sind dies vor allem die sogenannten **größtzulässigen Durchmesser** für das Bohren ins Volle, Aufbohren, Ausbohren, Ausschneiden und Gewindeschneiden, wobei unter „Aufbohren“ die Erweiterung eines Loches mit dem Senker oder dem Bohrstahl auf höchstens den doppelten Durchmesser, unter „Ausbohren“ dagegen eine geringere Durchmessererweiterung mit dem Bohrstahl zu verstehen ist. Bei größeren Löchern darf in diesem Fall die Spanbreite nicht mehr als 10 mm betragen. Es sind also ungünstige Verhältnisse zugrunde gelegt, wie sie in der Praxis selten vorkommen. Für das Schneiden der angegebenen **Gewinde** in Gußeisen ist ein einziger Bohrer vorgesehen, bei Stahl dagegen mindestens ein Vor- und ein Nachschneider.

Außerdem sind die drei **Leistungsgrenzen** angegeben, die der Maschine aus konstruktiven Gründen gesetzt sind und deren Überschreitung durch Sicherungen verhindert wird: die Vorschubkraft, das Drehmoment und die Motorleistung.

Eine Tabelle mit **Zerspanungswerten** gibt für die im Leistungsbereich der Maschine liegenden Bohrerdurchmesser Auskunft über die zulässigen Bohrspindeldrehzahlen und Vorschübe sowie die sich damit ergebende minutliche Bohrtiefe und die Motorbelastung.

Alle diese Angaben dienen aber vorzugsweise zur Kennzeichnung der Leistungsfähigkeit der Maschine und nicht der Werkzeuge. Zwischen beiden besteht ein großer Unterschied, denn die Maschine muß den Werkzeugen in der Leistungsfähigkeit bis zu einem gewissen Grad überlegen sein, damit sie für die Weiterentwicklung und die damit verbundene Leistungssteigerung einen Kraftüberschuß hat. Bei der Auswertung der Tafel für den Betrieb müssen also die Werkzeuge berücksichtigt, d. h. die Richtwerte der Werkzeugfabriken bezüglich der Schnittgeschwindigkeit und des Vorschubes beachtet werden. Es ist sehr wohl möglich, daß die in den Zerspanungstabellen angegebenen Bohrleistungen mit den im Betrieb verwendeten Werkzeugen nicht zu erreichen sind, wenigstens nicht auf die Dauer, und daß jeweils andere Schnittgeschwindigkeiten oder Vorschübe gewählt werden müssen.

Berücksichtigung des Werkstoffes

Alle Angaben sind auf die beiden wichtigsten der gebräuchlichen Werkstoffe, auf St. 50.11 und Ge 22.91 abgestellt, da es zu weit führen würde, all die vielen sonst noch verwendeten Werkstoffe zu berücksichtigen. Bei zäheren Werkstoffen mit schlechterer Bohrbarkeit oder solchen von höherer Festigkeit sind die angegebenen Zerspanungsleistungen zu verringern, umgekehrt lassen solche von geringerer Festigkeit bzw. solche, die gut bohrfähig sind, eine Steigerung zu. Diese Anpassung geschieht im

allgemeinen durch Veränderung des Vorschubes, wofür mit genügender Genauigkeit als Maßstab die Festigkeit des Werkstoffes dient, zumal die Raboma-Radialbohrmaschinen gegen Überlastung weitgehend geschützt sind.
Wenn also z. B. bei einem Bohrerdurchmesser von 50 mm die Zerspanungstafel für Stahl 50.11 einen Vorschub von 0,54 mm je Bohrspindelumdrehung angibt, so muß dieser bei einem Stahl von 100 kg Festigkeit entsprechend der Faustregel auf die Hälfte, also auf 0,27 mm je Bohrspindelumdrehung verringert werden. Bei zähen, schlecht bohrbaren Werkstoffen ist in ähnlicher Weise zu verfahren.

Die Leistungsgrenzen

In Sonderfällen, die in der Leistungstafel nicht angegeben sind und für die auch in der Zerspanungstabelle eine Vergleichsmöglichkeit fehlt, ist es zweckmäßig, sich vorher an Hand der Tafeln des Abschnittes 20 „Vorschubkraft und Drehmoment" Klarheit darüber zu verschaffen, daß keine der besprochenen drei Leistungsgrenzen überschritten wird. Mindestens ist dies nachträglich nötig, wenn eine der Überlastungssicherungen in Tätigkeit tritt. Es wird sich dann zeigen, daß entweder die Vorschubkraft oder das Drehmoment, d. h. der Vorschub oder die Bohrspindeldrehzahl, zu hoch sind, je nachdem ob die Vorschubbewegung aussetzt, die Bohrspindel stehen bleibt oder der Motorschutz wirksam wird.
Es könnte hier gefragt werden, warum bei neuzeitlichen Radialbohrmaschinen nicht die Leistung des Antriebsmotors als einzige Grenze genügt. Ursache sind der außerordentlich weit gespannte Drehzahlbereich und die großen Leistungen der Antriebsmotoren, die zur Ausnützung guter Werkzeuge mit hohen Schnittgeschwindigkeiten nötig sind. Deshalb müssen außer dem Motor auch noch das Getriebe und der Vorschub vor Überlastung geschützt werden.

Die Vorschubkraft als Leistungsgrenze

In Rücksicht auf die nach den Abnahmevorschriften zulässige Aufbäumung von 1,5 mm auf je 1 m Bohrradius darf die Vorschubkraft den in den Leistungstafeln verzeichneten Wert nicht überschreiten, da das Maschinengestell (Grundplatte, Säule und Ausleger) und das Vorschubgetriebe dementsprechend bemessen sind.
Die Vorschubkräfte sind aus den Tafeln des Abschnittes 20 ersichtlich. Der Vorschub ist jeweils so zu wählen, daß die Vorschubkraft innerhalb der zulässigen Grenze bleibt. Wird beispielsweise ein Mehrspindelbohrkopf verwendet, so muß der Vorschub so bemessen werden, daß die Summe der Vorschubkräfte aller Bohrer den zugelassenen Wert nicht überschreitet.

Das Drehmoment als Leistungsgrenze

Bei niedrigen Spindeldrehzahlen können Drehmomente zustande kommen, die, wenn sie in voller Höhe auf das Getriebe übertragen werden sollten, einen so kräftigen Bohrschlitten erforderten, daß die Maschine für den Durchschnittsbohrbetrieb viel zu schwer und unwirtschaftlich wäre. Gerade bei den größeren Lochdurchmessern an der Grenze des Leistungsbereiches kommt es aber nur in den seltensten Fällen auf große minutliche Bohrtiefen an; in der Regel genügt es, solche Löcher überhaupt bohren zu können, ohne daß dabei die Schnittzeit entscheidet. Da die niedrigen Spindeldrehzahlen meist nur zur Erzielung niedriger Schnittgeschwindigkeiten dienen, so ist die Begrenzung des Drehmomentes nach alledem kein Nachteil, bietet aber für die Bemessung des Getriebes den Vorteil, daß es nicht übermäßig schwer gebaut zu werden braucht.

Auch die Drehmomente für die gebräuchlichen Durchmesser und Werkstoffe sind in den vorerwähnten Tafeln enthalten. Soll z. B. mehrspindlig gebohrt werden, so darf die Summe der Drehmomente aller Bohrer nicht größer sein als das zulässige Drehmoment. Große Drehmomente treten häufig beim Gewindeschneiden in harte Werkstoffe auf; hier ist also, wie im Abschnitt 51: „Gewindeschneiden" besprochen, besondere Vorsicht am Platze.

Der Antriebsmotor als Leistungsgrenze

Der auf dem Bohrschlitten aufgebaute Antriebsmotor ist so bemessen, daß ein Spiralbohrer mit einem etwa in der Mitte des Leistungsbereiches der Maschine liegenden Durchmesser sowohl hinsichtlich des Vorschubes als auch der Schnittgeschwindigkeit voll ausgenutzt werden kann. Dies bedeutet, daß in der Regel eine volle Ausnutzung der größten Spiralbohrer nicht möglich ist, weil dafür weder das Getriebe noch der Motor ausreicht — noch auszureichen braucht —, während umgekehrt für kleinere Durchmesser der Motor zu stark ist.

Um in dieser Hinsicht einen Ausgleich zu schaffen, wird üblicherweise ohne Nachteil von der Überlastbarkeit des Motors Gebrauch gemacht. In den seltenen Fällen, wo seine volle Leistung gebraucht wird, ist dies doch nur für kurze Zeit nötig, so daß zwischen den einzelnen Bohrungen Zeit zur Abkühlung bleibt, was Voraussetzung für die Überlastbarkeit des Motors ist.

Die größten Motorleistungen sind bei den höheren Bohrspindeldrehzahlen erforderlich, denn maßgebend sind Drehmoment und Bohrspindeldrehzahl. Ein und dasselbe Drehmoment erfordert bei einer niedrigen Spindeldrehzahl eine kleine Antriebsleistung, bei einer hohen Spindeldrehzahl dagegen eine dementsprechend höhere. Daraus erklärt sich, daß ein großes Drehmoment nicht bei jeder beliebigen Drehzahl vom Spindelantrieb aufgebracht werden kann, daß vielmehr dabei auch die Motorleistung berücksichtigt werden muß. Weiter folgt daraus, daß die Anzeige eines elektrischen Strom- oder Leistungsmessers ohne Berücksichtigung der Spindeldrehzahl nichts darüber aussagen kann, wie hoch das Getriebe des Bohrschlittens, sondern nur, in welchem Maß der Motor belastet ist.

Die Leistungskurven

Eine anschauliche Darstellung der Beziehungen zwischen

Drehmoment — Bohrspindeldrehzahl — Motorleistung

geben die über der Spindeldrehzahl aufgetragenen Drehmoment- und Motorleistungskurven (Tafel 131). Verfolgt man, von der höchsten Spindeldrehzahl ausgehend, zunächst die Drehmomentkurve, so zeigt sich folgendes Bild:

An der Bohrspindel kann ein mit sinkender Drehzahl steigendes Drehmoment abgenommen werden. Es erreicht in dem Beispiel einer Radialbohrmaschine mit einem Antriebsmotor von 10 PS Dauerleistung — entsprechend 14 PS Bohrleistung — bei 70 Spindelumdrehungen minutlich, der sogenannten **Grenzdrehzahl,** den zulässigen Höchstwert von 12500 cmkg. Es darf in den niedrigen Drehzahlen nun nicht mehr weiter anwachsen, da die Belastungsgrenze erreicht ist. Das bedeutet, daß nun auch der Bohrmotor, der bis dahin voll mit 14 PS ausgenutzt werden konnte, von derselben Spindeldrehzahl ab nur noch teilweise belastet werden darf, wobei diese Teilbelastung bei einer niedrigsten Spindeldrehzahl von n = 5,6 einen Kleinstwert von etwa 1,25 PS annehmen muß. Um also aus der Ablesung des Leistungsmessers die jeweilige Belastung des Getriebes ersehen zu können, ist die Kenntnis der „Grenzdrehzahl" der betreffenden Maschine nötig.

Schutz gegen Überlastung

Um den Betriebsmann der Sorge wegen einer Überlastung der Maschine zu entheben, sind sowohl die Vorschubkraft als auch das Drehmoment und die Motorleistung durch selbsttätig wirkende Sicherungen begrenzt. Wenn also beispielsweise beim Bohren großer Löcher in Hochdruck-Kesseltrommeln das Vorschubgetriebe der Maschine aussetzt, obwohl der Motor nicht voll belastet ist, so bedeutet dies, daß die Vorschubsicherung angesprochen hat, weil die Vorschubkraft zu groß ist. Mit herabgesetztem Vorschub wird die Maschine wieder anstandslos arbeiten. Andererseits kann beim Schneiden größerer Gewinde in harte Werkstoffe die Drehmomentsicherung in Tätigkeit treten und die Bohrspindel stehenbleiben, der Motor aber weiterlaufen. In diesem Fall ist das Drehmoment am Gewindebohrer zu groß, und es müssen mehrere Bohrer nacheinander verwendet werden.

Größtzulässiger Durchmesser beim Bohren ins Volle

Der Begriff „Größter zulässiger Bohrerdurchmesser beim Bohren ins Volle" liegt nicht eindeutig fest. Ist beispielsweise in der Leistungstafel (Tafel 130) diese Grenze bei 80 mm angegeben, so bedeutet das keinesfalls, daß nicht auch Löcher mit einem Durchmesser von 100 mm aus dem Vollen gebohrt werden können. Deshalb heißt es auch, daß mit einem geringeren Vorschub noch ein Durchmesser von 100 mm zulässig sei. Bekanntlich sind den einzelnen Bohrerdurchmessern keine festen Vorschübe zugeordnet; es bestehen nur Empfehlungen der Werkzeugfabriken (Richtwerte), die innerhalb sehr weiter Grenzen schwanken, und man kann verschiedener Meinung darüber sein, welcher Vorschub beim Bohren mit einer Hochleistungs-Radialbohrmaschine als angemessen zu bezeichnen ist.

Der größte Bohrerdurchmesser ist so festgesetzt, daß das gebohrte Loch sowohl mit Gewinde versehen als auch noch auf einen größeren Durchmesser aufgebohrt und aufgerieben werden kann. Diese Arbeit liegt ohne weiteres im Leistungsbereich der Maschine, da weder beim Aufbohren (Senken) noch beim Reiben oder Gewindeschneiden die Vorschubkraft bzw. das Drehmoment einen größeren Wert erreicht als beim Bohren ins Volle.

Bei der Auswahl einer Maschine muß also die dem Angebot mitgegebene Leistungstafel daraufhin geprüft werden, wieweit ihre Leistungen für den gedachten Zweck und Werkstoff ausreichen.

Aufbohren und Ausbohren

Vielfach wird angenommen, daß zum Aufbohren oder Ausbohren von Löchern großen Durchmessers erhebliche Kräfte nötig sind. Dies ist aber, wie oben erwähnt, nicht der Fall, weil nur verhältnismäßig kleine Spanquerschnitte abgetrennt werden müssen, die trotz des größeren Lochdurchmessers ein gegenüber dem Bohren aus dem Vollen kleineres Drehmoment ergeben. So sind z. B. laut Leistungstafel (Tafel 130) für das Aufbohren eines Loches in Stahl 50.11 von 160 auf 180 mm Durchmesser mit einem Vorschub von 0,5 mm/Uml. und einer Schnittgeschwindigkeit von 16 m/min. etwa 4 PS erforderlich. Das Drehmoment beträgt etwa 8700 cmkg, d.h. trotz des doppelt so großen Lochdurchmessers gegenüber dem Bohren aus dem Vollen wird der Grenzwert der zulässigen Belastung der Bohrspindel bei weitem nicht erreicht.

Leistungsangaben für Werkzeuge

Werden bei Werkzeugen vom Hersteller bestimmte Angaben über Schnittgeschwindigkeit und Vorschub gemacht, so muß geprüft werden, ob diese Werte im Leistungsbereich der Maschine liegen. Die Werkzeugleistung muß auf die Maschinenleistung abgestimmt werden. Geschieht dies nicht, so treten Störungen auf, an denen aber nicht die Maschine schuld ist.

RABOMA	**Bohrleistungen** der RABOMA Hochleistungs Radialbohrmaschine Modell **Rh**	Tafel **130**

Die angegebenen Werte sind die Leistungen der Maschine. Die für Werkzeuge zulässigen Leistungen sind den Werkzeugtafeln zu entnehmen.

Kraftbedarf: 10 PS Dauerleistung, 14 PS Bohrleistung

Drehstrommotor 10 PS n - 1450
Gleichstrommotor 10 PS n - 1450

22 Bohrspindeldrehzahlen:																					
11,2	14	18	22,4	28	35,5	45	56	71	90	112	140	180	224	280	355	450	560	710	900	1120	1400

18 Vorschübe in mm je Bohrspindel-Umdrehung																	
0,037	0,045	0,06	0,07	0,09	0,118	0,15	0,18	0,236	0,315	0,375	0,5*	0,6	0,75*	1,0*	1,25*	1,5*	2,0*

Die mit einem *) gekennzeichneten Vorschübe entsprechen den metr Gewindesteigungen.

Arbeitsbereich:	Bohrspindeldrehmoment 12500 cmkg •	Vorschubkraft 2500 kg
	in Stahl 50 kg Zug- = 200 kg Bohrfestigkeit	in Guß 25 kg Zug- = 100 kg Bohrfestigkeit
Bohren:	80 ø, mit geringerem Vorschub 100 ø	100 ø, mit geringerem Vorschub 118 ø
Aufbohren:	67 auf 132 ø (vorgebohrt mit mindestens halbem ø)	80 auf 160 ø (vorgebohrt mit mindestens halbem ø)
Ausbohren:	160 / 180 ø	180 / 200 ø
Ausschneiden:	350 ø	
Gewindeschneiden:	Whitw 3" Feingew 4"	Whitw. 4" Feingew. 5"

Zerspanungswerte der Maschine für gleichmäßigen, gut bohrfähigen Werkstoff. Bohren aus dem Vollen.								
Bohrer ø: mm	16	20	25	32	40	50	63	80
Bohrspindelumdrehungen:	1400	900	560	355	280	180	140	90
Vorschub per Umdrehung mm Stahl:	0,5	0,5	0,6	0,5	0,5	0,5	0,375	0,375
Vorschub per Umdrehung mm Guß:	1,0	1,0	1,25	1,0	1,0	1,0	0,75	0,75
Bohrtiefe je Minute mm Stahl:	800	450	336	178	140	90	53	34
Bohrtiefe je Minute mm Guß:	1600	900	700	355	280	180	106	68
Kraftbedarf in PS für Stahl und Guß	14	12	14	14	14	14	14	14
Umfangsgeschwindigkeit m/min	70	56	45	35,5	35,5	28	28	22,4

Zerspanungswerte	Aufbohren					Ausbohren		
Bohrer ø mm	45	50	56	63	67	112	140	160
mm	90	100	112	125	132	132	160	180
Bohrspindelumdrehungen:	71	56	45	35,5	28	45	35,5	28
Vorschub per Umdrehung mm Stahl	0,5	0,5	0,375	0,315	0,315	0,75	0,6	0,5
Vorschub per Umdrehung mm Guß	1,0	1,0	0,75	0,6	0,6	1,5	1,25	1,0
Bohrtiefe je Minute mm Stahl	35,5	28	17	11,2	8,8	35,5	21,2	14
Bohrtiefe je Minute mm Guß	71	56	34	21,2	16,8	67	45	28
Kraftbedarf in PS für Stahl und Guß	10	9	7,1	6	5,2	8	6	4
Umfangsgeschwindigkeit m/min.	21,2	18	16	14	12	19	18	16

Bei der Bearbeitung härterer Werkstoffe ist der Vorschub entsprechend herabzusetzen

RABOMA | **Leistungskurve für das Modell Rh** | Tafel 131

Motorleistung:

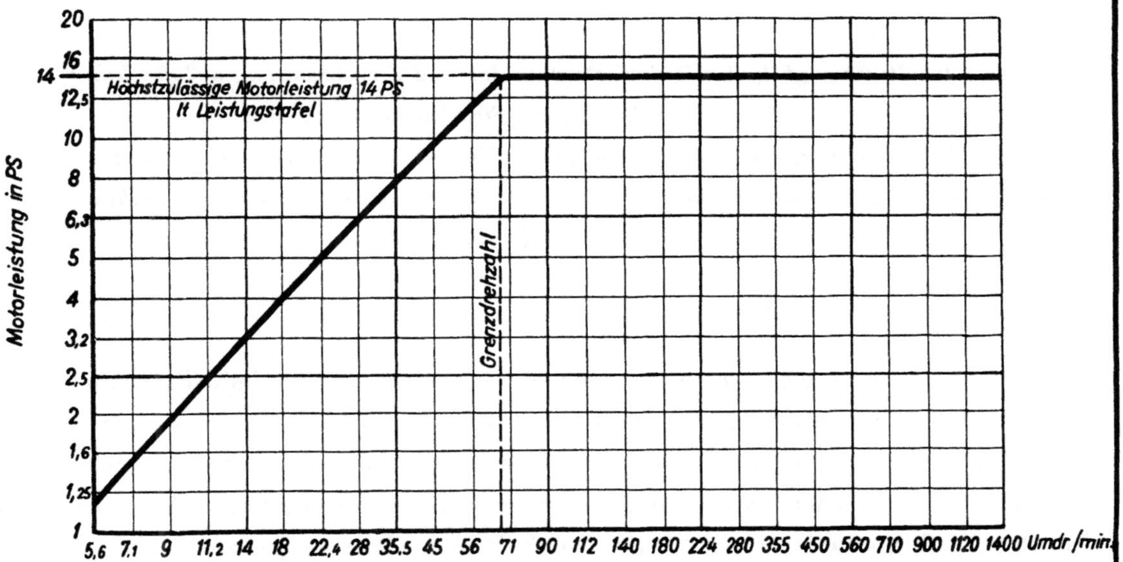

Bohrspindeldrehmoment:

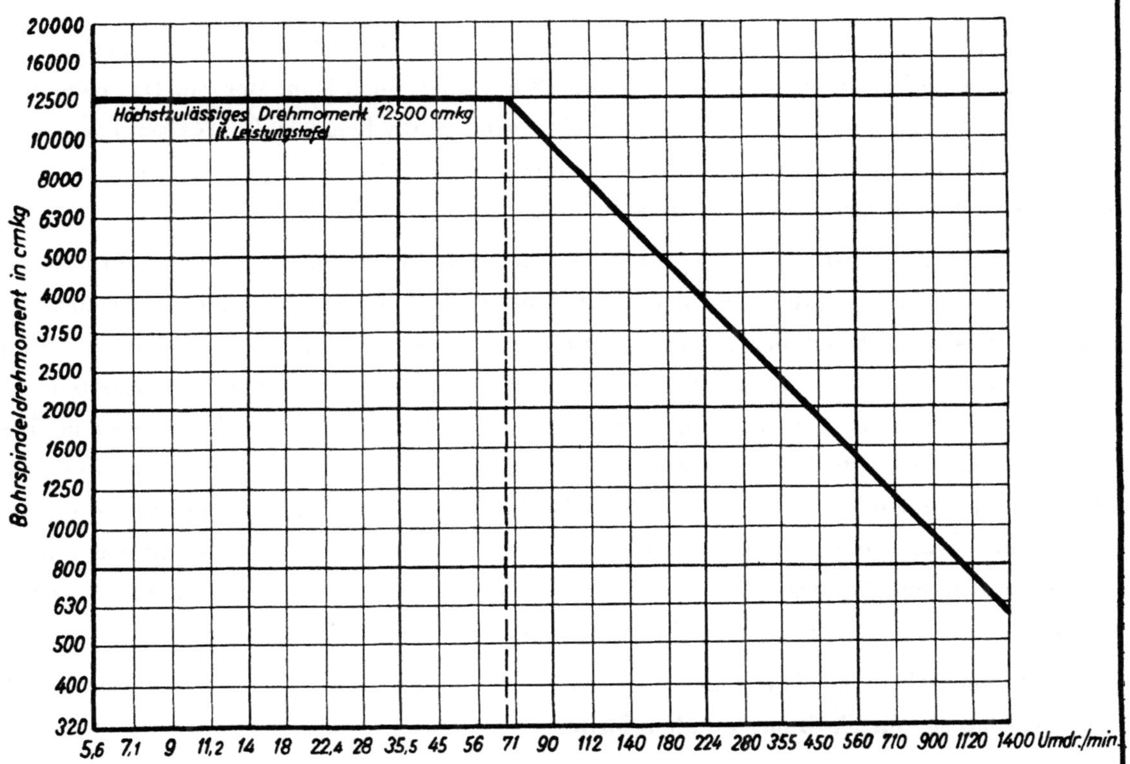

ABSCHNITT 14

DIE ARBEITSGENAUIGKEIT DER RADIALBOHRMASCHINE

Die Arbeitsgenauigkeit der Radialbohrmaschine und ihre Erhaltung auf die Dauer
Der Sitz des Loches • Die Stellung der Lochachse
Die geometrische Form der Bohrung • Die Lehrenhaltigkeit der Bohrung
Die Beeinflussung der Genauigkeit durch das Verschieben des Bohrschlittens und die Höhenverstellung des Auslegers

Bei Erörterungen über die Genauigkeit und die Güte der mit der Radialbohrmaschine zu leistenden Arbeit gibt man sich immer noch viel zu wenig Rechenschaft über den unterschiedlichen Einfluß den Maschine und Werkzeug ausüben. Dies führt je nach der persönlichen Einstellung zu einer Über- oder Unterschätzung der erreichbaren Möglichkeiten. Anders ist es nicht zu verstehen, daß einerseits versucht wird, durch Bohren allein ein genaues Loch mit sauberer Wandung zu erhalten, während andererseits die Folgen der Nachgiebigkeit der Maschine, d. h. ihrer elastischen Verbiegung, übertrieben hoch eingeschätzt werden. Der Einfluß des Werkzeuges und der Maschine müssen auseinandergehalten werden.

Die Begriffe „Schruppen" und „Schlichten" sind beim Drehen und bei anderen Bearbeitungsverfahren bekannt und geläufig. Sie gelten sinngemäß natürlich auch beim Bohren. Das bedeutet, daß ein geschrupptes Loch nicht genau sein und auch keine glatte Lochwand aufweisen kann, und daß andererseits der für ein sauberes Loch nötige Schlichtvorgang Zeit beansprucht; mit hoher Schnittleistung ist weder ein genaues noch ein sauberes Loch zu erreichen.

Im Abschnitt 24 „Begriffsbestimmung der verschiedenen Bohrarbeiten" sind die Eigentümlichkeiten der verschiedenen Arbeitsgänge und der dafür benötigten Werkzeuge besprochen An dieser Stelle können wir uns deshalb auf den Nachweis beschränken, daß die Arbeitsgenauigkeit der Raboma-Radialbohrmaschinen allen Ansprüchen genügt, und zwar besonders auch zur Herstellung von Paßbohrungen. Entgegen der landläufigen Ansicht ist nämlich die Radialbohrmaschine in Hinsicht auf die von ihr verlangte Leistung steif genug. Eine größere elastische Verbiegung des Gestelles (Aufbäumung) unter der Einwirkung der Vorschubkraft tritt nur beim Schruppbohren auf. Sobald Genauigkeitsbohrungen herzustellen sind, muß nach dem Bohren mindestens einmal aufgebohrt (gesenkt) werden, und bei diesem Arbeitsgang ist die Vorschubkraft so gering, daß eine Aufbäumung kaum noch eintritt, jedenfalls nicht mehr in irgendwie störendem Maße.

Die **Arbeitsgenauigkeit** der Maschine nützt natürlich nichts, wenn nicht auch gleichzeitig dafür gesorgt ist, daß sie **auf die Dauer erhalten bleibt.**

Ausschlaggebend ist dabei, auf welche Weise und mit welchen Mitteln sie erreicht wird. Selbstverständliche Maßnahmen wie die richtige Bemessung aller Teile der Maschine, saubere Werkstattausführung oder ähnliche genügen nicht. Es sind vielmehr besondere Aufwendungen nötig, die dem ausschließlichen Zweck der Erhaltung der Genauigkeit dienen. Soweit sie die Raboma-Radialen betreffen, sind sie im Abschnitt 11: „Aufbau und Bedienung der Radialbohrmaschine" erwähnt.

Bei einer genauen Bohrung müssen folgende Bedingungen erfüllt sein:

Genauer Sitz an der vorgezeichneten Stelle.
Richtige Achsenstellung.
Genaue geometrische Form.
Lehrenhaltigkeit.

Wieweit diese Forderungen mit der Raboma Radialbohrmaschine erfüllt werden, sei im folgenden einer näheren Betrachtung unterzogen.

Sitz des Loches

Der genaue Sitz des Loches an der vorbezeichneten Stelle ist nicht so sehr eine Frage der Maschine, als vielmehr des Werkzeuges und seiner Führung.

Beim Anbohren nach vorgeschlagenem **Körner** verläuft der Spiralbohrer, weil die zuerst mit dem Werkstück in Berührung kommende Querschneide nicht schneidet, sondern nur drückt. Der Bohrer mahlt also und tanzt auf dem Werkstück so lange, bis er in irgendeiner Stellung zu schneiden anfängt. Diese Stellung wird aber in den allerwenigsten Fällen die Körnermitte sein; fast regelmäßig wird das Loch neben dem Körner sitzen, ohne daß vorherzusagen wäre, nach welcher Seite der Bohrer verlaufen wird. Zwar läßt sich ein nicht genau im Kontrollkreis sitzender Bohrer durch eine mit dem Nutenmeißel eingehauene Einkerbung auf die vorbestimmte Mitte zurückbringen, doch ist es zweckmäßiger, ihn von vornherein am Verlaufen zu hindern und zu diesem Zweck den Körner mit dem Spitzsenker so tief einzusenken, daß die Bohrerspitze schon von Anfang an eine Führung hat.

Soll das Loch genau an der vorbezeichneten Stelle sitzen, so muß der Spiralbohrer durch eine **Bohrbüchse** dicht über dem Werkstück geführt werden. Diese Bohrbüchsenführung ist in der Reihenfertigung und im Austauschbau sowieso nötig; durch sie wird der Bohrer nicht nur im Anschnitt, sondern bis zu einem bestimmten Grad auch noch bei seinem weiteren Eindringen in das Werkstück am Verlaufen gehindert.

Das Verlaufen des nichtgeführten Bohrers ist, worauf ganz besonders hingewiesen sei, keine Eigentümlichkeit der Radialbohrmaschine allein, sondern tritt in der gleichen Weise auch bei Ständerbohrmaschinen und bei Waagerechtbohrwerken auf. Mit letzteren läßt sich bekanntlich ein genau sitzendes Loch, sofern das Werkzeug nicht geführt ist, nur in der Weise herstellen, daß die Spindel auf die vorgezeichnete Lochmitte oder umgekehrt, die Lochmitte auf die Spindel eingestellt und das Loch mit dem Bohrstahl ausgebohrt wird. Der Schlichtspan muß so fein sein, daß weder die Spindel noch das Werkzeug nennenswert abgedrückt werden. In derselben Weise läßt sich ein solches Loch natürlich auch mit einer Raboma-Radialen herstellen.

Paßbohrungen müssen nach dem Vorbohren noch aufgebohrt (gesenkt) und gerieben werden. In diesem Fall wird der endgültige Sitz der Bohrung durch das Aufbohren bestimmt, während die Reibahle daran nichts mehr ändern kann.

Toleranzen in der Entfernung zweier Lochachsen untereinander von $\pm$ 0,02 mm lassen sich, wie im Abschnitt 26: „Die Herstellung von Bohrungen in Abhängigkeit von der verlangten Genauigkeit" gezeigt ist, sicher einhalten.

Stellung der Lochachse

Das Äußerste, was an Genauigkeit in bezug auf die Achsenstellung des gebohrten Loches erreicht werden kann, ist, daß Lochachse und Bohrspindelachse zusammenfallen, und nur, wenn letztere beim Bohren genau rechtwinklig zum Tisch steht, kann ein ebenfalls rechtwinklig stehendes Loch erwartet werden. Diese Feststellung ist durchaus nicht so überflüssig, wie es auf den ersten Blick scheint, weil nämlich die Bohrspindel auch nur innerhalb gewisser Toleranzen rechtwinklig zum Tisch oder zur Platte steht (siehe Abschnitt 71: Abnahmeprüfung).

Fälschlicherweise wird als Maßstab aber meist die sogenannte **Aufbäumungsgarantie** betrachtet, nach der sich bei größter Vorschubkraft und bei Stellung des Bohrschlittens ganz außen an der Auslegerspitze die Spindel 1,5 mm auf je 1 m Bohrradius schief stellen darf. Dieses Maß erscheint auf den ersten Blick sehr groß und führt zu der erwähnten Unterschätzung der mit der Radialbohrmaschine erreichbaren Genauigkeit, so daß es zweckmäßig ist, seine Auswirkung in der Praxis näher zu betrachten.

Mit Genauigkeitsarbeiten hat die Aufbäumungsgarantie nichts zu tun, denn sie bezieht sich auf die höchste Schrupp-Bohrleistung bei dem größten zulässigen Bohrerdurchmesser und höchsten Vorschub und bei Stellung des Bohrschlittens an der Spitze des Auslegers. Wo größte Genauigkeit verlangt wird, muß die Leistung verringert werden, d. h. in diesem Fall der Vorschub, der die Vorschubkraft und damit die Aufbäumung bestimmt. Beim Aufbohren (Senken) sinkt überdies die Vorschubkraft auf einen Bruchteil der beim Bohren ins Volle auftretenden.

Wird aber der Bohrschlitten z. B. auf die halbe Ausladung zurückgefahren, so verringert sich die Aufbäumung entsprechend. Bei halber Ausladung und auch noch halbiertem Vorschub ist mit weniger als $^1/_4$ der Aufbäumung zu rechnen, und damit verringert sich das Maß der nach den Abnahmevorschriften zulässigen Abweichung auf etwa 0,3 mm/1 m. Auf eine Bohrtiefe von beispielsweise 50 mm umgerechnet, ergibt sich daraus eine Schiefstellung des Loches von 0,015 mm, die bedeutungslos ist, zumal es sich um frei gebohrte, geschruppte Löcher handelt.

Bei Genauigkeitsbohrungen, die mit Hilfe einer Vorrichtung, also mit in Bohrbüchsen geführten Werkzeugen hergestellt sind, ist in der rechtwinkligen Stellung der Lochachse mit keiner größeren Abweichung als $\pm$ 0,02 mm, am 300 mm langen Dorn gemessen, zu rechnen, was z. B. für einen guten Zahneingriff zulässig ist.

Geometrische Form der Bohrung

Die Form der Bohrung ist eine Werkzeugfrage. Durch das Fertigreiben wird eine für Passungszwecke völlig ausreichende Annäherung an die theoretische Zylinderform erreicht. Die gesamten Abweichungen von der Kreiszylinderform sind kaum größer als bei geschliffenen Bohrungen von durchschnittlicher Güte.

In Bohrungen für Kugellager, bei deren Endbearbeitung man auf das Schleifen nicht verzichten zu können glaubt, werden zweckmäßig besondere Büchsen mit geschliffenem Kugellagersitz eingesetzt. Der Vorteil dieser Konstruktionsmaßnahme ist recht erheblich, so daß solche Büchsen wenigstens bei größeren und wertvollen Gußstücken ganz allgemein vorgesehen werden sollten.

Lehrenhaltigkeit der Bohrung

Auch die Lehrenhaltigkeit der Bohrungen hängt vom Werkzeug, der Reibahle, ab. Die Reibüberweite bei dem hauptsächlich in Betracht kommenden Werkstoff Gußeisen ist sehr gering und liegt innerhalb der Toleranzen für Bohrungen nach DIN-Feinpassung.

In diesem Zusammenhang seien auch noch zwei andere mit der Arbeitsgenauigkeit der Radialbohrmaschine zusammenhängende Fragen behandelt.

Häufig wird die Beeinflussung der rechtwinkligen Stellung der Bohrspindel durch das **Verschieben des Bohrschlittens** entlang dem Ausleger falsch eingeschätzt.

In den Abnahmevorschriften (Abschnitt 71) wird durch die Messung 4 der Nachweis verlangt, daß über $^2/_3$ des Bohrschlitten-Verschiebeweges in der rechtwinkligen Stellung der Bohrspindel keine größere Abweichung als z. B. 0,1 mm bei 500 mm Meßlänge auftritt. Demnach ist ungünstigstenfalls mit einer Schiefstellung der Lochachse in gleichem Maße zu rechnen, wobei aber nicht übersehen werden darf, daß es sich nur um ohne Werkzeugführung gebohrte Löcher (z. B. Schraubenlöcher) handelt, die sehr weit auseinander liegen, so daß die zugelassenen Abweichungen in jedem Fall tragbar sind. Bei der Herstellung von Genauigkeitsbohrungen dagegen entspricht die Achsenstellung der Bohrungen der durch die Bohrbüchsen der Vorrichtung gegebenen.

Auch der Beeinflussung der Einstellung der Bohrspindel durch die **Höhenverstellung des Auslegers** wird manchmal eine größere Bedeutung beigemessen, als ihr zukommt.

In den Abnahmevorschriften sind dafür keine Toleranzen angegeben, da eine größere Genauigkeit weder verlangt werden kann noch nötig ist.

Muß z. B. bei der Herstellung tiefer Löcher mit dem Ausleger nachgefahren werden, so ist, sofern es sich nur um das Schrupp-Bohren handelt, die Genauigkeit nicht ausschlaggebend. Das Werkzeug wird jedesmal neu eingestellt und spielt sich auf die vorgebohrte Mitte ein.

Bei Genauigkeitsbohrungen aber bringt bekanntlich schon das Anhalten des Werkzeuges im Schnitt einen deutlich fühlbaren Absatz an der Lochwand. Eine Genauigkeitsbohrung kann demnach überhaupt nur über eine dem Bohrspindelhub entsprechende Länge bearbeitet werden. Wo dieser Hub nicht ausreicht und der Ausleger in der Höhe verstellt werden muß, um eine Werkzeugverlängerung zwischenzufügen, können nur einzelne Absätze nacheinander gebohrt werden, wie sie meist durch die Konstruktion (z. B. bei Lagersitzen, Ventilsitzen usw.) gegeben sind. Hierbei muß aber das Werkzeug geführt werden, so daß also Ungenauigkeiten durch die Höhenverstellung des Auslegers nicht auftreten.

ABSCHNITT 20

VORSCHUBKRAFT UND DREHMOMENT

Die Zusammensetzung der Schneiden am Spiralbohrer • Der Verlauf der Vorschubkraft und des Drehmomentes
Einfluß der Starrheit einer Radialbohrmaschine auf ihre Schnittleistung
Anteile der Schneiden an der Vorschubkraft und am Drehmoment des Spiralbohrers
Größe der Vorschubkraft und des Drehmomentes beim Bohren ins Volle
Mittel zur Verringerung der Vorschubkraft • Drehmoment beim Gewindeschneiden und Stehbolzeneinziehen

Die Schneidenzusammensetzung am Spiralbohrer

Die zwei Hauptschneiden des Spiralbohrers sind an der Bohrerspitze durch die Querschneide verbunden und treffen außen mit den Fasenschneiden zusammen (Tafel 200). Die Querschneide drückt und quetscht den Werkstoff. Die Fasenschneiden trennen den Span am Lochumfang ab, und da sie mit der größten Geschwindigkeit umlaufen, sind die beiden äußeren Ecken die am stärksten beanspruchten Stellen der Hauptschneiden. Die Schneiden liegen symmetrisch zur Bohrerachse, und somit ist ein formgleicher Anschliff beider Schneiden Bedingung für ein befriedigendes Arbeiten des Spiralbohrers.

Der Verlauf der Vorschubkraft und des Drehmomentes

Beim Vorschieben des sich drehenden Bohrers gegen das ruhende Werkstück hat jede der beiden Schneiden einen Span von der Stärke des halben Vorschubes abzutrennen (Tafel 200). Dabei treten eine in der Achsenrichtung wirkende Vorschubkraft und ein in einer Ebene rechtwinklig zur Achse liegendes Drehmoment auf. Beide, Vorschubkraft und Drehmoment, sind abhängig von dem zu bearbeitenden Werkstoff sowie vom Werkzeug (Bohrerdurchmesser, Zustand der Werkzeugschneiden, Anschliff, Länge der Querschneide) und seinen Arbeitsbedingungen (Vorschub, Kühlung usw.), nicht aber von der Schnittgeschwindigkeit. Über den Verlauf der Kräfte geben die mit Hilfe eines Meßtisches aufgenommenen Schaubilder Aufschluß.

Die **Vorschubkraft** steigt beim Auftreffen des Bohrers auf das Werkstück infolge der drückenden Wirkung der Querschneide schnell an (Tafel 201). Die Maschine wird elastisch verformt (bäumt sich auf). Es ist also schon eine bestimmte Vorschubkraft vorhanden, bevor die Hauptschneiden des Bohrers zum Schnitt kommen. Sodann steigt die Vorschubkraft langsam weiter und erreicht beim vollen Schnitt ihren Höchstwert. Umgekehrt fällt sie beim Durchtritt der Bohrerspitze durch das Werkstück erst schnell ab und sinkt dann langsam weiter.

Das **Drehmoment** verläuft in ähnlicher Weise (Tafel 201). Es steigt von Anfang an gleichmäßig bis zum Höchstwert an, der erreicht ist, wenn die Schneiden voll im Schnitt sind. Beim Durchtritt der Bohrerspitze aber wirkt sich die Störung des Gleichgewichtszustandes an den Bohrerschneiden in einem vorübergehenden Ansteigen des Drehmomentes zu einer Drehmomentspitze aus. Durch den plötzlichen Fortfall des Anteiles der Querschneide an der Vorschubkraft entlädt sich die Spannung, unter welcher Maschine, Werkstück und Unterlagen stehen, und vergrößert für diesen Augenblick den Vorschub des Bohrers. Um diesen Betrag muß also beim Bohren der für das Werkzeug eigentlich zulässige Vorschub kleiner gehalten werden, damit es beim Durchtritt der Spitze durch das Werkstück nicht bricht. Selbstverständlich ist diese Drehmomentspitze keine Eigentümlichkeit der Radialbohrmaschine allein, sondern tritt bei jeder Bohrmaschine auf.

Einfluß der Steifheit der Maschine auf die Schnittleistung

Die Gegenüberstellung der unter gleichen Bedingungen gewonnenen Bohrdiagramme einer steifen und einer nachgiebigen Maschine (Bild 202) zeigt den Einfluß der Steifheit der Maschine auf die Schnittzeit und das Verhältnis der wirklich ausnutzbaren Leistung zur Grenzleistung des Bohrers. Je steifer die Maschine ist, um so kürzer ist die Anbohrzeit, um so größer die nutzbare Schnittleistung und um so kleiner die Gefahr der Überanstrengung des Bohrers. Je nachgiebiger dagegen eine Maschine ist, um so länger ist die Anbohrzeit, um so kleiner die Schnittleistung und um so größer die Gefahr eines Bruches des Bohrers oder einer Zerstörung der Spiralfasen in dem schief gebohrten Loch. An derartigen Beschädigungen ist also meist nicht das Werkzeug, sondern die Nachgiebigkeit der Maschine schuld.

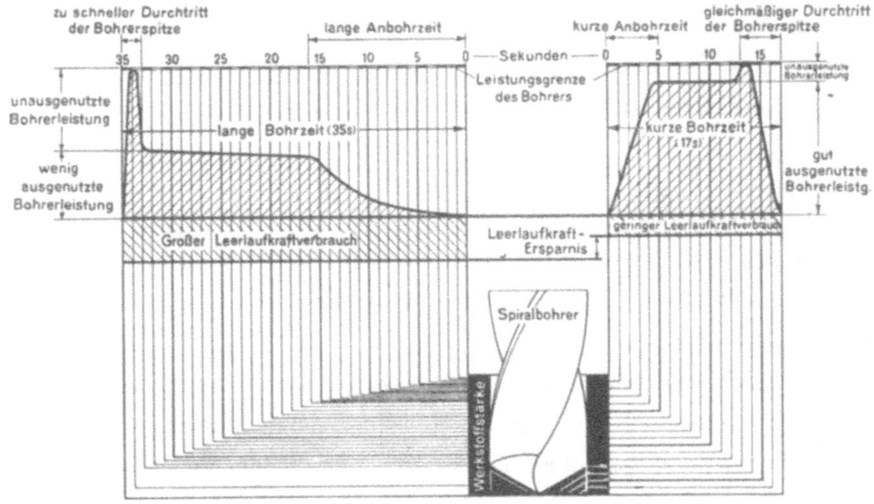

Bild 202: Bohrdiagramm einer nachgiebigen und einer steifen Maschine

Eine vollkommen starre Bohrmaschine gibt es selbstverständlich nicht, noch viel weniger eine derartige Radialbohrmaschine. Deshalb muß gewährleistet werden, daß die Nachgiebigkeit ein bestimmtes Maß nicht überschreitet. Die Erfahrung hat gelehrt, daß beim Schruppbohren mit dem größtzulässigen Bohrerdurchmesser und Vorschub und bei Stellung des Bohrschlittens an der Auslegerspitze eine Aufbäumung von 1,5 mm auf 1 m Bohrradius zugelassen werden kann, wenn ein wirtschaftliches Verhältnis zwischen Schnittleistung, Werkzeugverbrauch und der für nichtlehrenhaltige Löcher notwendigen Arbeitsgenauigkeit gewahrt bleiben soll. Dieser Wert ist auch als Richtwert für die Abnahmeprüfung festgelegt.

Anteile der Schneiden an der Vorschubkraft und am Drehmoment des Spiralbohrers

Über die Zusammensetzung der Vorschubkraft und des Drehmomentes aus den Anteilen der Hauptschneiden, der Querschneide und der Span- und Fasenreibung bei den verschiedenen Bohrer-Durchmessern und Vorschüben liegen bisher nur einzelne Versuchswerte vor, die aber außerordentlich streuen. Für die Praxis genügt deshalb folgende Aufteilung als Anhaltspunkt:

An der Vorschubkraft sind die Hauptschneiden mit etwa 60 v. H. beteiligt, die Querschneide mit etwa 40 v. H. Am Drehmoment sind die Hauptschneiden mit etwa 90 v. H. beteiligt, die Querschneide mit etwa 10 v. H.

Die Größe der Vorschubkraft und des Drehmomentes

Die bei den verschiedenen Bohrer-Durchmessern und Vorschüben sowie bei den gebräuchlichsten Werkstoffen auftretenden Vorschubkräfte und Drehmomente sind in Tafel 203 gezeigt. Die Werte sind beim Bohren ins Volle mit ausgespitzten Bohrern durch Messungen mit dem Bohrprüftisch gewonnen. Eine alle Einflüsse berücksichtigende Formel für ihre Errechnung fehlt; die bekannten Formeln ergeben nur Annäherungswerte. Aber auch die Prüftischwerte können wegen der verschiedenen Einflüsse des Werkzeuges und des Werkstoffes nur als Anhaltspunkte dienen.

Wie die Schaubilder erkennen lassen, wächst die Vorschubkraft geradlinig, das Drehmoment dagegen mit dem Quadrat des Bohrerdurchmessers. Beide steigen jedoch bei gleichem Bohrer-Durchmesser nicht verhältnisgleich dem Vorschub, sondern weniger stark an.

In einer anderen Zusammenstellung ist die Größe der Vorschubkraft und des Drehmomentes in der Tafel 204 gezeigt, indem den einzelnen Bohrer-Durchmessern die im Werkstattbetrieb gebräuchlichen Vorschübe zugeordnet sind. Zur Erhöhung des Gebrauchswertes der Tafel sind auch noch die Schnittgeschwindigkeit, die Spindeldrehzahl und der Kraftbedarf eingetragen.

Verringerung der Vorschubkraft

Der auf die Querschneide entfallende Anteil an der Vorschubkraft wird in der Praxis dadurch verringert, daß die Seele des Bohrers, die unangespitzt eine Stärke von 0,16 D hat, auf eine Stärke von 0,1 D aus- oder angespitzt wird.

Durch **Vorbohren** eines Loches mit einem Durchmesser gleich der unangespitzten Querschneidenlänge sinkt die Vorschubkraft infolge völligen Wegfalles des Querschneidenanteiles auf etwa 60 v. H. gegenüber dem Bohren ins Volle. Beim **Aufbohren** eines vorgebohrten oder vorgegossenen Loches mit dem Senker ist sie nur noch sehr gering und beträgt bei den üblichen Spanquerschnitten höchstens den zehnten Teil der vollen Vorschubkraft (Tafel 205).

Diese Zusammenhänge lassen erkennen, welche Wege für die jeweils vorliegende Arbeit einzuschlagen sind:

> bei **Schrupparbeiten** wird zweckmäßig mit den größtmöglichen Vorschüben gearbeitet;
> bei **Genauigkeitsarbeiten** empfiehlt es sich, zur Verringerung der Vorschubkraft und zur Verhinderung einer größeren elastischen Verbiegung der Maschine (Aufbäumung) entweder mit kleinen Vorschüben zu arbeiten oder die Löcher vorzubohren und auf den gewünschten Durchmesser mit dem Bohrstahl oder dem Senker aufzubohren.

Drehmoment beim Gewindeschneiden und Stehbolzeneinziehen

Während weder beim Aufbohren (Senken) innerhalb der üblichen Grenzen noch beim Schneiden zylindrischer Gewinde (s. Abschnitt 51: Das Gewindeschneiden) größere Kräfte auftreten als beim Bohren eines entsprechend großen Durchmessers ins Volle, wächst das Drehmoment beim Schneiden von kegeligen Gewinden größerer Durchmesser sowie beim Eindrehen von Stehbolzen ebenfalls größerer Durchmesser außerordentlich stark an. Da beide Arbeiten in der Regel mit ganz niedrigen Drehzahlen vorgenommen werden, führt dieser Umstand leider häufig zu einer Unterschätzung des auftretenden Drehmomentes. Ein Stehbolzen von beispielsweise $3^1/_2''$ Durchmesser erfordert bei zügig gehendem Gewinde zum Einziehen ein Drehmoment von 36000 cmkg, also eine außerordentlich kräftige Maschine mit sehr starker Spindel.

RABOMA **Bezeichnungen am Spiralbohrer** *Tafel 200*

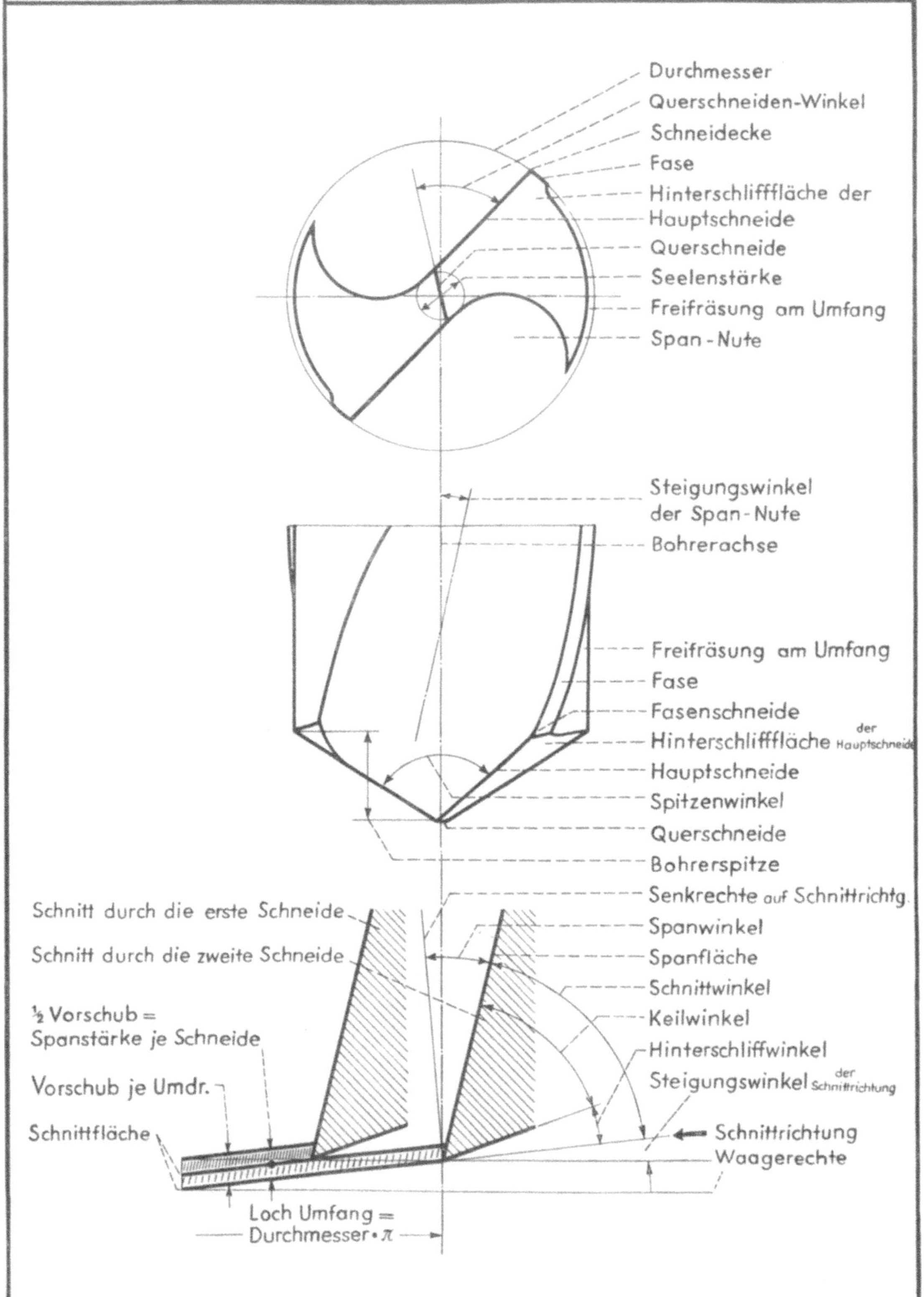

Raboma-Maschinenfabrik *Hermann Schoening* **Berlin-Borsigwalde**

RABOMA

Verlauf der Vorschubkraft und des Drehmomentes beim Bohren

Tafel **201**

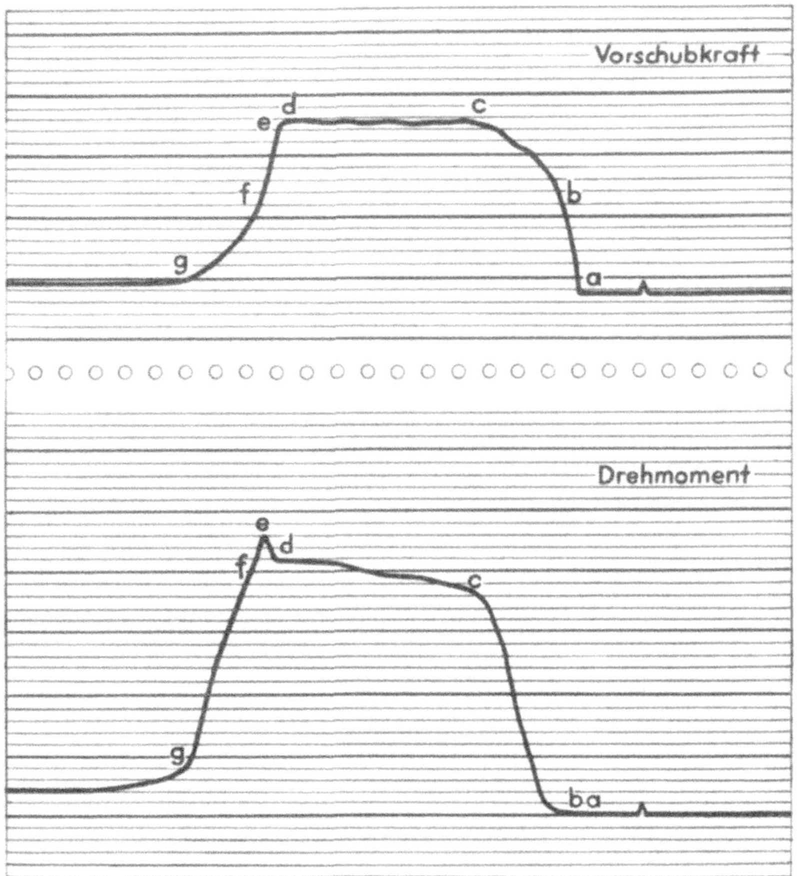

a Beginn des Bohrvorganges beim Auftreffen der Bohrerspitze auf das Werkstück.

a–b Schnelles Ansteigen der Vorschubkraft infolge der drückenden Wirkung der Querschneide. Die Maschine wird elastisch verformt, bäumt auf.

b–c Weiteres Anwachsen der Vorschubkraft beim Eindringen der Bohrerspitze bis zum vollen Schnitt des Bohrers und damit Erreichung der vollen Vorschubkraft. Gleichzeitig wächst auch das Drehmoment bis zur vollen Höhe an.

c–d Voller Schnitt und damit volle Vorschubkraft und volles Drehmoment, das aber infolge der Lochwandungs- und Spanreibung weiter ansteigt.

d Beginn des Durchtritts der Bohrerspitze.

d-e-f Schneller Abfall der Vorschubkraft infolge Wegfalls des Anteiles der Querschneide. Die teilweise Entladung der Spannung, unter der die Maschine, das Werkstück u.s.w. stehen, führt zu einer vorübergehenden Erhöhung des Vorschubes und damit des Drehmomentes (Drehmomentspitze).

f–g Absinken der Vorschubkraft und des Drehmomentes bis zum völligen Durchbohren des Werkstückes. Beim Drehmoment macht sich die Lochwandungsreibung bemerkbar. Beendigung des Bohrvorganges.

Raboma-Maschinenfabrik Hermann Schoening **Berlin-Borsigwalde**

RABOMA

Vorschubkraft u. Drehmoment

beim Bohren ins Volle mit ausgespitzten Spiralbohrern

Tafel 203

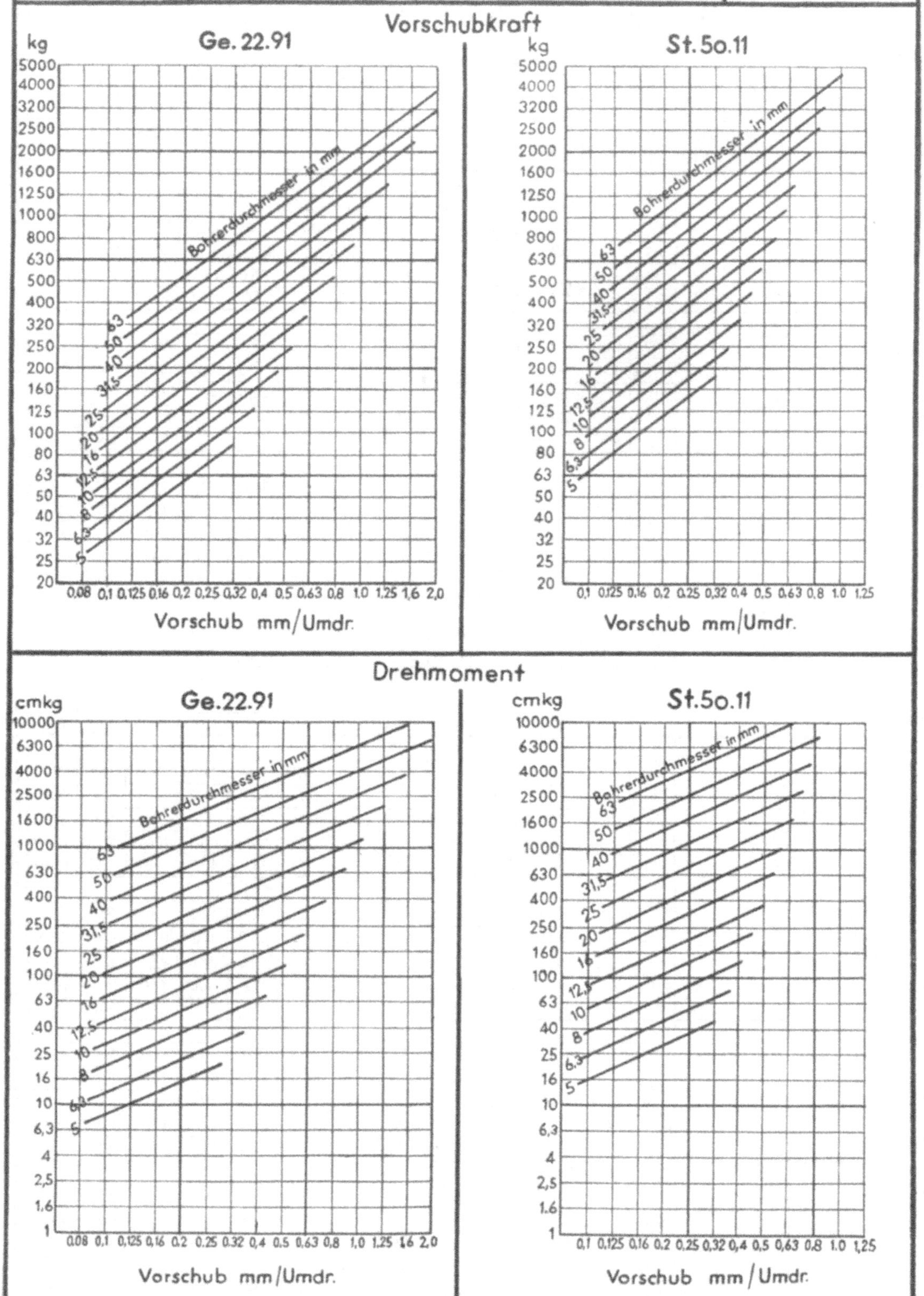

Raboma-Maschinenfabrik *Hermann Schoening* **Berlin-Borsigwalde**

RABOMA

Gebrauchswerte für das Bohren ins Volle mit ausgespitzten Spiralbohrern

• WERKZEUGE AUS SCHNELLSTAHL •

Die tatsächlich auftretenden Verhältnisse können von den angegebenen Werten infolge nicht erfaßbarer Einflüsse abweichen.

Tafel 204

Werkstoff	Bohrer Ø :			5	6,3	8	10	12,5	16	20	25	31,5	40	50	63
Maschinenbau-**Stahl** St. 50. 11	v	Schnittgeschw.	m/min	35,5											
	n	Drehzahl	Umdr/min	2240	1800	1400	1120	900	710	560	450	355	280	224	180
	s	Vorschub	mm/Umdr	0,14	0,16	0,18	0,2	0,22	0,25	0,28	0,32	0,36	0,4	0,45	0,5
	L	Schnittleistung	PS	0,71	0,95	1,25	1,7	2,24	3,0	4,0	5,3	7,1	9,5	12,5	17
	Md	Drehmoment	cmkg	22.4	37,5	63	106	180	300	500	850	1400	2360	4000	6700
	P	Vorschubkraft	kg	85	118	160	212	280	400	530	710	950	1320	1800	2360
Maschinenbau-**Stahl** St. 60. 11	v		m/min	28											
	n		Umdr/min	1800	1400	1120	900	710	560	450	355	280	224	180	140
	s		mm/Umdr	0,11	0,12	0,14	0,16	0,18	0,2	0,22	0,25	0,28	0,32	0,36	0,4
	L		PS	0,56	0,75	1,0	1,32	1,8	2,36	3,15	4,25	5,6	7,5	10	13,2
	Md		cmkg	22,4	37,5	63	106	180	300	500	850	1400	2360	4000	6700
	P		kg	85	118	160	212	280	400	530	710	950	1320	1800	2360
Maschinenbau-**Stahl** St. 70. 11	v		m/min	22,4											
	n		Umdr/min	1400	1120	900	710	560	450	355	280	224	180	140	112
	s		mm/Umdr	0,09	0,1	0,11	0,12	0,14	0,16	0,18	0,20	0,22	0,25	0,28	0,32
	L		PS	0,45	0,6	0,8	1,06	1,4	1,9	2,5	3,25	4,5	6,0	8,0	10,6
	Md		cmkg	22,4	37,5	63	106	180	300	500	850	1400	2360	4000	6700
	P		kg	85	118	160	212	280	400	530	710	950	1320	1800	2360
Legierte **Stähle** 90 – 110 kg	v		m/min	11,2											
	n		Umdr/min	710	560	450	355	280	224	180	140	112	90	71	56
	s		mm/Umdr	0,07	0,08	0,09	0,1	0,11	0,12	0,14	0,16	0,18	0,2	0,22	0,25
	L		PS	0,22	0,3	0,4	0,53	0,71	0,95	1,25	1,7	2,24	3,0	4,0	5,3
	Md		cmkg	22,4	37,5	63	106	180	300	500	850	1400	2360	4000	6700
	P		kg	85	118	160	212	280	400	530	710	950	1320	1800	2360
Gußeisen bis Ge. 22.91	v		m/min	28											
	n		Umdr/min	1800	1400	1120	900	710	560	450	355	280	224	180	140
	s		mm/Umdr	0,16	0,18	0,2	0,22	0,25	0,28	0,32	0,36	0,4	0,45	0,5	0,56
	L		PS	0,25	0,32	0,42	0,56	0,75	1,0	1,32	1,8	2,36	3,15	4,25	5,6
	Md		cmkg	9,5	16	26,5	45	75	125	212	355	600	1000	1700	2800
	P		kg	40	53	71	95	132	180	236	315	425	560	750	1000
Gußeisen über Ge 22 91	v		m/min.	18											
	n		Umdr/min.	1120	900	710	560	450	355	280	224	180	140	112	90
	s		mm/Umdr	0,12	0,14	0,16	0,18	0,2	0,22	0,25	0,28	0,32	0,36	0,4	0,45
	L		PS	0,15	0,2	0,27	0,36	0,48	0,63	0,85	1,12	1,5	2	2,65	3,55
	Md		cmkg	9,5	16	26,5	45	75	125	212	355	600	1000	1700	2800
	P		kg	40	53	71	95	132	180	236	315	425	560	750	1000
Messing Rotguß Kupfer Bronze	v		m/min	56											
	n		Umdr/min.	3550	2800	2240	1800	1400	1120	900	710	560	450	355	280
	s		mm/Umdr	0,12	0,14	0,16	0,18	0,2	0,22	0,25	0,28	0,32	0,36	0,4	0,45
	L		PS	0,32	0,42	0,56	0,75	1,06	1,32	1,8	2,36	3,15	4,25	5,6	7,5
	Md		cmkg	6,3	10,6	18	30	50	85	140	236	400	670	1120	1900
	P		kg	28	37,5	50	67	90	118	160	212	280	375	500	670
Leichtmetall Al. Leg	v		m/min	90											
	n		Umdr/min.	5600	4500	3550	2800	2240	1800	1400	1120	900	710	560	450
	s		mm/Umdr	0,16	0,18	0,2	0,22	0,25	0,28	0,32	0,36	0,4	0,45	0,5	0,56
	L		PS	0,32	0,45	0,63	0,9	1,25	1,8	2,5	3,55	5,0	7,1	10	14
	Md		cmkg	4	7,1	12,5	22,5	40	71	125	224	400	710	1250	2240
	P		kg	17	23,6	33,5	47,5	67	95	140	190	265	375	530	750
Elektron	v		m/min.	140											
	n		Umdr/min.	9000	7100	5600	4500	3550	2800	2240	1800	1400	1120	900	710
	s		mm/Umdr	0,2	0,22	0,25	0,28	0,32	0,36	0,4	0,45	0,5	0,56	0,63	0,71
	L		PS	0,3	0,42	0,6	0,85	1,18	1,7	2,36	3,35	4,75	6,7	9,5	13,2
	Md		cmkg	2,3	4,2	7,5	13,2	23,6	42,5	75	132	236	425	750	1320
	P		kg	10,6	15	21,2	30	42,5	60	85	118	170	236	335	475

Raboma-Maschinenfabrik *Hermann Schoening* **Berlin-Borsigwalde**

RABOMA

Vorschubkraft u. Drehmoment beim Senken

Tafel 205

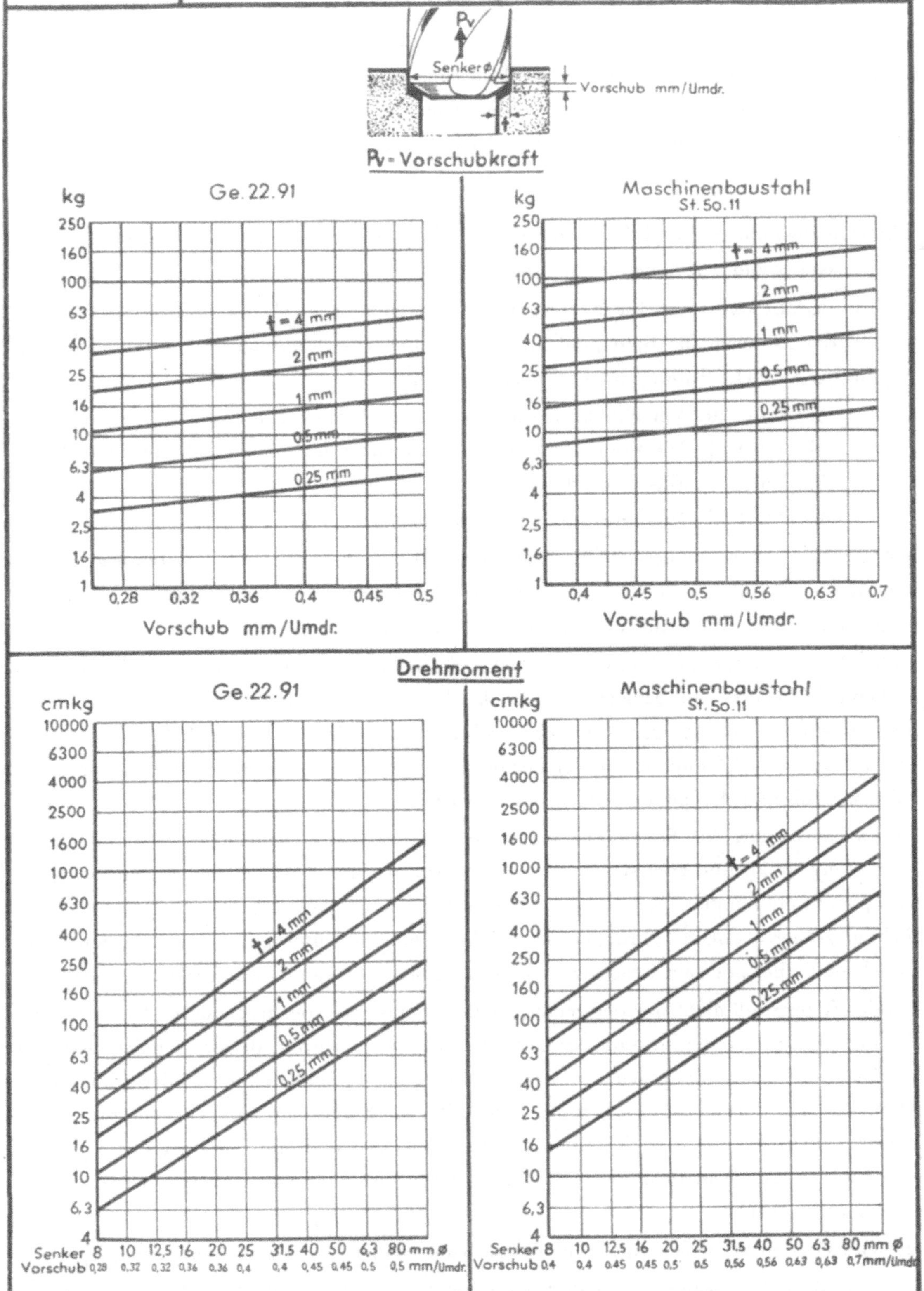

Raboma-Maschinenfabrik Hermann Schoening **Berlin-Borsigwalde**

ABSCHNITT 21

SCHNITTGESCHWINDIGKEIT UND VORSCHUB

Drehzahl- und Vorschubtafeln
Schnittgeschwindigkeiten und Vorschübe beim Aufbohren mit Senkern und Bohrstangen, beim Reiben und beim Gewindeschneiden • Notwendige Herabsetzung der Schnittleistung
Rundschieber zum Ablesen der Drehzahl und des Vorschubes

Schnittgeschwindigkeit und Vorschub richten sich — abgesehen vom Werkstoff — nach den Werkzeugen und den Arbeitsbedingungen.

Die Werkzeugfabriken stellen für die am meisten verwendeten Werkstoffe Tafeln zur Verfügung mit guten Gebrauchswerten für Bohrspindeldrehzahlen und Vorschübe bei durchschnittlichen Arbeitsbedingungen. Ähnliche Tafeln und Richtwerte enthalten

Abschnitt 20: Vorschubkraft und Drehmoment (Tafel 204)
Abschnitt 27: Die Verwendung von Spiralbohrern mit Hartmetallschneiden (Bild 270)
Abschnitt 51: Das Gewindeschneiden
Abschnitt 73: Die Arbeitszeitermittlung (Tafel 731)

Eine Zusammenfassung an dieser Stelle erübrigt sich also. Jedoch sollen die Umstände gekennzeichnet werden, die bei den einzelnen Werkzeugen von Einfluß für die Wahl der Schnittgeschwindigkeit und des Vorschubes sind, um Richtlinien für alle Fälle zu geben.

Ausgehend von der für das Bohren mit dem Spiralbohrer zulässigen Schnittgeschwindigkeit muß diese beim **Aufbohren mit Senkern** mit Rücksicht auf die empfindlicheren Schneiden verringert werden. Der Vorschub dagegen kann der größeren Schneidenzahl wegen höher sein. Die Grenze dafür ist durch die Riefenbildung in der Lochwand gegeben, denn die Riefen dürfen nur so tief sein, daß die nachfolgende Reibahle sie noch beseitigen kann.

Beim **Aufbohren mit der Bohrstange** und dem doppelseitig schneidenden Bohrstahl sind höhere Schnittgeschwindigkeiten zulässig, da es sich um ein Werkzeug mit einfacher Schneidenform und freier Spanabfuhr handelt. Wie an der Drehbank ist auch hier die Schnittgeschwindigkeit beim Schlichten größer als beim Schruppen, ebenso beim Feinschlichten gegenüber dem Schlichten. Der Vorschub muß aber mit dem Grad der Verbesserung der Lochwandbeschaffenheit verringert werden.

Durch das **Reiben** soll nicht nur der genaue Lochdurchmesser erreicht, sondern gleichzeitig auch die Lochwand geglättet werden. Aus diesem Grunde ist eine wesentlich niedrigere Schnittgeschwindigkeit zu wählen. Der Vorschub dagegen darf wegen der geringen Spanabnahme und der großen Zähnezahl der Reibahle ein Mehrfaches des beim Bohren mit dem Spiralbohrer üblichen betragen. Er sollte aber zwangläufig sein, um eine gleichmäßig glatte Lochwand und einen überall gleichgroßen Lochdurchmesser zu erreichen. Bekanntlich gibt ein kleiner Vorschub eine größere Überweite im Durchmesser und umgekehrt.

Auch beim **Gewindeschneiden** sind ähnlich wie beim Reiben nur sehr niedrige Schnittgeschwindigkeiten zulässig, da die gesamte Zerspanungsarbeit von den wenigen, im Anschnitt des Gewindebohrers liegenden Zähnen geleistet werden muß. Außerdem kommen die Späne sehr schlecht von den Gängen des geschnittenen Gewindes sowie von den Schneiden des Gewindebohrers los.

Eine Herabsetzung der Schnittgeschwindigkeit und des Vorschubes ist im allgemeinen immer dann nötig, wenn die Zerspanungswärme schlecht aus dem Bohrloch abfließen kann, vor allem also beim Bohren tiefer Löcher. Aber auch die Rücksicht auf das Entfernen der Späne kann eine Verringerung der Schnittgeschwindigkeit erfordern. Schon beim Bohren mit Bohrbüchsen reicht unter Umständen dann, wenn zwischen Werkstück und Bohrbüchse nicht genügend Zwischenraum zum Durchtritt der Späne bleibt, die Förderwirkung der Spiralnuten nicht aus, um die Späne aus dem Bohrloch herauszuschaffen. Diese Gefahr des Stauens der Späne ist noch größer, wenn die Schnittgeschwindigkeit an sich schon hoch ist, wie z. B. beim Bohren von Leichtmetallen.

In der Reihenfertigung sind die Spindeldrehzahlen und die Vorschübe dem Mann an der Maschine in der Regel durch den Arbeitsplan vorgeschrieben. Um aber auch dort eine volle Ausnutzung der Raboma-Radialbohrmaschinen zu erreichen, wo keine Vorschriften gegeben sind, hat der Arbeiter die Möglichkeit, die erforderlichen Werte an einem **Rundschieber** abzulesen (Bild 210). Er sucht den Vorschub und die Schnittgeschwindigkeit für den betreffenden Arbeitsgang und den Werkstoff oben an der feststehenden Scheibe aus, stellt den Pfeil des drehbaren Teiles nach rechts auf den Bohrerdurchmesser ein und liest links außen neben der gewählten Schnittgeschwindigkeit die Spindeldrehzahl ab. Für das Bohren eines Loches von 34 mm Durchmesser in Ge gibt als Beispiel die feststehende Scheibe oben links einen Vorschub von 0,4 mm/Uml., oben rechts eine Schnittgeschwindigkeit von 18 bis 28 m/min. an. Wird der Pfeil auf der drehbaren Scheibe nach rechts auf 34 mm Durchmesser eingestellt, so steht auf der linken Seite neben der in diesem Fall zu wählenden mittleren Schnittgeschwindigkeit von 20 m/min. die Drehzahl 190. Sie gilt für gute Schnellstahlbohrer, deren Verwendung für die Ausnützung einer neuzeitlichen Radialbohrmaschine vorausgesetzt werden muß.

Bild 210: Rundschieber zum Ablesen der Spindeldrehzahl und des Vorschubes

ABSCHNITT 22

DAS VERLAUFEN DER SENKER

Das Verlaufen und seine Ursache
Die Auswirkung der Hauptschnittkräfte und der Abdräng- oder Rückdruckkräfte des kegeligen Anschnittes
Die Schiefstellung des Senkers als Folge des Wegschwenkens
Vergleich der Arbeitsweise der Bohrstange mit dem Senker • Versuche mit einem Senker mit zwei Schneiden

Die Frage nach dem Einfluß der Form des Werkzeuges auf das entstehende Loch machte Untersuchungen über das Verhalten des gebräuchlichsten Aufbohrwerkzeuges, des Senkers, nötig. Durch das Aufbohren soll das vorgebohrte oder vorgegossene Loch für die endgültige Fertigstellung, das Reiben, vorbereitet werden. Da aber die Reibahle weder die Stellung der Achse des vorgebohrten Loches, noch ihren Ort zu ändern oder zu berichtigen vermag, muß schon vorher, also beim Aufsenken oder Aufbohren, die erforderliche Genauigkeit erreicht sein. Demnach ist das Aufbohren der wichtigste Arbeitsgang bei der Herstellung einer Genauigkeitsbohrung.
Das Ergebnis der angestellten Untersuchungen ist für das Verständnis der an den Werkzeugschneiden wirksamen Kräfte und deren Einfluß auf die Genauigkeit der Bohrung so wichtig, daß es sich rechtfertigt, das Verhalten der Senker in diesem Abschnitt besonders zu behandeln.

Das Verlaufen der Senker

Die Senker schneiden stirnseitig und besitzen je nach Größe drei, vier oder mehr Schneiden mit kegeligem Anschnitt. Ihnen müssen auch die Scheibensenker zugezählt werden, da ihre Schnittverhältnisse ähnliche sind, trotzdem sie keinen kegeligen Anschnitt haben.
Senker werden zum Aufbohren vorgegossener oder vorgebohrter Löcher gebraucht, sei es, um nur deren Durchmesser zu erweitern oder auch, um gleichzeitig die Lochwand durch Schlichten für das nachfolgende Reiben vorzubereiten. Daneben haben sie die wichtige Aufgabe, Achsenfehler in bezug auf die Versetzung und Richtung des vorhandenen Loches zu beseitigen.
Es ist aber eine bekannte Tatsache, daß die Senker verlaufen und daß dieses Verlaufen sie außerstand setzt, die ihnen bei Genauigkeitsbohrungen neben der Durchmessererweiterung zufallende Aufgabe der Beseitigung von Achsenfehlern in einfacher und befriedigender Weise zu erfüllen. In den meisten Fällen muß, um diese Fehler wenigstens klein zu halten, zwei- oder dreimal gesenkt werden.
Mehrmaliges Senken erfordert aber viel Zeit; deshalb wurde das Verlaufen der Senker und seine Auswirkung auf die Bohrung eingehend untersucht, um einen Weg für einen Ersatz oder wenigstens eine teilweise Einsparung der Senkoperationen zu finden.
Die **Ursache des Verlaufens** ist die ungleiche Belastung der einzelnen Schneiden. Nur in den ganz seltenen Fällen, wo die Achse eines vorgebohrten Loches zufällig mit derjenigen zusammenfällt, die durch die Schlichtarbeit des Senkers erreicht werden soll, kann von einer gleichen Schneidenbelastung die Rede sein. Fast ausnahmslos, insbesondere aber bei vorgegossenen Löchern, muß auf der einen Seite der Lochwand ein breiterer Span abgehoben werden als auf der anderen, so daß die an diese Stelle kommende Senkerschneide stärker belastet wird als die übrigen.

Die ungleiche Belastung wirkt sich in doppelter Hinsicht aus, nämlich

auf die tangential wirkenden Hauptschnittkräfte (Tafel 220/1) sowie
auf die bei einem kegeligen Anschnitt aus der Vorschubkraft entstehenden, eine sogenannte Richtwirkung ausübenden, radialen Abdräng- oder Rückdruckkräfte (Tafel 220/2).

Die Folge sind Versetzungsfehler des Senkers, die Abweichungen in der Mittenentfernung mehrerer Bohrungen untereinander ergeben. Diese wiederum ziehen Richtungsfehler nach sich, die bedeutsamer sein können als die Versetzungsfehler selbst.

Allgemein wird angenommen, daß die Senker, soweit ihre Bohrbüchsenführung es zuläßt, nach der Mitte des vorgebohrten oder vorgegossenen Loches verlaufen. Diese Annahme trifft aber nicht zu. **Die Mitte des Senkers wandert nicht nach der Mitte des vorhandenen Loches, sondern schwenkt um die am stärksten belastete Schneide zurück und stellt sich schief, gleichgültig, ob ein kegeliger Anschnitt vorhanden ist oder nicht.**

Der Grund dafür wird bei näherer Betrachtung der an den Schneiden wirksamen Kräfte klar, wobei ebenfalls wieder die Hauptschnittkräfte und ihre Auswirkung von den Richtkräften des kegeligen Anschnittes auseinanderzuhalten sind.

Die Hauptschnittkräfte

Bei einem als Beispiel angenommenen vierschneidigen Senker (Tafel 220/3) ist die Schneide a am stärksten belastet, da der Schnittwiderstand und damit die ihn überwindende Hauptschnittkraft hier an der Stelle des größten Spanabhubes ihren Höchstwert annehmen. An den Schneiden b und d ist sie kleiner, an der Schneide c am kleinsten. **Daraus folgt, daß die Achse des Senkers unter der Einwirkung des Drehmomentes der Bohrspindel in ähnlicher Weise wie der Fräser um den Punkt des größten Schnittwiderstandes, d. h. um die Schneide a, in der Pfeilrichtung nach rückwärts wegschwenkt.** An der Schneide c, die im wesentlichen entlang der Lochwand abgelenkt wird, ändert sich die Spanbreite nicht. Zur Herbeiführung des Gleichgewichtes vermag infolgedessen diese Schneide nichts beizutragen. Die Schneide d nimmt einen breiteren Span als vorgesehen, während auf der gegenüberliegenden Seite an der Schneide b die Spanbreite sich um das gleiche Maß verringert. Die Mitte des aufgebohrten Loches wandert also nach dem Punkt C (Tafel 220/4), wo das Gleichgewicht aller wirksam gewordenen Kräfte — der Schnittkräfte, des inneren Widerstandes des Werkzeuges und seines Halters (abhängig vom Durchmesser, freitragender Länge usw.) sowie der Führungskräfte in der Bohrbüchse — hergestellt ist. Das fertiggesenkte Loch ist gegenüber der Bohrspindeldrehachse versetzt, ohne daß aber sein Durchmesser dadurch beeinflußt wird. Ein bestimmtes Maß kann für diese Versetzung nicht angegeben werden, weil sie vom Werkstoff, dem Maß der Außermittigkeit des vorgebohrten oder vorgegossenen Loches und der Steifheit des Werkzeuges und seiner Führung abhängig ist.

Die Abdräng- oder Rückdruckkräfte des kegeligen Anschnittes

Bei einem kegeligen Anschnitt (Tafel 220/2) wird an jeder Schneide eine Kraft Pr erzeugt, die in radialer Richtung wirkt. Sie ist ebenfalls an der Schneide a am größten und versucht, den Senker nach der Mitte des vorhandenen Loches abzudrängen.

Die Rückdruckkraft macht aber bei den üblichen Anschnittwinkeln nur einen Teil der Hauptschnittkraft aus. Ihr Überschuß an der Schneide a kann deshalb auch nur ein entsprechend geringfügiges

Wandern des Senkers nach der Mitte des vorhandenen Loches herbeiführen, das aber, wie die Untersuchungen zeigten, durch das Wegschwenken praktisch unterdrückt wird.

Ob ein Senker mit kegeligem Anschnitt oder ohne einen solchen verwendet wird, ist belanglos, denn bei beiden liegen die Verhältnisse gleich. **Das Wegschwenken ist ausschlaggebend, nicht das Abdrängen durch den kegeligen Anschnitt.** Ihm durch eine entsprechend steife Ausbildung der Werkzeuge, ihrer Aufnahme und Führung entgegenzuarbeiten, ist kaum möglich; auch durch zeitraubendes mehrmaliges Senken läßt sich höchstens eine stufenweise Verminderung, nicht aber eine gänzliche Beseitigung des Fehlers erreichen.

Die Schiefstellung des Senkers

Das Wegschwenken hat zur Folge, daß sich der Senker schief stellt und dadurch eine Abweichung in der Achsparallelität der Löcher verursacht, die sich meist weit unangenehmer auswirkt als die Versetzung der Lochmitten selbst. Diese Schiefstellung hängt von der Steifheit des Senkers und seines Halters sowie von der Bohrbüchsenführung in der Vorrichtung ab. Die Steifheit des Senkerhalters ist aber nicht sehr groß wegen des sehr geringen Durchmessers der Bohrung des Senkers im Verhältnis zu seinem Außendurchmesser. Die Bohrbüchsenführung wiederum vermag wohl anfänglich einen stärkeren Widerstand zu leisten, gibt jedoch bei längerem Gebrauch nach. Hierzu kommt das Spiel des sich nach dem Schaft zu verjüngenden Senkers in der Bohrbüchse. Da jede Schneide, sobald sie im Verlauf einer Umdrehung an die Stelle des größten Spanabhubes kommt, den Senker immer wieder erneut wegschwenkt, behält er die Schiefstellung bei und wird solange in der angenommenen Richtung vorgeschoben, bis die immer größer werdenden seitlichen Druckkräfte in der Bohrbüchsenführung sowie im gesenkten Loch einen Gleichgewichtszustand herbeiführen und dem weiteren Verlaufen eine Grenze setzen. Diese Druckkräfte, die eine starke Fasenreibung und damit eine entsprechende Wärmeentwicklung zur Folge haben, werden häufig einer fehlerhaften Ausführung des Werkzeuges zugeschrieben.

Wechselt die Versetzung, z. B. bei einem auch noch schief vorgegossenen Loch, auf dem Vorschubweg die Richtung, so hat dies auch beim Senker einen Wechsel der Abschwenkrichtung zur Folge. Die Achse des gesenkten Loches wird dann auch noch krumm.

Es ist also irrig anzunehmen, ein Senker oder überhaupt ein drei- bzw. mehrschneidiges Werkzeug brauche nur während des Anschnittes geführt zu werden, weil es sich nachher im Loch in der gewollten Richtung führe. Erreicht wird durch die anfängliche Führung nur, daß die Bohrung weniger versetzt ist; ihre Achse verläuft aber schief.

Da beim Senker diese Fehler durch die gegenseitige Beeinflussung der Schneiden verursacht werden, sei ein Vergleich mit einem Werkzeug mit nur einer Schneide, der Bohrstange, gezogen.

Vergleich der Arbeitsweise der Bohrstange mit dem Senker

Die fliegend arbeitende Bohrstange mit dem einfachen, nur einseitig schneidenden Bohrstahl verhält sich beim Aufbohren außermittiger Löcher ganz anders als der Senker.

Die Werkzeugschneide beschreibt einen Kreis, verläuft aber auf dem Vorschubweg nicht, weil die Werkzeugmitte zwar in derselben Weise weggeschwenkt wird wie der Senker, jedoch dauernd in ihre Ausgangsstellung zurückfedern kann (Tafel 220/5). Das Maß des Wegschwenkens wechselt also mit der Schneidenbelastung entlang dem Lochumfang, ohne daß dadurch auf die Bohrung und ihre Achsenstellung ein wesentlicher Einfluß ausgeübt würde. Die Bohrung wird praktisch ein Kreiszylinder, und die Lochachse fällt mit der Spindeldrehachse zusammen. Bei sehr tiefen Löchern wächst allerdings die freitragende Länge der Bohrspindel und beeinflußt unter Umständen den Lochdurchmesser; das Loch wird unten enger.

Wichtig ist bei diesem Vergleich der Arbeitsweise von Bohrstange und Senker, daß letzterer nur durch den Unterschied zwischen der größten und kleinsten Schnittkraft an den zwei in Betracht kommenden, einander gegenüberliegenden Schneiden weggeschwenkt wird, die Bohrstange mit dem einseitig schneidenden Stahl dagegen durch die volle Schnittkraft.

Sinngemäß muß eine Bohrstange mit doppelseitig schneidendem Stahl (Tafel 220/6) ebenfalls nur durch den Unterschied der Schnittkräfte an den beiden Schneiden weggeschwenkt werden. Sie muß also diesen Vorteil des Senkers mit den Vorteilen der Bohrstange vereinigen. Den Unterschied zeigt folgendes Beispiel:

Bei der Erweiterung des Durchmessers eines Loches, das um 1 mm versetzt vorgebohrt ist, wird die Bohrstange mit doppelseitig schneidendem Stahl durch den Unterschied der Schnittkräfte, also bei einem Vorschub von 0,4 mm/Uml. etwa mit $(7-5) \cdot 0{,}2 \cdot 100 = 40$ kg weggeschwenkt, wenn der Wert $7 \cdot 0{,}2$ den vor der einen und $5 \cdot 0{,}2$ den vor der andern Schneide liegenden Spanquerschnitt, 100 kg/mm² den spezifischen Schnittwiderstand bei Ge bedeutet. Die Bohrstange mit einseitig schneidendem Stahl unterliegt im gleichen Fall einer wegschwenkenden Kraft von $7 \cdot 0{,}4 \cdot 100 = 280$ kg. Die Bohrstange für einen doppelseitig schneidenden Stahl kann also sehr viel schwächer gehalten werden als eine solche mit nur einseitig schneidendem Stahl.

Versuche mit einem Senker mit nur zwei Schneiden

In der Auswertung dieser Erkenntnisse wurden an einem vierschneidigen Senker versuchsweise zwei einander gegenüberliegende Stirnschneiden und auch deren Fasen am Umfang weggeschliffen, so daß ein reiner Zweischneider entstand. Die Überlegung hierbei war, um noch einmal zusammenzufassen, folgende:

Wenn die Schneide d (Tafel 220/3), die in der Schnittrichtung hinter der Schneide a folgt, das Loch versetzt schneidet, so muß sie beseitigt werden. Natürlich muß auch die Schneide b, die der Schneide a in der Schnittrichtung vorausgeht, wegfallen, da sie andernfalls beim Weiterdrehen des Werkzeuges denselben Fehler verursachen würde wie die Schneide d. Es bleiben also die beiden Schneiden a und c übrig, und die wegschwenkende Kraft entspricht nur dem Unterschied der an den beiden Schneiden wirksamen Schnittkräfte.

Parallelversuche mit einem derart abgeänderten Zweischneider und einem normalen Vierschneider unter Verwendung ein- und derselben Bohrvorrichtung bestätigten diese Erwartungen. Es ergaben sich Abweichungen in der Lochmittenentfernung sowie in der Achsparallelität bei den mit dem Zweischneider hergestellten Löchern von nur etwa ebensoviel hundertstel Millimetern, wie sie zehntel Millimeter bei den mit dem Vierschneider hergestellten betrugen (Tafel 221). Die Versuche zeigten somit, daß bei einer durch Vorbohren (Schruppen), nur einmaliges Aufbohren mit dem Zweischneider (Schlichten) und anschließendes Reiben fertiggestellten lehrenhaltigen Bohrung die Versetzungs- und Richtungsfehler gegenüber der üblichen Arbeitsweise ein kaum mehr nennenswertes Maß annehmen. Das bisher notwendige zweite Senken kann also auf diese Weise gespart werden, namentlich dann, wenn es gleichzeitig dem Ausgleich des Wärmeverzuges dienen soll, da die Reibung des Werkzeuges an der Lochwand, also die Ursache der Erwärmung wegfällt. Bei jeder Genauigkeitsbohrung ist somit durch Verwendung eines zweischneidigen Werkzeuges eine erhebliche Zeitersparnis zu erzielen.

Die Auswirkung ungleicher Schneidenbelastung bei Senkern u. Bohrstählen.

Tafel 220

In den Bildern 1-6 bezeichnet:
A den Mittelpunkt des vorgegossenen oder vorgebohrten Loches.
B den Mittelpunkt der gewünschten Bohrung.
C den erreichten Mittelpunkt der fertigen Bohrung.

1

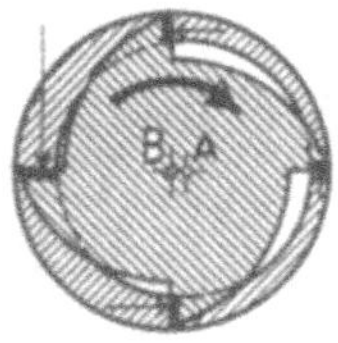

Der Mittelpunkt A des vorgegossenen oder vorgebohrten Loches fällt in den seltensten Fällen mit der Senkermitte zusammen. Die daraus folgende einseitig stärkere Spanabnahme hat einen ungleich großen Schnittwiderstand vor den einzelnen Schneiden des Senkers zur Folge, der die Ursache des Verlaufens bildet.

2

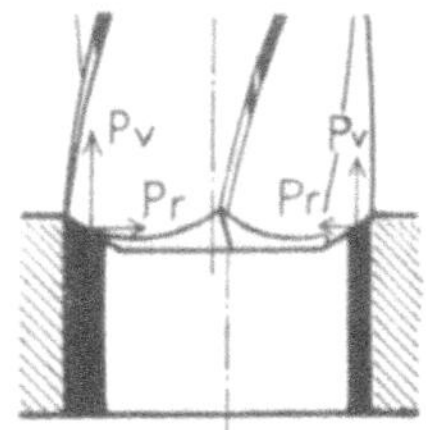

Bei einem kegelförmigen Anschnitt üben die radial verlaufenden Rückdruckkomponenten Pr der Vorschubkraft Pv eine Richtwirkung des Senkers aus, die ihn in die Mitte des vorgegossenen oder vorgebohrten Loches zwingen. Sie treten aber gegenüber der Auswirkung des ungleichen Schnittwiderstandes in der Waagerechtebene zurück.

3

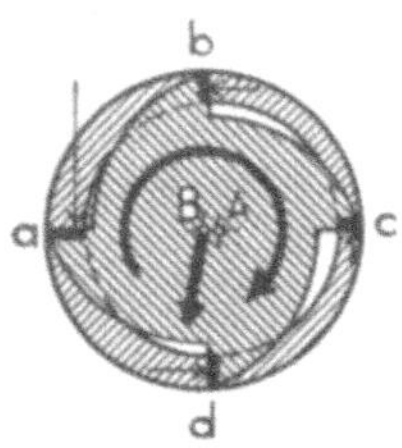

Wegen des bei a seinen Größtwert annehmenden Schnittwiderstandes schwenkt der Senker unter der Einwirkung des Drehmomentes der Bohrspindel in der Pfeilrichtung ab. Die Schneide c beeinflußt die Bohrung unwesentlich, die Schneide b und d dagegen schneiden sie versetzt, bringen also das Verlaufen zustande.

4

Als Folge des Abschwenkens wandert die Senkermitte von B nach C, wo das Gleichgewicht der inneren und äußeren Kräfte hergestellt ist.

5

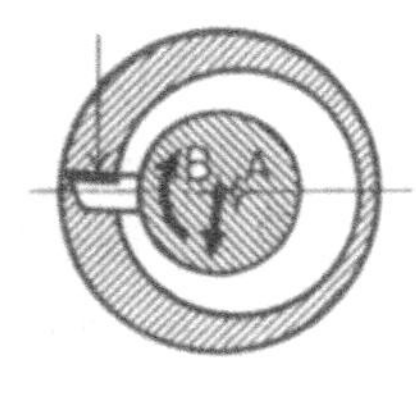

Die Bohrstange mit einem einschneidigen Stahl wird durch den Schnittwiderstand vor der Stahlschneide in derselben Richtung abgeschwenkt wie der Senker.

6

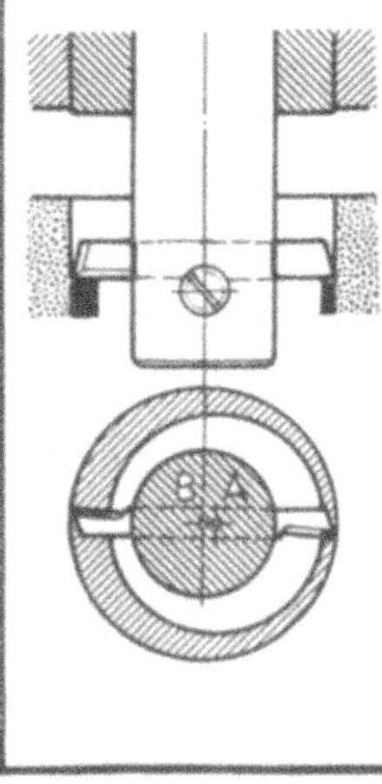

Die Bohrstange mit einem 2schneidigen Bohrstahl entspricht einem Senker, bei dem die Schneiden b und d, (Bild 3) die das Versetzen der Bohrung verursachen, fehlen.
Ein gerader Anschliff läßt die Vorschubkraft nur in der Achsenrichtung, also ohne radiale Rückdruckkomponente, wirksam werden.

Raboma-Maschinenfabrik Hermann Schoening **Berlin-Borsigwalde**

RABOMA	Versuche zur Feststellung einer Gesetzmäßigkeit für das Verlaufen der Senker.	Tafel 221

Vergleichsversuche: A. Senker üblicher Form mit kegelförmigem Anschnitt.
B. Stirnseitig schneidende Senker ohne kegelförmigen Anschnitt mit 4 Schneiden
C. Werkzeug mit 2 einander gegenüberliegenden Schneiden.

Werkstück: Gußeisenplatte 80 mm stark.

Schnittbedingungen: 1. Bohren mit dem Spiralbohrer auf 46 mm ⌀, n = 180, v = 26 m/min., s = 0,5 mm/Umdr.
2. Senken auf 49,7 mm ⌀, n = 112, v = 17,5 m/min., s = 0,45 mm/Umdr.
Uebliche Bohrbuchsenführung mit Länge : Durchm. = 1,5 : 1
3. Reiben auf 50 mm ⌀, n = 60, v = 9,5 m/min., s = 1,4 mm/Umdr. ohne Bohrbuchsenführung.

Ausführung: Die vorgebohrten Löcher wurden gegenüber der Mitte der Senker-Führungsbüchse um je 1 mm nach verschiedenen Seiten versetzt. Senken und Reiben in derselben Spindeleinstellung.

Messungen: Gemessen wurden die Abweichungen a) von dem durch die Bohrvorrichtung bestimmten Stich, b) von der Achsparallelität der Bohrungen. Aufgezeichnet sind die Mittelwerte aus einer Reihe gleicher Versuchsbohrungen. Die Abweichungen wurden durch Endmasse festgestellt.

• Meßdorn 300 mm lang •

A. Senker üblicher Form mit kegelförmigem Anschnitt.

Drehrichtung im Uhrzeigersinn

Meßergebnis:

Loch Nr.	a) Stich	b) Achsparallelität
1 zu 2	0,02 mm weiter	0,04 mm oben enger
3 zu 4	0,02 mm enger	0,06 mm oben weiter
1 zu 3	—	0,11 mm oben enger
2 zu 4	—	0,10 mm oben weiter
5 zu 6 entspr. 2 zu 4	0,16 mm enger	0,12 mm oben weiter
7 zu 8 " 1 zu 3	0,17 mm weiter	0,19 mm oben enger

Anmerkung: Der kleine Kreis stellt das vorgebohrte Loch dar, der große Kreis die Stellung des geführten Senkers. Der Pfeil zeigt die Richtung an, in welcher der sich rechtsdrehende Senker abschwenkt.

Auswertung der Meßergebnisse:

Stichentfernung: Wenn der Senker nach der Mitte des vorgebohrten Loches gedrängt würde, so hätten sich die Stiche 1 zu 2 und 3 zu 4 in stärkerem Maße ändern müssen, als dies der Fall war. Die Stiche 5 zu 6 und 7 zu 8 dagegen mussten gleichbleiben. Letztere änderten sich aber sehr stark und noch dazu unregelmäßig, denn der eine wurde enger, der andere weiter.

Parallelität: Da bei Stich 1 zu 3 der Abstand der Meßdorne an ihrem oberen Ende kleiner und bei Stich 2 zu 4 größer wurde, ist erwiesen, daß der Senker sich schief nach der durch die Pfeilrichtung gekennzeichneten Seite in das Werkstück vorgeschoben hat. — Die Meßergebnisse der Versuchsbohrungen 5-8 bestätigen das Gesagte. — Die Senker verlaufen also nicht nach der Mitte des vorgebohrten Loches, sondern werden um den Punkt des größten Schnittwiderstandes in der Pfeilrichtung abgeschwenkt.

B. Stirnseitig schneidende Senker ohne kegeligen Anschnitt mit 4 Schneiden.

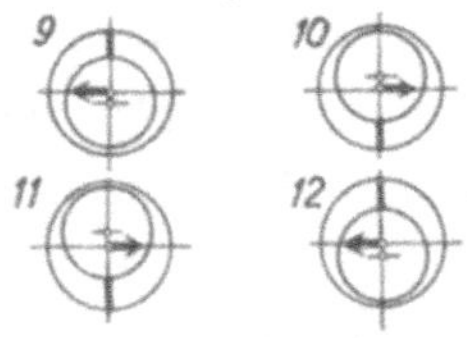

Meßergebnis:

Loch Nr.	a) Stich	b) Achsparallelität
9 zu 10 entspr. 1 zu 3 und 7 zu 8	0,15 mm weiter	0,20 mm oben enger
11 zu 12 entspr. 2 zu 4 und 5 zu 6	0,12 mm enger	0,10 mm oben weiter

Auswertung: Stirnseitig schneidende Senker ohne kegeligen Anschnitt verlaufen in derselben Weise wie die Senker der Versuchsreihe A

C. Stirnseitig schneidende Werkzeuge ohne kegeligen Anschnitt mit nur 2 einander gegenüberliegenden Schneiden.

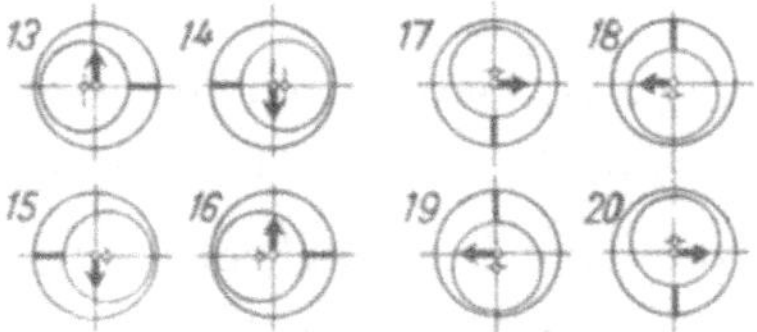

Meßergebnis:

Loch Nr.	a) Stich	b) Achsparallelität
13 zu 14 entspr. 1 zu 2	0,02 mm weiter	0,02 mm oben enger
15 zu 16 entspr. 3 zu 4	0,01 mm weiter ★)	0,01 mm oben enger ★)
17 zu 18 entspr. 2 zu 4, 5 zu 6, 11 zu 12	0,01 mm weiter ★)	0,02 mm oben enger ★)
19 zu 20 entspr. 1 zu 3, 7 zu 8, 9 zu 10	0,01 mm weiter	0

Auswertung: Die Abweichungen betragen nur noch einen Bruchteil derjenigen von Reihe B.

★): Ob weiter oder enger, hängt bei diesen geringen Abweichungen von Zufälligkeiten ab.

Raboma-Maschinenfabrik Hermann Schoening Berlin-Borsigwalde

ABSCHNITT 23

DER EINFLUSS DER WERKZEUGFORM AUF DAS ENTSTEHENDE LOCH

Die Form des Anschnittes • Die Mantelform des Werkzeuges • Die Schneidenzahl

Die gebräuchlichen Werkzeuge unterscheiden sich in der Gestaltung des Anschnittes, in der Form und der Ausbildung der Schneiden (die bei zwei und mehr Schneiden als gleich vorausgesetzt werden), ferner in deren Zahl. Die Beachtung dieser unterschiedlichen Ausbildung ist notwendig wegen ihres Einflusses auf die Genauigkeit des gebohrten Loches, auf die Oberflächenbeschaffenheit der Lochwand sowie auf die Schnittleistung.

Der Einfluß der Form des Anschnittes

Der Anschnitt, d. h. der Anschliff der Schneiden, beeinflußt die Richtung des Werkzeuges auf seinem Vorschubweg.

1. **Der kegelige Anschnitt** erzeugt Kräfte, die eine Richtwirkung nach der Seite des geringsten Widerstandes auszuüben versuchen. Bei den drei gebräuchlichsten Werkzeugen ergibt sich dabei folgendes Bild:

   Der **Spiralbohrer** wird durch seine Spitze (Tafel 230/1) in der einmal angenommenen Vorschubrichtung gehalten. Ändert sich der Widerstand vor der Spitze einseitig, z. B. durch porige Stellen, so ist besonders bei tiefen Löchern mit einem erheblichen Verlaufen des Spiralbohrers zu rechnen, da die Querschneide nur drückt und nicht schneidet.
   Bei den **Senkern** tritt die Richtwirkung des üblicherweise 120° betragenden Kegelwinkels am Anschnitt (Tafel 230/2) gegenüber dem Wegschwenken des Werkzeuges infolge der ungleichen Schneidenbelastung beim Aufbohren der meist versetzt vorgebohrten oder vorgegossenen Löcher zurück (s. Abschn. 22: Das Verlaufen der Senker).
   Bei **Reibahlen** mit ihrer geringeren Schnittleistung übt der runde oder schwach kegelige Anschnitt (Tafel 230/3) eine ausgesprochene Richtwirkung aus und zwingt sie, nach dem vorgebohrten Loch zu laufen, ohne daß sie dessen Achsenrichtung oder -stellung zu ändern oder gar zu verbessern imstande wären.

2. Der **gerade Anschnitt** (Tafel 230/4) übt keinerlei Richtwirkung aus; die notwendigen Richtkräfte zur Einhaltung der Vorschubachse müssen von außen her aufgebracht werden. Deshalb verlangen Werkzeuge mit geradem Anschnitt wegen der unvermeidlichen ungleichen Schneidenbelastung und der dadurch entstehenden gegenseitigen Beeinflussung der Schneiden bei Genauigkeitsbohrungen eine Führung in Bohrbüchsen. Führungszapfen sind dafür nicht geeignet, da sie einem schief vorgebohrten Loch folgen.

   Eine Ausnahme macht der einseitig schneidende Bohrstahl, der auch ohne Führung arbeiten kann, da er sich entsprechend der Schneidenbelastung einstellt.

Der Einfluß der Mantelform des Werkzeuges

Die Mantelform des Werkzeuges ist maßgebend für die Art des Schnittes und für die Oberflächenbeschaffenheit der Lochwand.

1. **Von der Schneide nach dem Schaft zu leicht verjüngter Kegel** (z. B. Spiralbohrer, Senker und Bohrstähle, Tafel 230/5).

   Das Werkzeug schneidet sich frei. Die Lochwand zeigt infolgedessen Riefen, deren Gestalt durch die Größe des Vorschubes und seine Unterteilung durch die Zahl der Schneiden beeinflußt wird. Beim Spiralbohrer kann auch eine Bohrbüchsenführung die starke Riefenbildung nicht hindern, so daß er also nur zum Schruppen, nicht aber zum Schlichten geeignet ist.

2. **Kreiszylinder** (z. B. Scheibenreibahle oder mittlerer Teil der gewöhnlichen Reibahlen, Tafel 230/6). Der an der Zerspanungsstelle aufgerauhte und elastisch verformte Werkstoff tritt ins Lochinnere zurück und wird von dem zylindrischen Schneidenteil glattgerieben, so daß solche Werkzeuge, die außerdem meist eine Vielzahl von Schneiden besitzen, bei der Endbearbeitung zur Erzielung lehrenhaltiger Bohrungen oder auch nur glatter Lochwandungen dienen.

Der Einfluß der Schneidenzahl

Von der Schneidenzahl hängt die Führung des Werkzeuges im Loch und damit der Schnitt ab. Nur drei und mehr Schneiden vermögen ohne fremde Führung dem Werkzeug einen ruhigen Schnitt zu geben. Andererseits übt aber die Anzahl der Schneiden wegen des Wegschwenkens des Werkzeuges unter der Einwirkung ungleicher Schneidenbelastung den größten Einfluß auf das entstehende Loch aus (s. Abschnitt 22: Das Verlaufen der Senker). Sie wirkt sich aus auf

den Sitz der Lochmitte, der in die Verlängerung der Spindeldrehachse oder versetzt dazu fällt,

die Lochachse und ihre Stellung, die mit der Spindeldrehachse zusammenfällt, parallel zu ihr, schief oder krumm verläuft,

den Lochdurchmesser, der entsprechend dem Sollmaß des Werkzeuges oder abweichend davon wird. (Der Einfluß der Schneidenabnutzung sei hierbei unberücksichtigt gelassen.)

die geometrische Form des Loches, die in der einen Ebene rund oder unrund, in einer zweiten, senkrecht dazu stehenden gerade oder krumm sein kann,

die Oberflächenbeschaffenheit der Lochwand, d. h. den Grad der Riefenbildung.

Von diesen Gesichtspunkten sind in der Regel allerdings nur die beiden ersten von Bedeutung, da die Lehrenhaltigkeit einer Paßbohrung durch Reiben erzielt wird.

Voraussetzung sind eine rundlaufende Spindel, ein gleichmäßiger Vorschub und das Zusammenfallen der Vorschubachse mit der Spindeldrehachse, ferner ein gleichmäßiger Werkstoff. Bei Werkzeugen mit mehreren Schneiden müssen diese in einer Höhe liegen, so daß die Spandicke an allen Schneiden die gleiche ist. Wesentlich ist dann nur noch die Spanbreite entlang den Mantellinien, und zwar wegen der Richtung, in der die Werkzeugachse weggeschwenkt wird.

A) Eine gleichbleibende Spanbreite am Umfang des Loches und damit auch gleichbleibende Schneidenbelastung ergibt für das Werkzeug ein gleichmäßiges Verhalten über den ganzen Vorschubweg.

Dieser Fall wäre im allgemeinen beim Bohren ins Volle oder beim Aufbohren eines genau mittig sitzenden Loches gegeben; er tritt aber in der Praxis nur selten ein.

B) Ändert sich die Spanbreite, d. h. wechselt die Schneidenbelastung während einer Umdrehung des Werkzeuges, so wird die Werkzeugmitte gegenüber der Spindeldrehachse weggeschwenkt und damit unter Umständen der Ort der Lochmitte, sowie die geometrische Gestalt des Loches beeinflußt. Bleibt dabei die Spanbreite an den einzelnen Mantellinien des Loches über die ganze Lochtiefe gleich, wie dies bei versetzt vorgebohrten Löchern ungefähr zutrifft, so wird die Lochachse eine Gerade.

C) Ändert sich dagegen bei vorgegossenen und unrunden, schiefen oder krummen Löchern die Spanbreite auch noch auf dem Vorschubweg des Werkzeuges an den einzelnen Mantellinien, so nimmt die Achse des entstehenden Loches die Form einer von der Geraden mehr oder weniger abweichenden Raumkurve an.

Alle diese aus dem Anschnitt, der Mantelform und insbesondere aus der Schneidenzahl sich ergebenden nachteiligen Einflüsse können durch eine gute Führung des Werkzeuges in einer Bohrbüchse gemildert oder auch auf ein praktisch kaum nennenswertes Maß herabgesetzt werden.

Nach diesen Gesichtspunkten betrachtet, ergibt sich bei Werkzeugen mit einem Einstellwinkel von 90^0 in der Praxis folgendes Bild, sofern die Rückdruckkraft der kleinen Nebenschneide, die durch das Brechen der Schneidenecke entsteht, als unwesentlich außer Betracht bleibt:

1. **Werkzeuge mit einer Schneide** (Ausbohrstahl).

A) Beim Aufbohren gleichmittig vorgebohrter Löcher (Tafel 231/7) wird die Werkzeugachse um die Schneide als Drehpunkt elastisch nach rückwärts weggeschwenkt, bis das Gleichgewicht der inneren und äußeren Kräfte erreicht ist. Die Werkzeugschneide beschreibt einen Kreis um die Spindeldrehachse, während die Werkzeugmitte sich auf einem gleichmittig zur Spindeldrehachse liegenden Kreis bewegt, dessen Mittelpunkt auf dem Vorschubweg entlang einer Geraden wandert.

Die Lochmitte liegt auf der Verlängerung der Spindeldrehachse.

Die Lochachse ist eine Gerade und fällt mit der Spindeldrehachse zusammen, so daß also die größte, überhaupt mögliche Genauigkeit bezüglich der Achsenstellung erreicht wird.
Der Lochdurchmesser wird bei entsprechender Einstellung des Stahles gleich dem Sollmaß. Das Loch wird der Form nach kreisrund und auch zylindrisch, also ein Kreiszylinder, sofern die freitragende Länge des Werkzeuges auf dem Vorschubweg gleichbleibt, wie dies bei Bohrungen üblicher Tiefe im allgemeinen angenommen werden kann.

Die Oberflächenbeschaffenheit der Lochwand hängt von der Größe des Vorschubes sowie der Schnittgeschwindigkeit ab. Mit Bohrstählen kann sowohl geschruppt als auch geschlichtet und feingeschlichtet werden.

B) Beim Aufbohren außermittig vorgebohrter Löcher (Tafel 231/8) beschreibt die Werkzeugschneide ebenfalls wieder einen — allerdings nur stark angenäherten — Kreis um die Spindeldrehachse, während die Werkzeugmitte der Schneidenbelastung entsprechend mehr oder weniger stark elastisch weggeschwenkt wird und sich auf einer zur Spindeldrehachse außermittig liegenden herzförmigen Kurve bewegt.

Die sich daraus ergebenden Ungenauigkeiten sind aber im Verhältnis zum Rundlauffehler der Bohrspindel so gering, daß sie praktisch keine Rolle spielen, zumal die endgültige kreiszylindrische Form des Loches meist durch nachfolgendes Reiben erreicht wird.

Die Lochmitte liegt auf der Verlängerung der Spindeldrehachse.
Die Lochachse fällt mit der Spindeldrehachse zusammen und ist eine Gerade.
Der Lochdurchmesser wird wie bei A gleich dem Sollmaß.
Das Loch wird der Form nach ein Kreiszylinder.
Die Oberflächenbeschaffenheit wird gegenüber A nicht verändert.

C) Beim Aufbohren vorgegossener Löcher von unregelmäßiger Form (Tafel 231/9) ändert sich am Loch und seiner Achsenstellung nichts. Nur die Kurvenbahn, auf der sich die Werkzeugmitte bewegt, nimmt wegen der dauernden Verlagerung der herzförmigen Kurven eine andere Form an.

2. **Werkzeuge mit zwei gleichlangen, sich gegenüberliegenden Schneiden** (z. B. doppelseitig schneidende Bohrstähle).

A) Beim Aufbohren gleichmittig vorgebohrter Löcher (Tafel 231/10) ist die Belastung der beiden Schneiden gleich, so daß die Werkzeugmitte nicht weggeschwenkt wird im Gegensatz zum einseitig schneidenden Bohrstahl.
Die Lochmitte liegt auf der Verlängerung der Spindeldrehachse.
Die Lochachse ist eine Gerade und fällt mit der Vorschubachse der Spindel zusammen.
Der Lochdurchmesser wird gleich dem Sollmaß.
Das Loch wird der Form nach ein Kreiszylinder.
Die Oberflächenbeschaffenheit der Lochwand wird gegenüber dem Bohren mit Werkzeugen mit einer Schneide unter gleichen Schnittbedingungen wegen der Halbierung des Vorschubes verbessert.

B) Beim Aufbohren außermittig vorgebohrter Löcher (Tafel 231/11) wird die Werkzeugmitte infolge der ungleichen Schneidenbelastung im Verlauf einer Umdrehung zweimal um die stärker belastete Schneide als Drehpunkt nach rückwärts weggeschwenkt, wobei die schwenkende Kraft jeweils gleich dem Unterschied der an den beiden Schneiden wirksamen Kräfte ist. Da die beiden Schneiden keine Führung im Loch haben, versucht das Werkzeug, in seine Ausgangsstellung zurückzufedern, und seine weggeschwenkte Mitte beschreibt zweimal eine die Spindeldrehachse berührende, außermittig zu ihr liegende fast kreisrunde Kurve. Die sich daraus ergebenden Fehler sind ebenfalls wieder so gering, daß sie unbeachtet bleiben können.
Die Lochmitte liegt auf der Verlängerung der Spindeldrehachse. Die schwenkende Kraft wechselt zwar ihre Größe entlang dem Lochumfang, ist aber als Differenzkraft kleiner als beim Bohrstahl mit nur einer Schneide, wo sie der vollen Schnittkraft entspricht.
Die Lochachse ist eine mit der Spindeldrehachse zusammenfallende Gerade.
Der Lochdurchmesser wird praktisch gleich dem Sollmaß, da die schwächer belastete Schneide zwar um die stärker belastete wegschwenkt, jedoch das Loch nur ganz unwesentlich vergrößert, d. h. den Lochquerschnitt länglich gestaltet.
Das Loch weicht in der Form kaum vom Kreiszylinder ab.
Die Oberflächenbeschaffenheit wird gegenüber A nicht verändert.

C) Beim Aufbohren vorgegossener Löcher (Tafel 231/12) entsteht ebenfalls ein fast kreiszylindrisches Loch.

3. **Stirnseitig schneidende Werkzeuge mit 3 und mehr Schneiden** (z. B. Senker).

A) Beim Aufbohren gleichmittig vorgebohrter Löcher (Tafel 231/13) ist die Belastung aller Schneiden durch den Schnittwiderstand gleich. Das Werkzeug wird also nicht weggeschwenkt.

Die Lochmitte liegt auf der Verlängerung der Spindeldrehachse.

Die Lochachse fällt mit der Vorschubachse der Spindel zusammen und ist eine Gerade.

Der Lochdurchmesser wird gleich dem Sollmaß.

Das Loch wird der Form nach ein Kreiszylinder.

Die Oberflächenbeschaffenheit wird wegen der Unterteilung des Vorschubes durch mehrere Schneiden verbessert, so daß diese Werkzeuge nicht nur zum Schruppen, sondern auch zum Schlichten geeignet sind und auch ohne fremde Führung ruhig schneiden.

B) Beim Aufbohren außermittig vorgebohrter Löcher (Tafel 231/14) wird auch hier wieder wie beim Bohrstahl mit zwei Schneiden die Werkzeugmitte infolge der ungleichen Schneidenbelastung jeweils um die am stärksten belastete Schneide als Drehpunkt soweit nach rückwärts weggeschwenkt, bis das Gleichgewicht der inneren und äußeren Kräfte hergestellt ist. Die schwenkende Kraft entspricht wie beim Bohrstahl mit zwei Schneiden dem Unterschied der an den einzelnen Schneiden wirksamen Kräfte. Im Gegensatz zum doppelseitig schneidenden Stahl, der keine Eigenführung im Loch hat und aus diesem Grunde der Werkzeugachse eine dem jeweiligen Unterschied der Schneidenbelastung entsprechende elastische Einstellung gestattet, verhindert dies bei Werkzeugen mit drei und mehr Schneiden deren Führung im entstehenden Loch. Ihre Mitte kann nicht zurückfedern, bleibt also stehen und muß in der durch den Grad der Wegschwenkung gegebenen Richtung, d. h. schief zur Spindeldrehachse weiterlaufen, bis das Gleichgewicht zwischen den an den Schneiden wirksamen Kräften und den Führungskräften an der Wand des entstehenden Loches bzw. in der Bohrbüchse erreicht ist. Dieses Kräftespiel führt wegen des Zwängens zu den bekannten Reibungserscheinungen an den Schneidenfasen.

Die Lochmitte liegt von vornherein versetzt zur Spindeldrehachse.

Die Lochachse verläuft schief zur Spindeldrehachse, und zwar in der Richtung der abschwenkenden Kraft; das Werkzeug schneidet auf seinem Vorschubweg das Loch immer mehr versetzt.

Der Lochdurchmesser wird gleich dem Sollmaß.

Das Loch wird der Form nach kreisrund, aber krumm bzw. schief.

Die Oberflächenbeschaffenheit ändert sich gegenüber A nicht.

C) Beim Aufbohren schief vorgegossener Löcher (Tafel 231/15) ändert sich die Richtung, in der das Werkzeug weggeschwenkt wird, auf dem Vorschubweg. Das Loch wird infolgedessen nach verschiedenen Richtungen krumm, aber annähernd kreisrund.

RABOMA | Einfluß der Werkzeugform auf das Loch. | Tafel 230

I. Anschnitt (Anschliff)

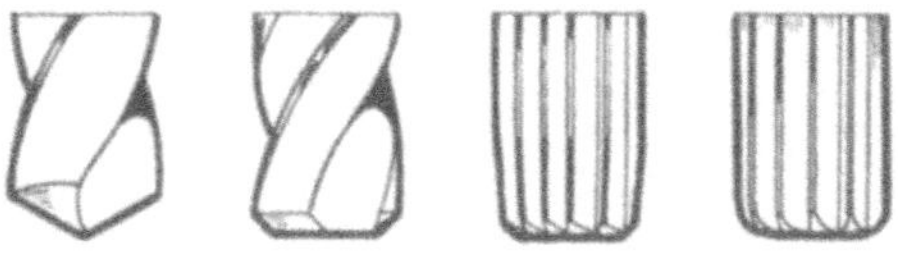

1 2 3

4

Der kegelige Anschnitt hält das Werkzeug in der Vorschubachse. Beim Spiralbohrer wird die Richtwirkung durch den Widerstand des Werkstoffes vor der Spitze beeinflußt. Beim Senker wird die Richtwirkung durch das Abschwenken des Werkzeuges beeinflußt und unter Umständen ganz unterdrückt, während bei der Reibahle der schwachkegelige Anschnitt eine ausgesprochene Richtwirkung ausübt.

Dem geraden Anschnitt fehlt jede Richtwirkung; bei mehrschneidigen Werkzeugen müssen die notwendigen Richtkräfte von außen aufgebracht werden. Der Bohrstahl stellt sich auf die jeweilige Belastung ein und bleibt in der Vorschubachse.

II. Mantelform.

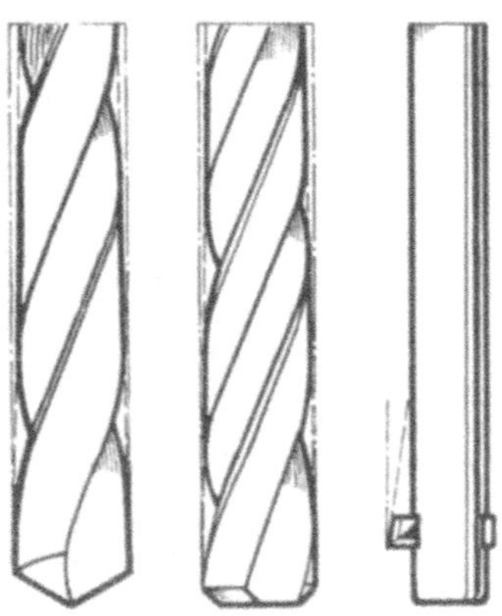

5

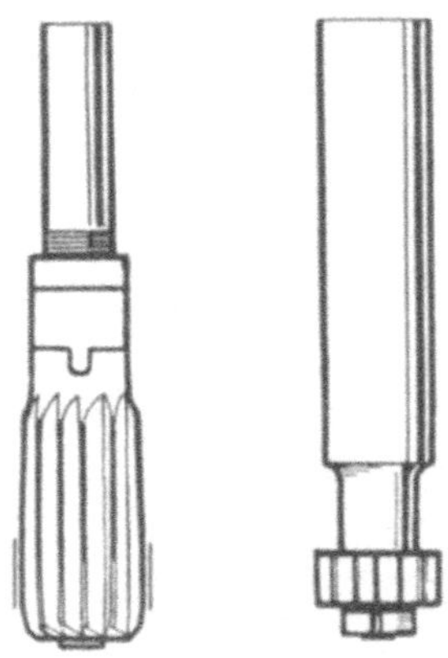

6

Werkzeuge deren Mantelform einen von der Schneide nach oben sich verjüngenden Kegel darstellt, ergeben eine riefige Lochwand, da sie sich freischneiden und nur mangelhaft im Loch führen.

Werkzeuge mit zylindrischer Mantelform reiben die Lochwand glatt und geben dem Loch die Lehrenhaltigkeit.

Bei Werkzeugen mit mehreren Schneiden ist gleiche Schneidenlänge vorausgesetzt.

Raboma-Maschinenfabrik Hermann Schoening **Berlin-Borsigwalde**

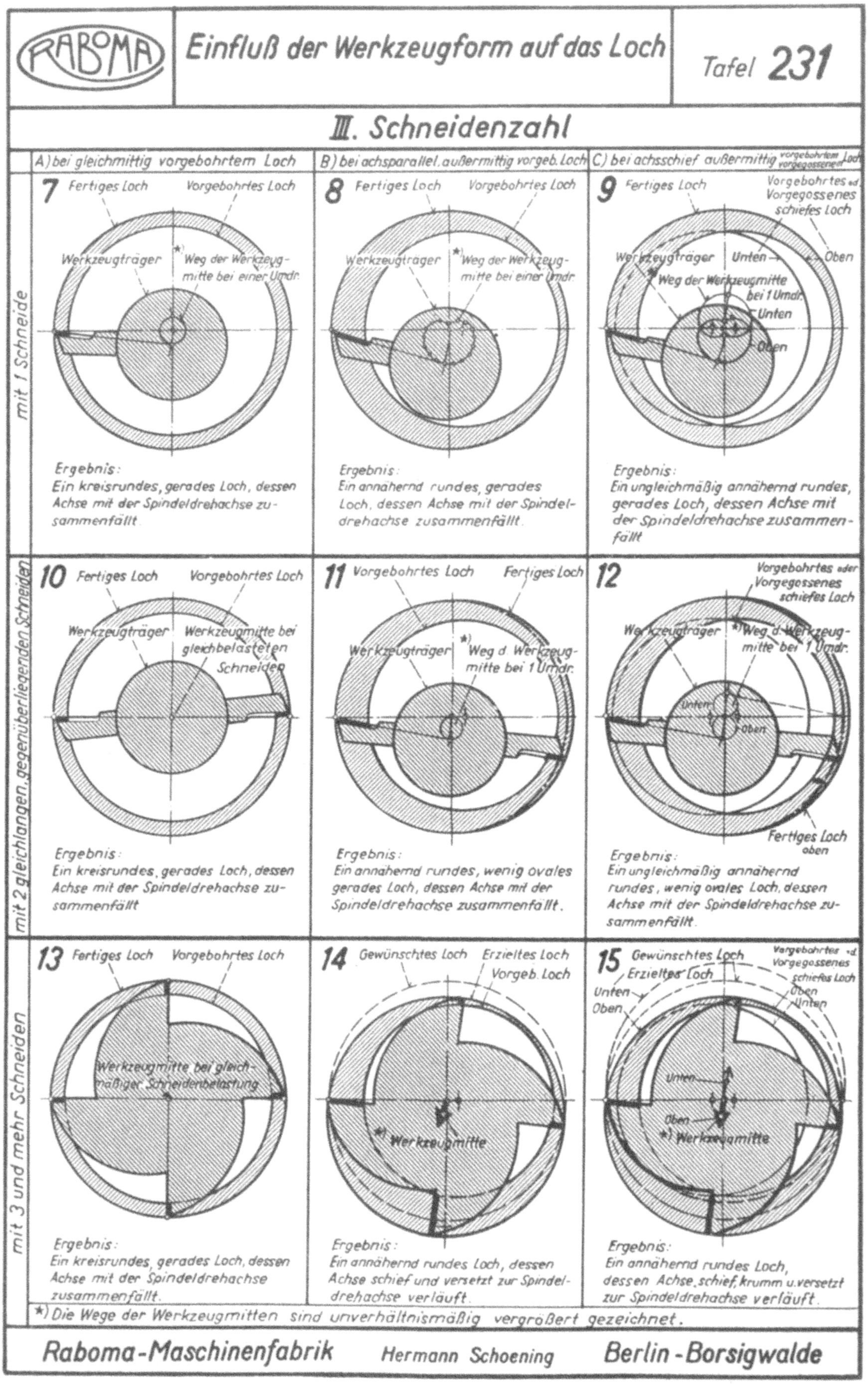
RABOMA
Einfluß der Werkzeugform auf das Loch
Tafel 231
III. Schneidenzahl
A) bei gleichmittig vorgebohrtem Loch
B) bei achsparallel, außermittig vorgeb. Loch
C) bei achsschief außermittig vorgebohrtem vorgegossenem Loch
mit 1 Schneide
mit 2 gleichlangen, gegenüberliegenden Schneiden
mit 3 und mehr Schneiden
7
Fertiges Loch
Vorgebohrtes Loch
Werkzeugträger
*) Weg der Werkzeugmitte bei einer Umdr.
Ergebnis:
Ein kreisrundes, gerades Loch, dessen Achse mit der Spindeldrehachse zusammenfällt.
8
Fertiges Loch
Vorgebohrtes Loch
Werkzeugträger
*) Weg der Werkzeugmitte bei einer Umdr.
Ergebnis:
Ein annähernd rundes, gerades Loch, dessen Achse mit der Spindeldrehachse zusammenfällt.
9
Fertiges Loch
Vorgebohrtes od. Vorgegossenes schiefes Loch
Werkzeugträger
Unten
Oben
Weg der Werkzeugmitte bei 1 Umdr.
Unten
Oben
Ergebnis:
Ein ungleichmäßig annähernd rundes, gerades Loch, dessen Achse mit der Spindeldrehachse zusammenfällt
10
Fertiges Loch
Vorgebohrtes Loch
Werkzeugträger
Werkzeugmitte bei gleichbelasteten Schneiden
Ergebnis:
Ein kreisrundes, gerades Loch, dessen Achse mit der Spindeldrehachse zusammenfällt
11
Vorgebohrtes Loch
Fertiges Loch
Werkzeugträger
*) Weg d. Werkzeugmitte bei 1 Umdr.
Ergebnis:
Ein annähernd rundes, wenig ovales gerades Loch, dessen Achse mit der Spindeldrehachse zusammenfällt.
12
Vorgebohrtes oder Vorgegossenes schiefes Loch
Werkzeugträger
*) Weg d. Werkzeugmitte bei 1 Umdr.
Unten
Oben
Fertiges Loch oben
Ergebnis:
Ein ungleichmäßig annähernd rundes, wenig ovales Loch, dessen Achse mit der Spindeldrehachse zusammenfällt.
13
Fertiges Loch
Vorgebohrtes Loch
Werkzeugmitte bei gleichmäßiger Schneidenbelastung
Ergebnis:
Ein kreisrundes, gerades Loch, dessen Achse mit der Spindeldrehachse zusammenfällt.
14
Gewünschtes Loch
Erzieltes Loch
Vorgeb. Loch
*) Werkzeugmitte
Ergebnis:
Ein annähernd rundes Loch, dessen Achse schief und versetzt zur Spindeldrehachse verläuft.
15
Gewünschtes Loch
Erzieltes Loch
Vorgebohrtes od. Vorgegossenes schiefes Loch
Unten
Oben
Oben
Unten
Unten
Oben
*) Werkzeugmitte
Ergebnis:
Ein annähernd rundes Loch, dessen Achse, schief, krumm u. versetzt zur Spindeldrehachse verläuft.
*) Die Wege der Werkzeugmitten sind unverhältnismäßig vergrößert gezeichnet.
Raboma-Maschinenfabrik Hermann Schoening Berlin-Borsigwalde

ABSCHNITT 24

BEGRIFFSBESTIMMUNG DER VERSCHIEDENEN BOHRARBEITEN

Zweck der verschiedenen Bohrarbeiten und Güte der geleisteten Arbeit
Das Bohren mit dem Spiralbohrer aus dem Vollen • Das Senken oder Aufbohren • Das Ausbohren
Das Reiben • Das Abflächen oder Abrunden • Das Ausschneiden oder Ausstechen

Die verschiedenartigen Arbeiten, die mit Radialbohrmaschinen ausgeführt werden, machen eine Begriffsbestimmung der mit den einzelnen Werkzeugen zu verrichtenden Arbeitsgänge nötig, um Klarheit darüber zu schaffen, welchem Zweck sie dienen und welche Ansprüche an die Güte der geleisteten Arbeit gestellt werden dürfen. Beides sind Folgen der im Abschnitt 23: „Einfluß der Werkzeugform auf das entstehende Loch“ aufgezeigten grundsätzlichen Unterschiede, die sich aus der Form ergeben. Sie seien der besseren Übersicht wegen an dieser Stelle noch einmal zusammengefaßt.

Das **Bohren** mit dem Spiralbohrer aus dem Vollen (Tafel 240/1) ist ein Schruppen, und zwar mit möglichst großer Zerspanungsleistung. An die Maßhaltigkeit, Achsenrichtigkeit und Formgenauigkeit des gebohrten Loches können keine höheren Ansprüche gestellt werden, da der Spiralbohrer mit seinen zwei Schneiden keine große Zentrierungsstabilität besitzt. Aus diesem Grund eignet er sich auch nicht gut zum Aufbohren vorgegossener oder vorgebohrter Löcher, wenigstens nicht ohne besondere Führung. Eine saubere Lochwand kann bei diesem Schruppvorgang nicht erwartet werden.

Das **Senken** oder **Aufbohren** (Tafel 240/1 u. 2) dient dem Zweck, ein vorgebohrtes oder vorgegossenes (vorgepreßtes) Loch entweder nur im Durchmesser zu vergrößern, oder es gleichzeitig auch hinsichtlich seiner Rundheit, Achsenrichtigkeit und Oberflächenbeschaffenheit der Lochwand für das nachfolgende Reiben vorzubereiten. Im einen Fall handelt es sich meist um einen Schruppvorgang, wobei keine saubere Lochwand verlangt wird, während zur Vorbereitung für das Reiben geschlichtet werden muß, um die Riefenbildung in der Lochwand möglichst klein zu halten.

Die verwendeten Werkzeuge sind meist Senker (Tafel 240/1 u. 2), die bis zu einem Durchmesser von etwa 100 mm von den Werkzeugfabriken listenmäßig geführt werden. Sie eignen sich zum Schruppen und Schlichten, ebenso wie die Bohrstange mit Bohrstählen (Tafel 240/6). Mit dem Senker kann — im Gegensatz zur Bohrstange — eine verlorengegangene Achsenrichtung auch bei guter Bohrbüchsenführung nur bis zu einem gewissen Grad zurückgewonnen werden. Senker und Bohrstangen mit einseitig schneidendem Stahl können auch ohne Führung verwendet werden; Bohrstangen mit doppelseitig schneidendem Bohrstahl dagegen müssen in besonderen Büchsen geführt sein.

Senker werden auch zum Abfasen von Lochrändern und zum Ansenken von Gewindelöchern (Tafel 240/3) gebraucht.

Mit Bohrmessern (Tafel 240/5) und Spiralbohrmessern (Tafel 240/4) kann nur geschruppt werden; sie verlaufen nach dem vorgebohrten Loch, in dem sie geführt sind. Sofern viele gleiche Bohrungen zu machen sind, ist es beim Spiralbohrmesser am wirtschaftlichsten, das Vorbohren vom Aufbohren zu trennen, d. h. erst alle Löcher vorzubohren und sie hinterher aufzubohren, also nicht ein Werkzeug mit eingesetztem Spiralbohrer, sondern ein solches mit Führungszapfen mit 0,3 bis 0,4 mm Untermaß zu verwenden. Wie Tafel 241 zeigt, hat der Weg, den der kleine Spiralbohrer bis zum vollen Schnitt des Messers zurückzulegen hat, einen erheblichen Anteil am Gesamtbohrweg, und ebenso groß ist auch der auf ihn entfallende Anteil an der Schnittzeit. Dadurch, daß er in Rücksicht auf das nachfolgende Messer mit einer unwirtschaftlich niedrigen Schnittgeschwindigkeit arbeiten muß, entsteht ein Zeitverlust, der ein Vielfaches der Einstellzeit beträgt, die sonst beim getrennten Vor- und Nachbohren zusätzlich aufgewendet werden muß.

Die Tafel 241 zeigt übrigens auch, daß es ganz allgemein vorteilhafter ist, große Bohrungen nicht mit dem Spiralbohrer in einem Arbeitsgang aus dem Vollen zu bohren, sondern eine Trennung in Vor- und Aufbohren vorzunehmen. Maßgebend dafür ist immer der Anteil der Bohrerspitze am gesamten Vorschubweg. Mitunter spielt auch, besonders beim Bohren von Kesseltrommeln, die Einhaltung einer bestimmten Lochentfernung bzw. die sogenannte Stegtoleranz eine Rolle. Sie verbietet die Verwendung großer Bohrer, da deren verhältnismäßig lange Querschneide nicht im Körner bleibt. Allerdings kann ein solches Loch vorher in einem besonderen Arbeitsgang mit einem kleinen Bohrer von etwa 10 mm Durchmesser angebohrt werden; ohne weiteres läßt sich errechnen, welche Methode die kürzere Arbeitszeit erfordert.

Das **Ausbohren** verfolgt denselben Zweck wie das Aufbohren. Die Grenzen zwischen den beiden Begriffen „Aufbohren" und „Ausbohren" sind in der Vertikalbohrerei ziemlich flüssig, so daß keine feste Trennung zwischen ihnen besteht. Meist handelt es sich aber um größere Durchmesser, für die handelsübliche Bohrer oder Senker nicht erhältlich oder zu teuer sind, so daß Bohrstangen mit Bohrstählen an ihre Stelle treten. Die Bohrstangen müssen geführt werden, wie dies im Reihenbau aus Gründen der Austauschbarkeit sowieso notwendig ist. Die Führung braucht jedoch nicht doppelseitig zu sein. Wird ohne Führung ausgebohrt (ausgeschlagen) wie beim Waagerechtbohrwerk, so darf selbstverständlich nur ein kleiner Span abgehoben werden.

Eine saubere Lochwand ergibt das Ausbohren mit dem Stahl, abgesehen vom Feinbohren, nicht. Wird eine glatte, lehrenhaltige Bohrung verlangt, so muß sie fertiggerieben werden.

Das **Reiben** mit der Reibahle (Tafel 240/1 u. 2) ist ein Feinschlichten mit kleinster Spanabnahme. Es verschafft dem Loch die für Paßbohrungen notwendige Maßhaltigkeit, die geometrische Formgenauigkeit sowie die glatte Lochwand. Eine Berichtigung oder Änderung der Achse des vorgebohrten bzw. gesenkten Loches kann durch das Reiben nicht erreicht werden, da die Reibahle nach dem vorgebohrten Loch verläuft. Bohrungen mit größeren Wanddurchbrüchen können deshalb im allgemeinen nicht mit der Reibahle, sondern nur mit dem Bohrstahl auf das Fertigmaß gebracht werden.

Spiralverzahnte Reibahlen arbeiten besonders ruhig, und zwar unter Umständen auch bei unterbrochenen Bohrungen; die Schnittleistung ist höher als die der geradverzahnten, und auch die Oberflächenbeschaffenheit der Lochwand wird besser infolge des schälenden Schnittes.

Die Glättarbeit verbietet eine gleichzeitige große Schnittleistung, weshalb hier die Schnittgeschwindigkeit gegenüber dem Bohren wesentlich herabgesetzt werden muß. Der Vorschub kann groß sein; Bedingung ist jedoch, daß er gleichmäßig erfolgt. Es sollte also nicht mit Hand-, sondern nur mit mechanischem Vorschub gearbeitet werden. Die vorgearbeitete Lochwand darf keine zu tiefen Riefen aufweisen. Die Grenze der Durchmesser-Erweiterung liegt bei etwa 0,3 mm.

Bei allen drei Arbeitsverfahren: Bohren, Senken, Reiben wird der Lochdurchmesser größer als der Werkzeugdurchmesser, und es entsteht eine sogenannte Überweite, die mit der Verfeinerung der

Spanabnahme abnimmt und beim Reiben kaum noch nennenswert ist. Sie wird auch vom Werkstoff und dem Kühlmittel beeinflußt, ebenso vom Vorschub, insofern als z. B. beim Reiben ein kleiner Vorschub eine größere Reibüberweite ergibt und umgekehrt.

Das **Abflächen und Abrunden** von Naben mit dem Messer oder dem Aufstecksenker (Tafel 240/7, 8 u. 9) sowie das **Einsenken** der Aussparungen für Schraubenköpfe mit dem Kopfsenker (Tafel 240/3) ähnelt dem Aufbohren. Auch bei diesem Arbeitsverfahren kann auf eine gute Führung des Werkzeuges nicht verzichtet werden. Wenn Flächen ohne Rattermarken erzielt werden sollen, so ist bei der Bearbeitung von Stahl noch ganz besonders auf richtige Schneidenwinkel der Messer zu achten. Bei größeren Abflächdurchmessern arbeitet außerdem ein einseitig schneidendes Messer besser als ein doppelseitiges.

Das **Ausschneiden oder Ausstechen** (Tafel 240/10, 11 u. 12) verfolgt den Zweck, größere Bohrungen nicht durch völliges Zerspanen des Werkstoffes, sondern durch Ausschneiden von Scheiben mit Hilfe schmaler Messer herzustellen, die fest oder im Durchmesser verstellbar in Ausstechköpfen oder Ausschneideapparaten angebracht sind und eine Ringnute ausstechen. Als Führung dient ein im vorgebohrten Loch laufender Zapfen oder eine federnde Körnerspitze. Ruhiges Arbeiten ist durch entsprechende Wahl der Schnittwinkel zu erreichen. Der Span muß ferner in seiner Breite unterteilt werden, und zwar durch entsprechende Ausbildung der aufeinanderfolgenden Messer als Vor- und Nachschneider.

Genau wie beim Aufbohren ist es auch beim Ausschneiden vorteilhaft, das Vorbohren der Führungslöcher in einem getrennten Arbeitsgang vorzunehmen, also nicht einen Ausschneideapparat mit eingesetztem Spiralbohrer, sondern einen solchen mit Führungszapfen zu verwenden. Da es sich beim Ausschneiden meist um Werkstücke von geringer Stärke handelt, wäre der Zeitanteil des mit unwirtschaftlich niedriger Schnittgeschwindigkeit arbeitenden Vorbohrers sehr groß. Außerdem werden erfahrungsgemäß die Spiralfasen des Bohrers durch die ihnen hierbei zufallende Führungsarbeit im gebohrten Loch beschädigt.

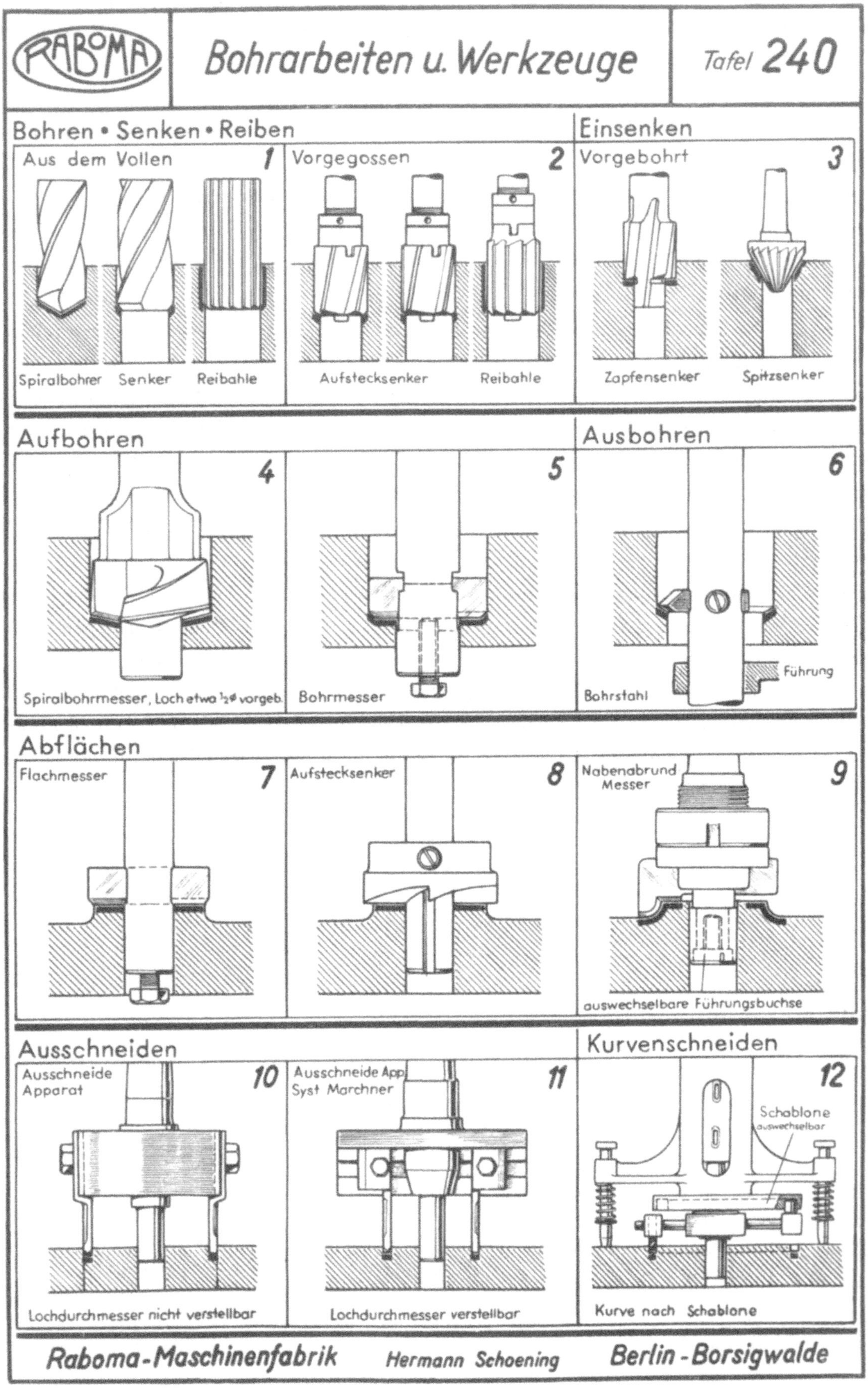
RABOMA
Bohrarbeiten u. Werkzeuge
Tafel 240
Bohren • Senken • Reiben
Aus dem Vollen
1
Spiralbohrer
Senker
Reibahle
Vorgegossen
2
Aufstecksenker
Reibahle
Einsenken
Vorgebohrt
3
Zapfensenker
Spitzsenker
Aufbohren
4
Spiralbohrmesser, Loch etwa ½ø vorgeb.
5
Bohrmesser
Ausbohren
6
Führung
Bohrstahl
Abflächen
Flachmesser
7
Aufstecksenker
8
Nabenabrund Messer
9
auswechselbare Führungsbuchse
Ausschneiden
Ausschneide Apparat
10
Lochdurchmesser nicht verstellbar
Ausschneide App. Syst. Marchner
11
Lochdurchmesser verstellbar
Kurvenschneiden
12
Schablone
auswechselbar
Kurve nach Schablone
Raboma-Maschinenfabrik
Hermann Schoening
Berlin-Borsigwalde

RABOMA

Vergleich der Bohrzeiten für das Bohren von Löchern 80 m/m Ø in Kesselwänden 60 m/m stk.

Tafel **241**

bezogen auf das Modell Rh nach Leistungstabelle Tafel 130

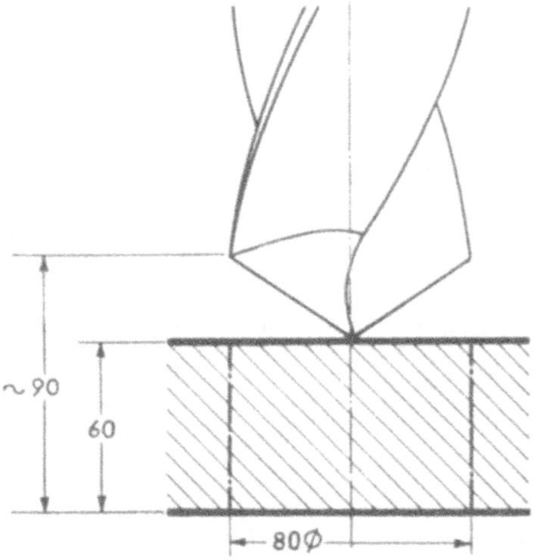

Bohren aus dem Vollen mit einem Spiralbohrer.

Vorschubweg l	Schnittgeschw. v	Drehzahl n	Vorschub s	Formel für die Zeitrechnung	Zeit t Min.
mm	m/min	U.p.M	mm/Umdr		
90	22,4	90	0,375	$t=\frac{l}{n\cdot s}=\frac{90}{90\cdot 0{,}375}=$	~2,65

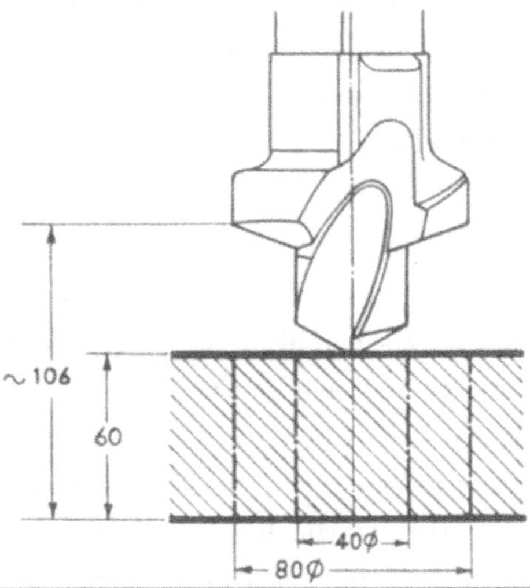

Bohren aus dem Vollen mit Zweischneider u. eingesetztem Spiralbohrer.

Vorschubweg l	Schnittgeschw. v	Drehzahl n	Vorschub s	Formel für die Zeitrechnung	Zeit t Min.
mm	m/min	U.p.M	mm/Umdr		
106	22,4	90	0,375	$t=\frac{l}{n\cdot s}=\frac{106}{90\cdot 0{,}375}=$	~3,14

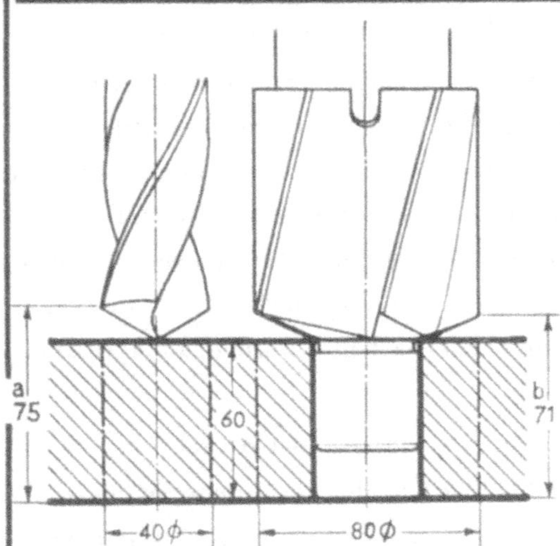

Vorbohren auf 40 mm Ø mit Spiralbohrer, Aufbohren auf 80 mm Ø mit Vierschneider od. Spiralbohrmesser

Vorschubweg l	Schnittgeschw. v	Drehzahl n	Vorschub s	Formel für die Zeitrechnung	Zeit t Min.
mm	m/min	U.p.M	mm/Umdr		
a 75	35,5	280	0,5	$t=\frac{l_a}{n_a\cdot s_a}+\frac{l_b}{n_b\cdot s_b}=$	
b 71	21,2	71	0,6	$\frac{75}{280\cdot 0{,}5}+\frac{71}{71\cdot 0{,}6}=$	~2,2
+ Einstellzeit von Loch zu Loch					0,1
Gesamtbohrzeit für ein Loch					**2,3**

Raboma-Maschinenfabrik *Hermann Schoening* **Berlin-Borsigwalde**

DIE BOHRSTANGE MIT DOPPELSEITIG SCHNEIDENDEM STAHL

Die Vorteile der Bohrstange • Schnittgeschwindigkeit und Vorschub
Gleichzeitiges Arbeiten mit mehreren Stählen • Der Bohrstahl, seine Form und seine Befestigung
Die Ausbildung der Bohrstange • Die Verbindung der Bohrstange mit der Bohrspindel
Die Ausbildung der Bohrbüchsenführung • Die Spanabführung • Die Fertigstellung der Bohrung
Vergleichsweise Herstellung von Genauigkeitsbohrungen mit Senkern und Bohrstangen

Die Bohrstange als Ersatz für den Senker

Die ungleiche Belastung der einzelnen Schneiden des Senkers ist die Ursache für Versetzungs- und Richtungsfehler des aufgesenkten Loches (s. Abschn. 22: Das Verlaufen der Senker). Derartige Fehler treten beim Aufbohren mit der Bohrstange und dem doppelseitig schneidenden Stahl (Tafel 250) nicht auf, so daß dieses Werkzeug bei der Herstellung von Genauigkeitsbohrungen einen vorzüglichen Ersatz für Senker darstellt und auch an vielen Stellen in Gebrauch ist (ob mit oder ohne Kenntnis der Zusammenhänge, bleibe dahingestellt).

Die Bohrstange mit doppelseitig schneidendem Stahl hat den Vorteil, daß sie im eigenen Betrieb mit geringen Kosten hergestellt werden kann. Nur der Bohrstahl erfordert einen hochwertigen Werkstoff, während für die Bohrstange ein einfacher Baustahl genügt. Das Verhältnis des Durchmessers zur Führungslänge in der Bohrbüchse ist sehr günstig, weil die Bohrstange im Durchmesser wesentlich kleiner gehalten werden kann als das zu bohrende Loch; sie wird ja nur durch den Unterschied der Schnittkräfte an den beiden Schneiden weggeschwenkt. Soweit sich der Stahl nicht in der schon in die Vorrichtung eingeführten Bohrstange befestigen läßt, wird die Bohrbüchse vorher übergeschoben. Allerdings muß die Bohrung in der Vorrichtung groß genug sein für das Durchschieben der Bohrstange mitsamt dem Stahl sowie auch der Reibahle und des Meßgerätes (Grenzlehrdorn).

Eine **Bohrbüchsenführung** ist auf alle Fälle nötig, da die beiden Schneiden sich nicht selbst im Loch zu führen vermögen. Jedoch kann die Führung bis auf die Stahlbreite an das Werkstück, also nahe an die Schneide herangebracht werden. Die Bohrbüchse muß aber — worauf häufig nicht geachtet wird — möglichst auf ihrer ganzen Länge satt in der Bohrvorrichtung sitzen, so daß sie tatsächlich die von ihr verlangte sichere Führung übernehmen kann. Eine untere (Gegen-)Führung ist, abweichend von der üblichen Ansicht, durchaus nicht immer nötig, vielmehr kann ohne Gefahr mit nur einseitig geführtem Werkzeug, also mit Oberführung allein gearbeitet werden, auch wenn mehrere Stähle gleichzeitig im Schnitt sind.

Sie dürfen jedoch nicht kreuzweise angeordnet sein, sondern müssen in ein und derselben Längsebene liegen, um zu vermeiden, daß die Vielzahl der Schneiden die gleichen Nachteile hervorruft wie bei Senkern. Auch kann wegen der Gefahr der gegenseitigen Beeinflussung nicht mit einem Stahl geschruppt und gleichzeitig mit einem andern geschlichtet werden. Die Anordnung von Schrupp- und Schlichtstählen auf der gleichen Bohrstange setzt voraus, daß das Schlichtwerkzeug erst in Eingriff kommt, nachdem das Schruppwerkzeug seine Arbeit beendet hat.

Durch entsprechende Wahl des Einstellwinkels am Stahl läßt sich erreichen, daß die Vorschubkraft nur in der Achsenrichtung wirksam wird, ohne daß eine radiale Abdräng- oder Rückdruckkraft entsteht.

Schnittgeschwindigkeit und Vorschub

Die Schnittleistung braucht beim Bohren mit der Bohrstange nicht kleiner zu sein als beim Senker, obwohl dieser mehr Schneiden hat. Der Bohrstahl ist ein einfaches Werkzeug mit besseren Schnittbedingungen als der Senker. Er kann aus besonders hochwertigem Stahl bestehen, und infolgedessen darf auch jede Schneide höher belastet werden als beim Senker. Vor allen Dingen sind höhere Schnittgeschwindigkeiten möglich, ohne daß eine Erwärmung des Werkstückes durch die Fasenreibung eintritt wie beim Senker. Wird der Vorschub heruntergesetzt, so verbessert sich die Oberflächengüte der Lochwand zugunsten des nachfolgenden Fertigreibens. Regelmäßig läßt sich eine lehrenhaltige Bohrung durch Vorbohren (Schruppen), nur einmaliges Ausbohren (Schlichten) und Reiben (Feinschlichten) fertigstellen; bei Stahl als Werkstoff muß jedoch nach dem Schlichten erst einmal vorgerieben und dann fertiggerieben werden.

Gleichzeitiges Arbeiten mit mehreren Stählen

Ein besonderer Vorteil entsteht dann, wenn sich eine Bohrung durch zwei in derselben Bohrstange hintereinander sitzende Bohrstähle in einem Zug vor- und nachbohren läßt, oder wenn gar mehrere in der gleichen Flucht liegende Bohrungen auf diese Weise gleichzeitig hergestellt werden können. Die Schnittzeiten der kürzeren Löcher sind dann in denjenigen des längsten Loches enthalten. Es ist aber dabei jeweils zu prüfen, ob die Stähle zweckmäßig ihren Schnitt miteinander beginnen oder beendigen, denn davon hängt die Baulänge der Bohrstange und der Vorrichtung ab.

Anschaulich zeigen diesen Vorteil die Tafeln 250 u. 251. Die 4 Bohrungen (60, 60, 50 und 40 mm Durchmesser, Tafel 250) werden in einem Zug geschruppt und, nachdem die Stähle gewechselt sind, geschlichtet. In der Reihenfertigung wird es sich allerdings lohnen, für den Schlichtgang eine besondere Bohrstange bereitzuhalten, zumal ein derartiges Werkzeug sehr einfach und auch leicht herstellbar ist.

Eine **sechsfach abgesetzte Bohrung** in Stahl zeigt Tafel 251. Für das Vorbohren aus dem Vollen, Schruppen und Schlichten sind nur insgesamt 7 Arbeitsgänge ohne das Reiben notwendig. In diesem Fall kommt es nur darauf an, die passenden Absätze zusammenzufassen, so daß jeweils die Schnittzeit für den kürzeren Absatz im längeren enthalten ist. Allerdings muß dabei beachtet werden, daß genügend große Spanräume vorhanden sind und daß die Bohrstangen keine Absätze aufweisen, an denen sich die Späne stauchen können (s. Unterabschnitt: Spanabführung).

Das Arbeiten mit derartigen Bohrstangen wird wesentlich erleichtert, wenn die zu bearbeitenden Bohrungen solche Unterschiede im Durchmesser aufweisen, daß die Bohrstange mit den schon vorher eingesetzten Stählen in das Werkstück eingeführt werden kann. Andernfalls muß der eine oder andere Stahl nachträglich eingeschoben werden (wie z. B. der Stahl h in Tafel 250). Dies setzt aber voraus, daß das Werkstück eine dafür geeignete Öffnung aufweist. Bei seitlich ganz abgeschlossenen Werkstücken bleibt nur übrig, von zwei Seiten zu bohren oder aber das erste Loch vorher gesondert aufzubohren.

Nachteilig wäre auch, wenn von zwei hintereinander liegenden Bohrungen die zweite gegenüber der ersten im Durchmesser erheblich kleiner und noch dazu länger ist, weil dann diese zweite Bohrung auf die überschießende Länge mit unwirtschaftlich niedriger Schnittgeschwindigkeit vollends durchgebohrt werden müßte. Es lohnt sich also, schon bei der Konstruktion Rücksicht auf die Bearbeitung zu nehmen.

Die Beispiele können selbstverständlich keine sogenannten Patentlösungen darstellen, sondern sollen nur das Grundsätzliche zeigen und anregen.

Der Bohrstahl

Da der doppelseitig schneidende Bohrstahl nur zur Vorbearbeitung (Schruppen und Schlichten) dient, und die Bohrung durch Feinschlichten mit der Reibahle fertiggestellt wird, kommt es nicht auf die Einhaltung eines genauen Durchmessermaßes an. Die Stähle brauchen also nicht einstellbar zu sein und können deshalb auch mehrmals nachgeschliffen werden, ohne daß sie verbraucht sind. Bevor der Lochdurchmesser das für das Reiben bzw. den Anschnitt der Reibahle zulässige Maß unterschreitet, wird der betreffende Stahl ersetzt und für einen kleineren Durchmesser weiter verwendet. Das Auswechseln kann der Arbeiter selbst vornehmen, so daß kein Zeitverlust durch Warten auf das Nachschleifen entsteht; er braucht nur einige Stähle vorrätig zu haben und kann, wenn nötig, auch die Schruppstähle in der Bohrstange durch Schlichtstähle ersetzen.

Da die Lochwand durch das Aufbohren verhältnismäßig sauber und die Achsenstellung genau wird, kann der Aufbohrdurchmesser für Ge einheitlich mit 0,3 mm unter Maß festgelegt werden, so daß also für das Reiben die Zugabe auf den Durchmesser 0,3 mm beträgt.

Der Form nach wird der Bohrstahl zweckmäßig nicht als Rund-, sondern als Vierkantstahl ausgebildet (Tafel 252). Die Herstellung des Loches in der Bohrstange ist dann allerdings teurer. Dieser einmaligen Ausgabe stehen aber Dauerersparnisse in der Herrichtung der Stähle gegenüber, die als sogenannte Drehlinge fertig bezogen werden können.

Bedingung ist die Befestigung des Bohrstahles möglichst über Mitte der Stange (Tafel 252). Es muß also für eine Zentrierung beim Festspannen gesorgt werden. Demgemäß muß auch die Spannschraube der als Beispiel gezeigten Befestigung in der Mittelebene der Bohrstange liegen im Gegensatz zu dem Loch, das den Stahl aufzunehmen hat und das ohne Gefahr eine Kleinigkeit versetzt sein kann. Zweckmäßig wird eine seitliche Befestigung gewählt, weil diese Art sich auch bei der Befestigung mehrerer Stähle auf einer Stange anwenden läßt.

Zum Rundschleifen auf den erforderlichen Durchmesser werden die Stähle in einem Spezialdorn aufgenommen, und zwar in derselben Weise wie in den Bohrstangen selbst, während sie zum Schärfen auf entsprechend geneigt ausgebildeten Unterlagen aufgelegt und an der Brust überschliffen werden.

Die Ausbildung der Bohrstange

Der Durchmesser der Bohrstange soll selbstverständlich so groß wie möglich gehalten werden, wobei aber von Vorteil ist, daß die Bohrstangen an sich schon stärker sind als die Halter der Aufstecksenker. Zum Beispiel hat ein Senker von 50 mm Durchmesser einen größten Bohrungsdurchmesser von 19 mm, wogegen für eine entsprechende Bohrstange der Durchmesser mit 40 mm gewählt werden kann. Die Verdrehungswinkel verhalten sich dann wie 1:20.

Absätze an den Stangen dürfen die Spanabführung nicht behindern (s. Spanabführung). Der Befestigungskegel muß so gewählt werden, daß sich die Bohrbüchsen von der Kegelseite her auf die Stangen aufstreifen lassen. Eine Aufstellung zweckmäßiger Abmessungen zeigt Tafel 253.

Zugunsten einer weitgehenden Vereinheitlichung sind in ihr nur wenige Stangendurchmesser mit den dazugehörigen Stählen verzeichnet.

Die Verbindung der Bohrstange mit der Spindel kann fest oder nachgiebig sein, da ja immer mit Bohrbüchsen gearbeitet wird. Eine nachgiebige Verbindung schließt zwar Fehler des Arbeiters durch nicht sorgfältiges Einstellen des Bohrschlittens sicher aus, setzt jedoch bei einer fliegend arbeitenden, also nur einseitig geführten Bohrstange sehr lange und fest in der Vorrichtung sitzende Bohrbüchsen voraus. Es empfiehlt sich deshalb eine feste Verbindung vorzusehen, zumal die Bohrspindeln der Radialbohrmaschinen sich leicht auf die Bohrbüchsen einspielen lassen. Das unbeabsichtigte Lösen der Stange im Aufnahmekegel der Bohrspindel wird durch einen Querkeil verhindert.

Die Ausbildung der Bohrbüchsenführung

Im allgemeinen genügt für die Bohrstangen eine einseitige, sogenannte Oberführung, und zwar auch dann, wenn mehrere hintereinander liegende kurze Bohrungen gleichzeitig mit mehreren Stählen bearbeitet werden sollen, da die Bohrstähle nicht verlaufen. Allerdings dürfen in diesem Fall die Werkzeugschneiden nicht zu weit von der Führung entfernt liegen.

Die Länge herausnehmbarer Bohrbüchsen ist bei einseitiger Führung mindestens gleich dem dreifachen Bohrstangendurchmesser zu wählen. Da dieser im Vergleich zum Lochdurchmesser nicht groß ist, ergeben sich trotzdem noch verhältnismäßig kleine Bohrbüchsen. Fest in der Vorrichtung sitzende Büchsen können notfalls auch kürzer gehalten werden.

Doppelte Führung, also Ober- und Unterführung ist notwendig:

1. wenn von zwei oder mehr gleichachsigen Bohrungen eine oder mehrere weit von der Bohrbüchsenführung entfernt liegen,
2. wenn eine Bohrung im Verhältnis zu ihrem Durchmesser sehr lang ist und größte Genauigkeit verlangt wird,
3. wenn wegen einer von zwei gleichachsigen Bohrungen die Vorrichtung gewendet werden müßte, so daß die Zeit für das Wenden und für eine mehrmalige Werkzeugeinführung gespart werden kann.

Bei doppelter Führung genügt als Länge der Bohrbüchsen der einfache Bohrstangendurchmesser. Die untere Bohrbüchse muß sorgfältig gegen das Eindringen von Bohrspänen geschützt werden. Bewährt hat sich, die Schiebe- von der Drehbewegung durch eine gehärtete Laufbuchse zu trennen. Wegen des kleineren Reibungsmomentes dreht sich die Bohrstange in der Laufbuchse, die sich ihrerseits in der Führungsbuchse der Vorrichtung nur längs verschiebt (Tafel 252). Ist die Bohrbüchse an ihrem oberen Ende scharfkantig und kegelförmig abgedreht, so werden die Bohrspäne sicher abgestreift (Tafel 250). Bei schwachen Bohrstangen, bei denen eine Laufbüchse nicht angebracht werden kann, bildet ein in der Vorrichtung über die Bohrstange geschobener Gummiring einen besseren Schutz als Lederscheiben, die da und dort verwendet werden.

Spanabführung

Besondere Sorgfalt ist darauf zu verwenden, daß die Späne ungehindert aus dem Bohrloch abfließen können oder wenigstens genügend Platz darin haben, ohne zusammengeballt zu werden. Sobald also eine abgesetzte Bohrung mit mehreren Stählen gleichzeitig bearbeitet werden soll, ist auf die richtige Zusammenfassung der entsprechenden Absätze zu achten (Tafel 251).

Sehr wichtig ist dies beim Bohren von Stahl, da hier ein größeres Spanvolumen anfällt als bei Gußeisen. Die Späne müssen an der Bohrstange nach oben oder unten vorbei können. Zwischen Bohrstange und gebohrtem Loch sollte deshalb ein Durchmesserunterschied von mindestens 10 mm bestehen. Absätze an der Bohrstange sind schädlich, da sich die Späne an ihnen stauchen und zusammenballen. Es muß deshalb geprüft werden, ob solche Absätze zur Versteifung der Bohrstange überhaupt nötig sind. Die Bohrstange wird nie mit der vollen Schnittkraft, sondern nur mit dem Unterschied der an den beiden Schneiden wirkenden Schnittkräfte weggeschwenkt, so daß die schwenkende Kraft immer klein bleibt.

Gußeisenspäne stauen sich weniger. Deshalb kann beim Aufbohren von Gußeisen sowohl die fliegend arbeitende als auch die doppelseitig geführte Bohrstange am Bohrstahl im Durchmesser abgesetzt werden. Bei vorgegossenen Löchern, die meist auch noch stark versetzt sind, läßt sich auf diese Weise der notwendige Raum vor dem Stahl für das Durchfallen der Späne durch das Bohrloch schaffen (Tafel 254 B). Die Einführung der Bohrstange in das vorgebohrte oder vorgegossene Loch ist dadurch auch wesentlich erleichtert.

Die Späne müssen aber nicht nur aus dem Bohrloch, sondern auch aus der Vorrichtung gut abfließen können. Beim Bohren mit dem Bohrstahl nehmen die Späne die beim Schnitt auftretende Wärme auf; das Werkstück erwärmt sich kaum. Die Späne dürfen sich also nicht in der Vorrichtung ansammeln, weil sonst Wärmestauungen entstehen, die ungünstig auf das Werkstück, das Werkzeug und die Vorrichtung einwirken.

Fertigstellung der Bohrung

Glatte Bohrungen werden wie üblich mit der Reibahle auf das Fertigmaß gerieben. Weist aber die Lochwand Unterbrechungen auf, die so groß sind, daß sie mit einer spiralverzahnten Reibahle nicht überbrückt werden können, so ist die Fertigstellung mit dem einstellbaren, einfachen Bohrstahl vorzuziehen. Die Reibahle würde verlaufen und die Achsenrichtigkeit der Bohrung in Frage stellen.

Vergleichsweise Herstellung von Genauigkeitsbohrungen mit Senkern und Bohrstangen

Die verschiedenen Möglichkeiten zur Herstellung von Genauigkeitsbohrungen mit der Radialbohrmaschine sind in Tafel 254 einander gegenübergestellt. Die beiden Bohrungen lassen sich selbstverständlich bei A sinngemäß ebenfalls mit zwei auf einer Stange aufgefädelten Senkern entsprechend C gleichzeitig herstellen. Der Vergleich aller möglichen Arbeitsverfahren schien bei dieser Gegenüberstellung weniger wichtig als das Aufzeigen der günstigsten Arbeitsweise und das Sichtbarmachen ihrer Vorteile.

RABOMA

Herstellung von 4 hintereinander liegenden Bohrungen.

Tafel 250

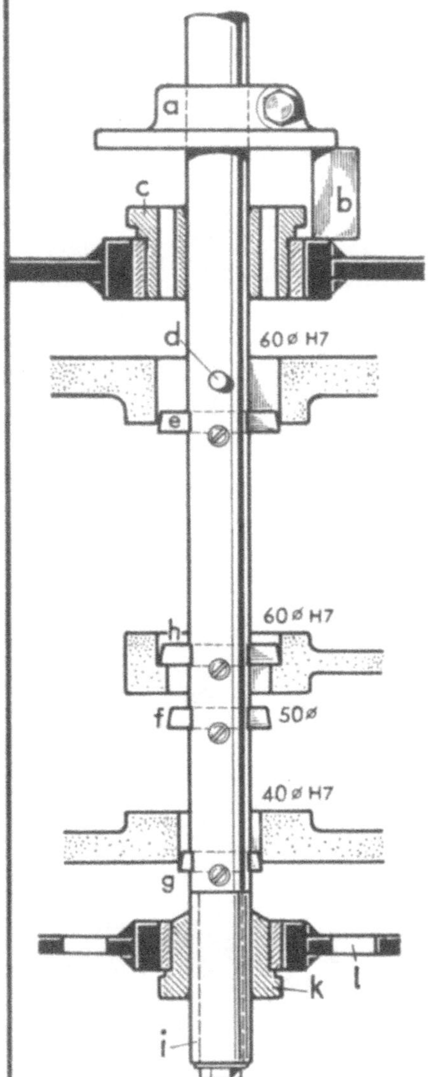

Alle Stähle müssen in der gleichen Richtung liegen, dürfen also nicht über Kreuz angeordnet sein.

Arbeiten mit der Bohrstange.

a) Einstellbarer Tiefenanschlagteller.

b) Meßklotz für die Tiefe der Bohrung h.

c) Bohrbuchse, (mit der Bohrstange herausnehmbar.) Ihr Außen Durchmesser muß größer sein, als die fertige Bohrung, um das Durchstecken der Lochlehre zu ermöglichen.

d) Stift in der Bohrstange, auf dem die Bohrbuchse beim Herausziehen der Stange aufsitzt.

e) f) g) Messerstähle, die in der Bohrstange schon vor ihrer Einführung in die Vorrichtung festgemacht sind, sofern der Größenunterschied der vorgegossenen Löcher das Hindurchschieben gestattet.

h) Dieser Stahl muß in die schon in die Vorrichtung eingeführte Bohrstange nachträglich eingesetzt werden, da er nicht durch die obere vorgegossene Bohrung hindurchgeht.

i) Schiebebuchse zur Trennung der Vorschub - von der Drehbewegung zwecks Fernhaltung der Späne von der unteren Führung.

k) Fest in der Vorrichtung sitzende Führungsbuchse mit Abschrägung zum Abstreifen der Späne.

l) Öffnungen für das Durchfallen der Späne zur Vermeidung von Wärmestauungen

Schruppen und Schlichten entweder mit derselben Bohrstange und mit auswechselbaren Stählen bei Einzelfertigung oder mit einer Sonderbohrstange und eingerichteten Stählen bei Reihenfertigung.

Raboma-Maschinenfabrik Hermann Schoening Berlin-Borsigwalde

RABOMA

Fertigstellung einer abgesetzten Bohrung zum Reiben und Gew. Schneiden mit doppelt geführter Bohrstange u. doppelseitig schneidenden Stählen

Tafel 251

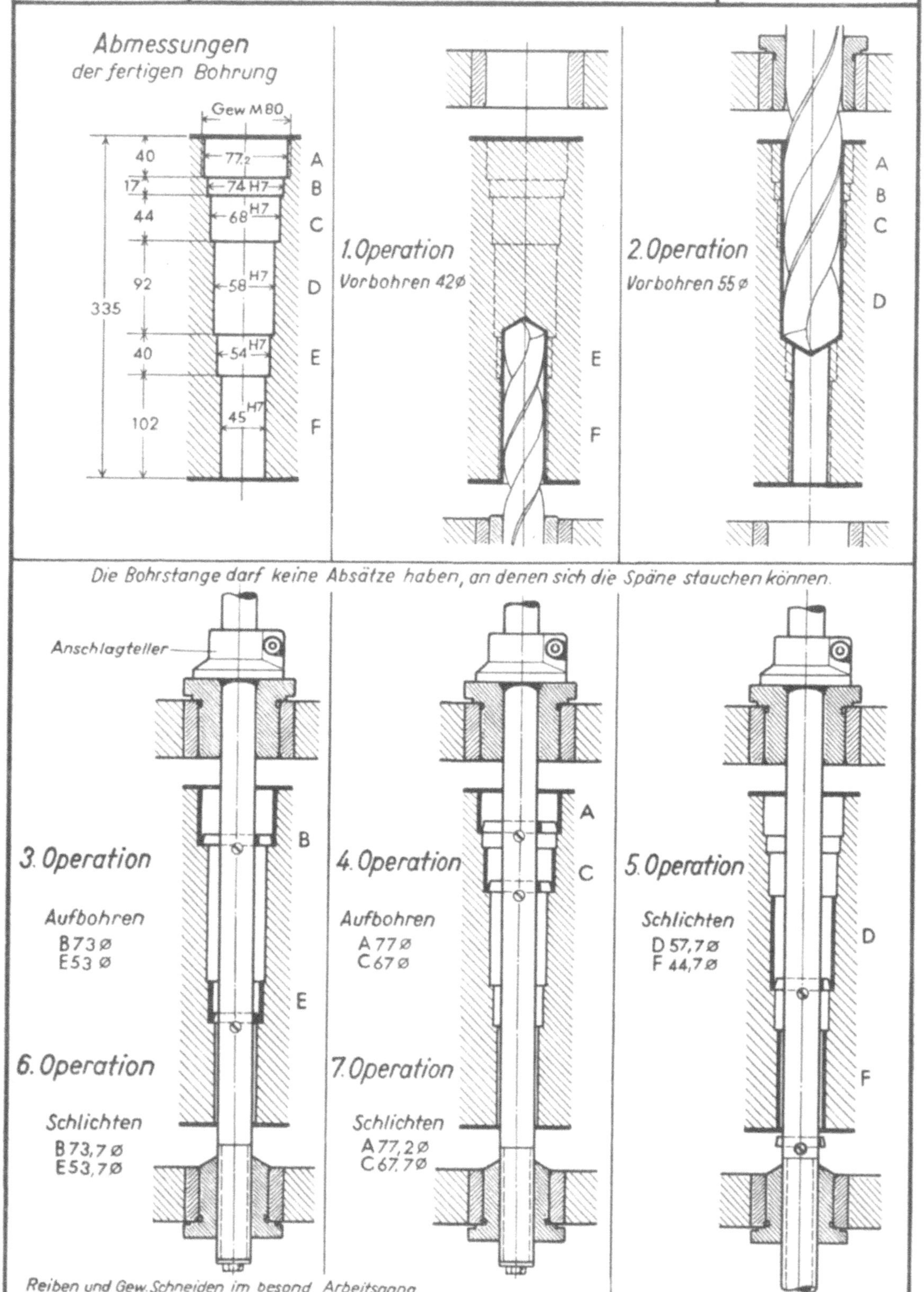

Raboma-Maschinenfabrik Hermann Schoening **Berlin-Borsigwalde**

RABOMA	**Bohrstange** für Ober und Unterführung Bohrbereich 50-80 m/m Ø	Tafel **252**

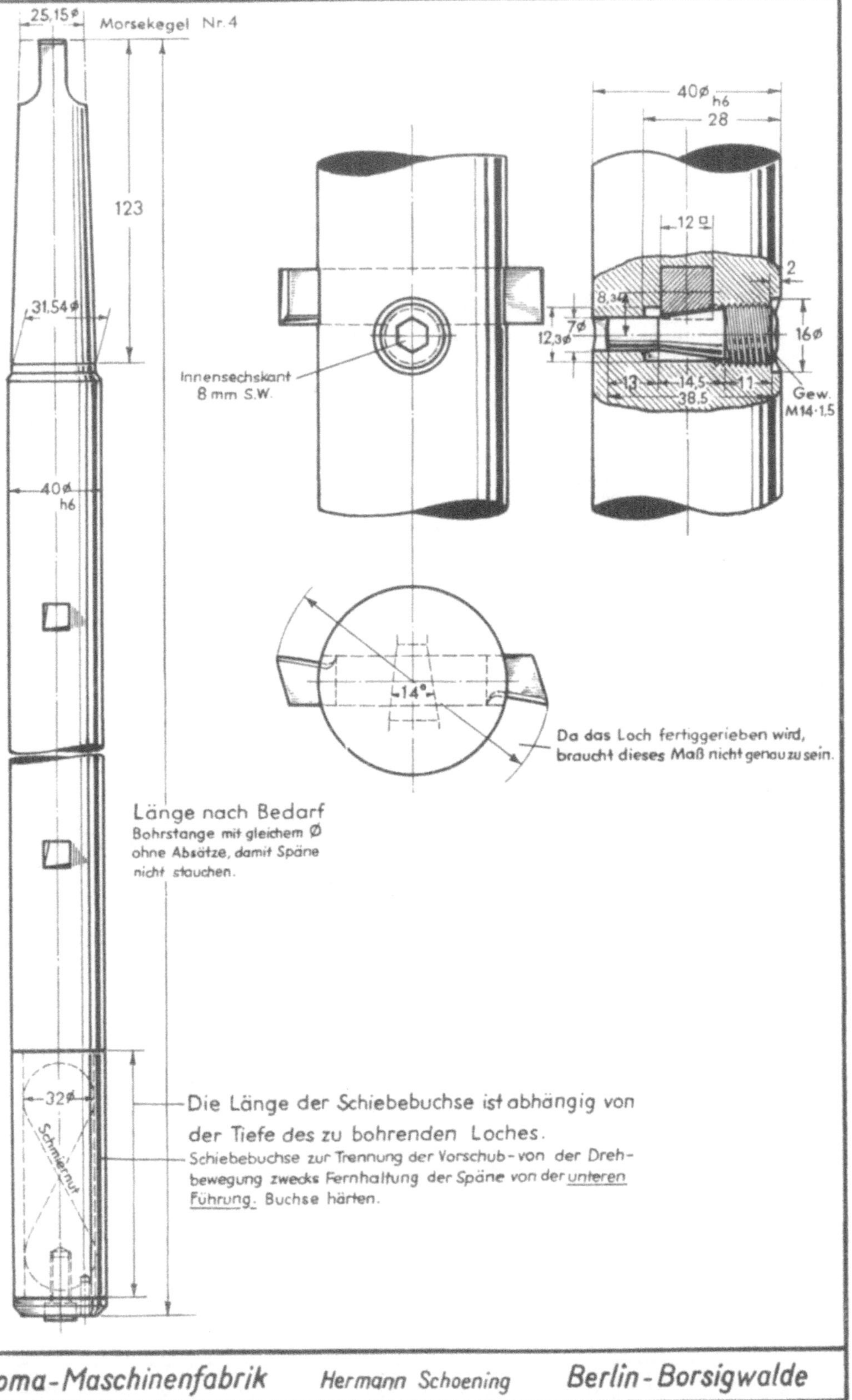

Raboma-Maschinenfabrik Hermann Schoening *Berlin-Borsigwalde*

RABOMA	Normal-Bohrstangen	Tafel 253

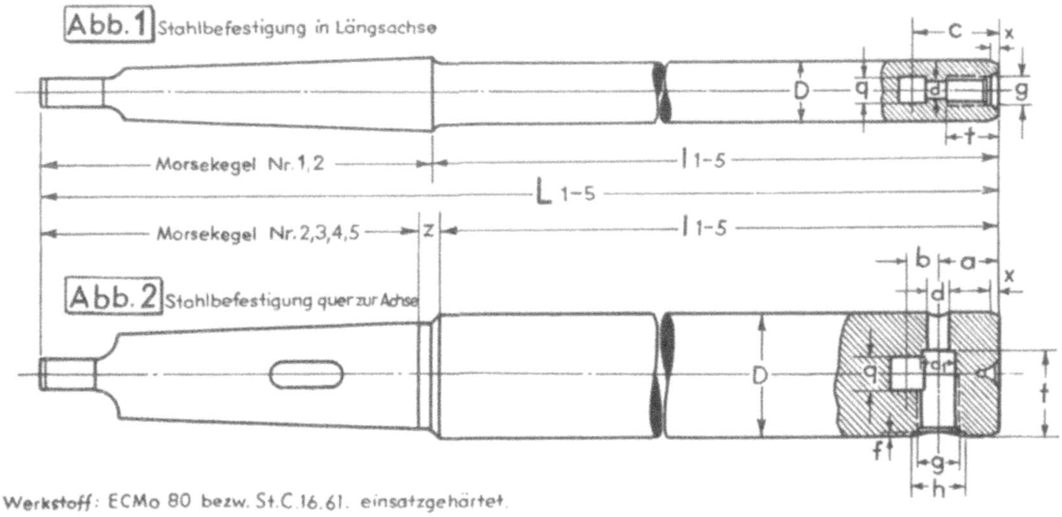

Werkstoff: ECMo 80 bezw. St.C.16.61. einsatzgehärtet.

Abb.	Morsekegel Nr.	für Bohrungen mm Ø	DØ h6	l_1	l_2	l_3	l_4	l_5	L_1	L_2	L_3	L_4	L_5
1	1	13 – 20	10	125	160	200	250		190,5	225,5	265,5	315,5	
	2	20 – 32	16	160	200	250	315		238,5	278,5	328,5	393,5	
2	2	20 – 32	16	160	200	250	315		238,5	278,5	328,5	393,5	
	3	32 – 50	25	200	250	315	400		301	351	416	501	
	4	50 – 80	40	250	315	400	500		380	445	530	630	
	5	80 – 125	63	315	400	500	630		482,5	567,5	667,5	797,5	

Abb.	Morsekegel Nr.	d^{H7} Ø	d_1^{H7} Ø	a	b	c	g Ø	q^{H7} □	f	h Ø	t	$x^{15°}$	z		Gew. kg	Preis
1	1	3,5	—	—	—	16,5	M 5	4	—	—	11	2	—			
	2	5,5	—	—	—	24	M 8	6	—	—	16	2	—			
2	2	4	7,2	14	4,53	—	M 8·0,75	6	1,5	9	12	2	—			
	3	5	8,9	16	5,78	—	M 10·1	8	1,5	12	17,5	2	3			
	4	7	12,3	25	8,34	—	M 14·1,5	12	2	16	28	3	7			
	5	8	14,3	32	10,6	—	M 16·1,5	16	2,5	18	42,5	3	12			

α = Entspr. dem Werkstoff

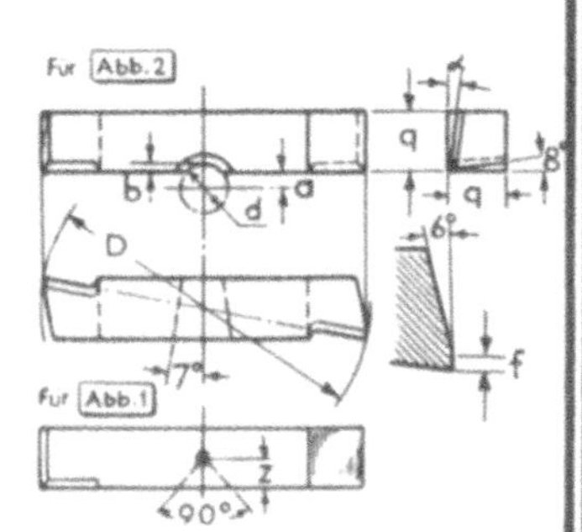

Werkstoff: Schnellstahl

D	Für Bohrungen in mm Ø: 13–20 / 20–32	20-32	32-50	50-80	80-125
q^{h6} □	4 u. 6	6	8	12	16
a	—	1,53	1,78	2,34	2,6
b	—	0,5	0,75	1,25	1,5
d Ø	—	4,06	5,06	7,18	8,2
f	0,6	0,7	0,8	1	1,2
z	1 u. 2				

Für Abb. 2

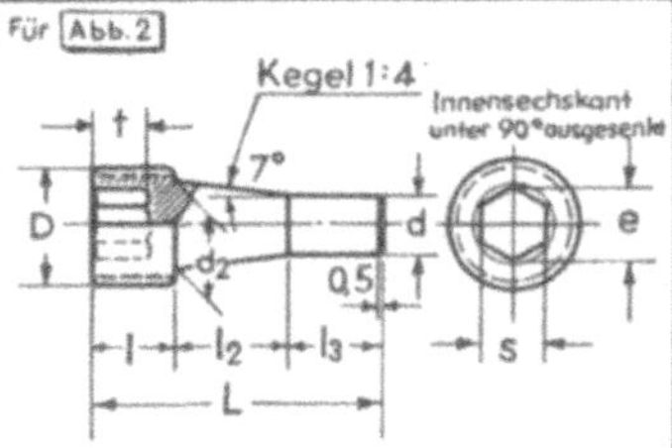

Werkstoff: St.C.45.61 vergütet

	Für Morsekegel Nr. 2	3	4	5
D Ø	M8·0,75	M 10·1	M14·1,5	M16·1,5
d^{h6} Ø	4	5	7	8
d_2 Ø	5,72	7,33	10,56	12,67
L	15	24	38,5	60
l	3,5	6,5	11	19
l_2	7	9,5	14,5	19
l_3	4,5	8	13	22
e	Schlitz nach DIN 551	5,8	9,4	9,4
s		5,05	8,1	8,1
t		5	7	7

Für Abb. 1

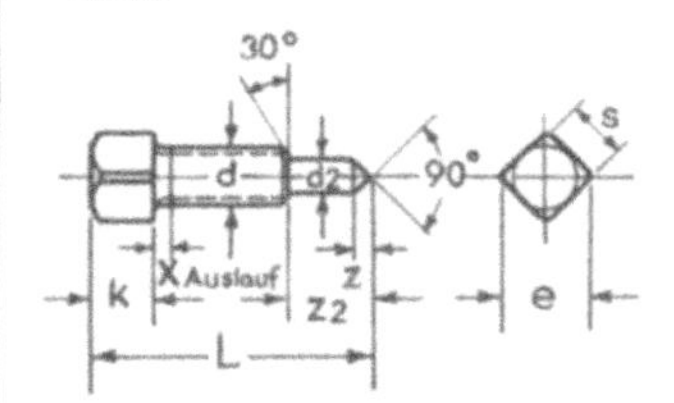

Werkstoff: St.C.16.61 einsatzgehärtet

	Für Morsekegel Nr. 1	2		
d Ø	M5	M8		
d_2^{h6} Ø	3,5	5,5		
L	23	33,5		
k	5	8		
z	1,5	2,5		
z2	7	9,5		
x	1,5	2		
e	6,5	10		
s	5	8		

Raboma-Maschinenfabrik *Hermann Schoening* *Berlin-Borsigwalde*

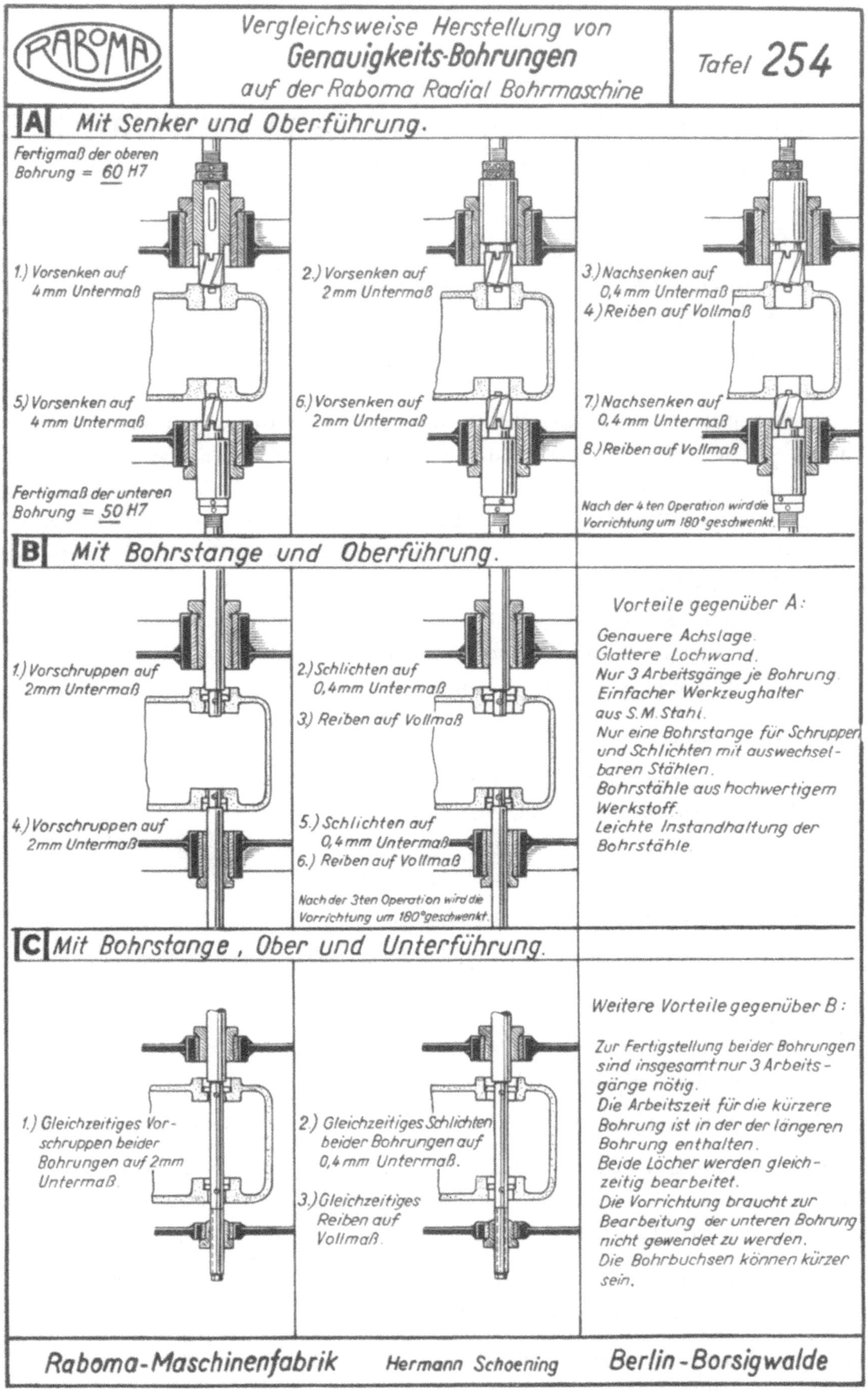
RABOMA
Vergleichsweise Herstellung von
Genauigkeits-Bohrungen
auf der Raboma Radial Bohrmaschine
Tafel 254
A Mit Senker und Oberführung.
Fertigmaß der oberen Bohrung = 60 H7
1.) Vorsenken auf 4mm Untermaß
2.) Vorsenken auf 2mm Untermaß
3.) Nachsenken auf 0,4mm Untermaß
4.) Reiben auf Vollmaß
5.) Vorsenken auf 4mm Untermaß
6.) Vorsenken auf 2mm Untermaß
7.) Nachsenken auf 0,4mm Untermaß
8.) Reiben auf Vollmaß
Fertigmaß der unteren Bohrung = 50 H7
Nach der 4 ten Operation wird die Vorrichtung um 180° geschwenkt.
B Mit Bohrstange und Oberführung.
1.) Vorschruppen auf 2mm Untermaß
2.) Schlichten auf 0,4mm Untermaß
3.) Reiben auf Vollmaß
4.) Vorschruppen auf 2mm Untermaß
5.) Schlichten auf 0,4mm Untermaß
6.) Reiben auf Vollmaß
Nach der 3ten Operation wird die Vorrichtung um 180° geschwenkt.
Vorteile gegenüber A:
Genauere Achslage.
Glattere Lochwand.
Nur 3 Arbeitsgänge je Bohrung.
Einfacher Werkzeughalter aus S.M.Stahl.
Nur eine Bohrstange für Schruppen und Schlichten mit auswechselbaren Stählen.
Bohrstähle aus hochwertigem Werkstoff.
Leichte Instandhaltung der Bohrstähle.
C Mit Bohrstange, Ober und Unterführung.
1.) Gleichzeitiges Vorschruppen beider Bohrungen auf 2mm Untermaß.
2.) Gleichzeitiges Schlichten beider Bohrungen auf 0,4mm Untermaß.
3.) Gleichzeitiges Reiben auf Vollmaß.
Weitere Vorteile gegenüber B:
Zur Fertigstellung beider Bohrungen sind insgesamt nur 3 Arbeitsgänge nötig.
Die Arbeitszeit für die kürzere Bohrung ist in der der längeren Bohrung enthalten.
Beide Löcher werden gleichzeitig bearbeitet.
Die Vorrichtung braucht zur Bearbeitung der unteren Bohrung nicht gewendet zu werden.
Die Bohrbuchsen können kürzer sein.
Raboma-Maschinenfabrik
Hermann Schoening
Berlin-Borsigwalde

DIE HERSTELLUNG VON BOHRUNGEN IN ABHÄNGIGKEIT VON DER VERLANGTEN GENAUIGKEIT

Nichtlehrenhaltige Bohrungen
Lehrenhaltige Bohrungen ohne Bohrvorrichtungen mit weiten Achsentoleranzen
Lehrenhaltige Bohrungen ohne Bohrvorrichtungen mit engen Achsentoleranzen
Lehrenhaltige Bohrungen mit Bohrvorrichtungen mit engen Achsentoleranzen

Mit der Radialbohrmaschine lassen sich Bohrungen mit jeder Genauigkeit herstellen. Je höher die Ansprüche in dieser Hinsicht sind, um so mehr Arbeitsgänge werden zur Fertigstellung der Bohrung notwendig, und um so größer sind in der Reihenfertigung die Aufwendungen für die Bohrvorrichtungen und Werkzeuge. Deshalb kann nicht oft genug davor gewarnt werden, der Werkstatt eine größere Genauigkeit vorzuschreiben, als sie der vorliegende Zweck unbedingt erfordert. Wenn nun die bei einem Loch oder einer Bohrung verlangte Genauigkeit als Ausgangspunkt genommen wird, so lassen sich aus Abschn. 23: „Der Einfluß der Werkzeugform auf das entstehende Loch" Richtlinien für die notwendigen Arbeitsgänge und Werkzeuge ableiten, die bei der Aufstellung von Arbeitsplänen die Übersicht wesentlich erleichtern.

Die **Genauigkeit** bezieht sich dabei auf:

die geometrische Form und die Lehrenhaltigkeit der Bohrung,
ihren Sitz an der vorbezeichneten Stelle,
die Entfernung zweier Bohrungen voneinander und
die rechtwinklige Achsenstellung zur Spannfläche.

Berücksichtigt ist ferner die **Art der Fertigung,** d. h. ob

ohne Bohrvorrichtungen in der Einzelfertigung und in kleinen Reihen oder
mit Bohrvorrichtungen in der ausgesprochenen Reihenfertigung

gearbeitet wird.

Nach diesen Unterschiedsmerkmalen gegliedert, ergeben sich folgende Gruppen:

1. **Nichtlehrenhaltige Bohrungen,** hergestellt ohne oder mit Hilfe von Bohrvorrichtungen (Tafel 260).
2. **Lehrenhaltige Bohrungen** (z. B. nach Isa H 7), hergestellt **ohne Bohrvorrichtungen** mit **weiten Toleranzen** (Zehntelmillimetern) für die rechtwinklige Stellung der Achsen und die Entfernung der Mitten voneinander (Tafel 261).
3. Lehrenhaltige Bohrungen wie vorstehend, jedoch mit dem Unterschied, daß **enge Toleranzen** (Hundertstelmillimeter) einzuhalten sind (Tafel 262).
4. **Lehrenhaltige Bohrungen,** hergestellt **mit** Hilfe von **Bohrvorrichtungen. Enge Toleranzen.** (Tafel 263.)

Zu den einzelnen Blättern ist folgendes zu sagen:

Tafel 260: **Bohrungen aus dem Vollen** ohne besondere Genauigkeitsansprüche werden mit dem Spiralbohrer ohne Führung hergestellt. Sie sind nur geschruppt und deshalb nicht lehrenhaltig. Ferner sitzen sie, da der Spiralbohrer verläuft, nicht genau an der vorgezeichneten Stelle, und ihre Achse steht nicht rechtwinklig zum Werkstück (Tafel 260/1).

Soll das Loch an der vorgezeichneten Stelle sitzen, so muß der Bohrer in einer Bohrbüchse geführt werden (Tafel 260/2).

Das **Aufbohren** vorgebohrter Löcher dient

zum Vergrößern des Durchmessers,
zum Verbessern der Lochwand für das nachfolgende Reiben,
zur besseren Ausnützung der Leistungsfähigkeit von Maschine und Werkzeug und
zum Erzielen einer kürzeren Schnittzeit gegenüber dem Bohren aus dem Vollen.

Einer oder mehrere dieser Gesichtspunkte sind in der Regel maßgebend für die Wahl des Aufbohrwerkzeuges.

Der Spiralbohrer eignet sich wegen seiner mangelhaften Führung im Loch schlecht zum Aufbohren und kann in der Regel nur mit einer Bohrbüchsenführung verwendet werden (Tafel 260/3).

Der Senker als gebräuchlichstes Aufbohrwerkzeug kann mit oder ohne Bohrbüchsenführung arbeiten. Die Stellung der Lochachse und die Oberflächenbeschaffenheit der Lochwand sind gegenüber dem Bohren mit dem Spiralbohrer wesentlich besser, denn die Senker sind Schlichtwerkzeuge. Lehrenhaltigkeit darf aber dabei nicht verlangt werden (Tafel 260/4).

Das Spiralbohrmesser und der Zapfensenker verlangen eine besondere Führung im vorgebohrten Loch. Die Achse des aufgebohrten Loches verläuft aber nach der des vorgebohrten, wobei die Lochwand unsauber wird (Schruppschnitt. Tafel 260/5 u. 6).

Die Bohrstange mit doppelseitig schneidendem Stahl bzw. das Bohrmesser müssen ebenfalls geführt werden. Bei Führung im vorgebohrten Loch wird die Lochwand unsauber (Schruppschnitt), und die Lochachse verläuft nach dem vorgebohrten Loch (Tafel 260/7). Wird die Bohrstange dagegen in einer Bohrbüchse geführt, so ergibt sich ein Schlichtschnitt mit besserer Oberflächenbeschaffenheit der Lochwand als beim Senken. Der Sitz des Loches und seine Achse sind durch die Bohrbüchsenführung bestimmt (Tafel 260/8).

Mit der geführten Bohrstange und doppelseitig schneidendem Bohrstahl werden beim Aufbohren die besten Ergebnisse hinsichtlich Genauigkeit und Sauberkeit der Lochwand erzielt. Die Bohrstangen sind einfach und mit geringen Kosten herzustellen, ebenso die leicht auswechselbaren Stähle. Auch ihre Instandhaltung macht wenig Mühe. Sie neigen nicht zum Verlaufen und ermöglichen, die engsten Achsentoleranzen einzuhalten (s. Abschn. 25: Die Bohrstange mit doppelseitig schneidendem Stahl).

Tafel 261: **Bohrungen, die lehrenhaltig sein sollen,** müssen im letzten Arbeitsgang fertiggerieben (feingeschlichtet) werden. Lochsitz und Achsenstellung werden aber durch diesen Arbeitsgang gegenüber Tafel 260 nicht geändert.

Sofern Bohrvorrichtungen nicht verwendet und weite Toleranzen von Zehntelmillimetern in der Lochmittenentfernung, der Rechtwinkligkeit der Lochachsen und ihrer Parallelität zugelassen werden, genügt es, Bohrungen bis 12 mm Durchmesser vorzubohren und fertigzureiben (Tafel 261/1), während größere Bohrungen vorgebohrt (geschruppt), gesenkt (geschlichtet) und fertiggerieben (feingeschlichtet) werden müssen (Tafel 261/2 u. 3).

Tafel 262: Sind in der Entfernung zweier **lehrenhaltigen Bohrungen** voneinander sowie in der rechtwinkligen Stellung der Lochachsen und ihrer Parallelität enge Toleranzen von wenigen Hundertstelmillimetern einzuhalten und werden keine Bohrvorrichtungen (z. B. in der Einzelfertigung) verwendet, so müssen die Löcher genau wie beim Waagerechtbohrwerk mit dem einseitig schneidenden Bohrstahl ausgebohrt (ausgeschlagen) und auf Fertigmaß gerieben werden. Dabei wird entweder die Bohrspindel mit Lehrdornen und Endmaßen oder das Werkstück mit einem Lehrenbohrtisch oder Kreuztisch eingestellt. Ausgebohrt wird in je einem besonderen Schrupp- und Schlichtgang, um die vom Vorbohren herrührenden Ungenauigkeiten zu beseitigen.

Tafel 263: Zum Herstellen **lehrenhaltiger Bohrungen** mit engen Achsentoleranzen in der Reihenfertigung sind Bohrvorrichtungen erforderlich. Auch hier muß vorgebohrt, geschruppt, geschlichtet und feingeschlichtet werden. Als Schrupp- und Schlichtwerkzeuge sind sowohl Senker als auch Bohrstangen mit doppelseitig schneidendem Bohrstahl verwendbar. Die Bohrstangen haben den Vorteil, daß ein Arbeitsgang gespart werden kann.

Zum Beweis dafür, daß in der Mittenentfernung zweier Bohrungen sowie in der Parallelität ihrer Achsen mit keinen größeren Abweichungen als mit ± 0,02 mm (letztere am 300 mm langen Dorn gemessen) zu rechnen ist, mögen die Prüfungen an Tausenden von Stichen bei Werkstücken jeder Größe gelten.

In v. H. ausgedrückt, lagen die Abweichungen vom Vorrichtungsmaß wie folgt:

78 v. H.	bei ± 0,01
18 v. H.	bei ± 0,02
3,6 v. H.	bei ± 0,03
0,4 v. H.	bei ± 0,04

Forschungen nach der Ursache der ± 0,02 mm übersteigenden Abweichungen brachten Mängel an den verwendeten Bohrvorrichtungen hinsichtlich der Festspannung der Werkstücke zum Vorschein. Gleichzeitig war damit auch die überraschende Tatsache geklärt, daß nicht alle Arbeiter gleichmäßig einwandfreie Arbeit zu liefern imstande sind. Der Unterschied liegt im richtigen Gefühl beim Festlegen des Werkstückes in der Vorrichtung. Lange Vorrichtungen werden dabei häufig verspannt, so daß größere Abweichungen die Folge sind. Es kann deshalb nur dringend empfohlen werden, bei mangelnder Arbeitsgenauigkeit die Spanneinrichtungen zu prüfen und so zu verbessern, daß das Gefühlsmoment des Arbeiters ausgeschaltet ist.

RABOMA	Herstellung nicht-lehrenhaltiger Bohrungen ohne oder mit Werkzeugführung	Tafel 260

Bohrungen aus dem Vollen

1

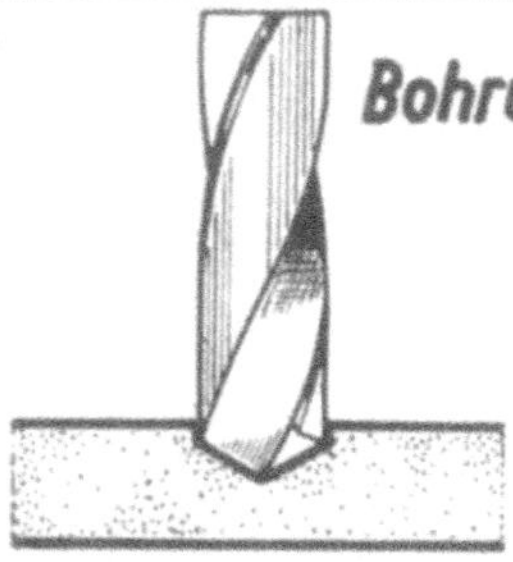

Bohren mit Spiralbohrer
ohne Führung nach Anriß

2

Bohren mit Spiralbohrer
mit Bohrbuchsenführg.

Anwendungsgebiet: Durchgangs- und Befestigungslöcher allgemein.

Aufbohren

a) zum Vergrößern eines vorgebohrten Loches;
b) zum Verbessern der Lochwand;
c) zur besseren Ausnutzung der Leistung der Bohrmaschine und der Werkzeuge

3

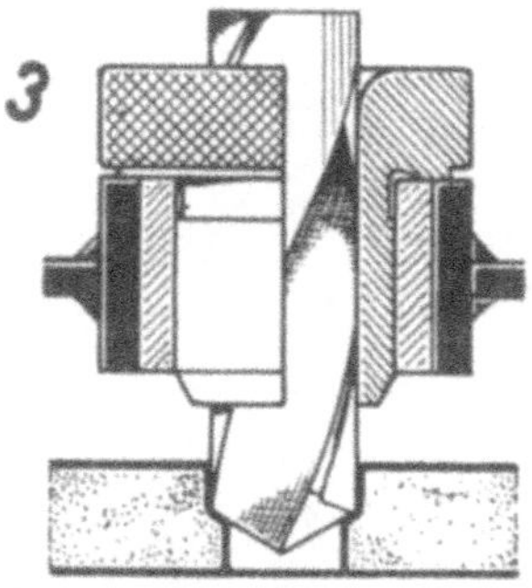

Mit Spiralbohrer und Bohrbuchsenführung

4

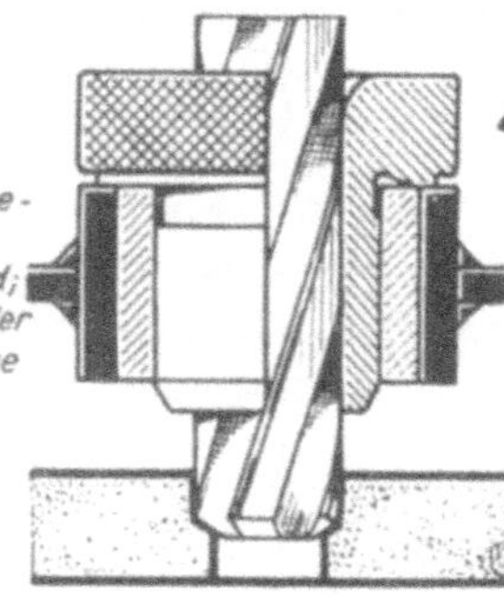

Mit Senker als gebräuchlichstem Aufbohrwerkzeug ohne oder mit Bohrbuchsenführung

Anwendungsgebiet: Aufbohren von Löchern im allgemeinen Maschinenbau.

5

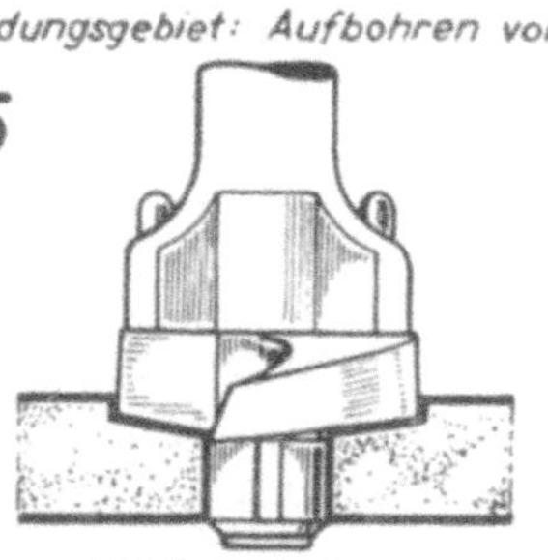

Mit Spiralbohrmesser
Anwendungsgebiet: Aufbohren von Löchern in Kesseln, Platten u.s.w. bei größeren Lochdurchm.

6

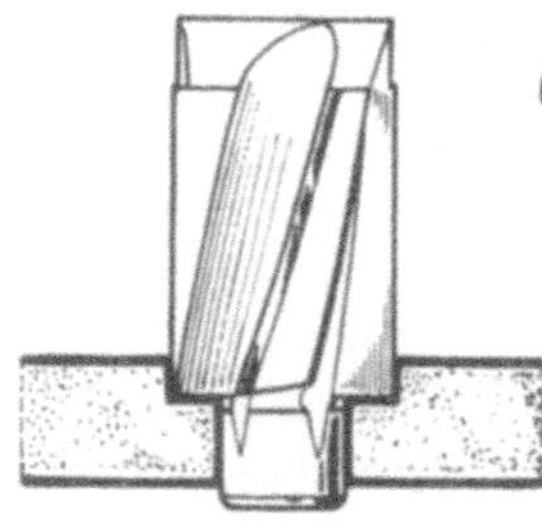

Mit Zapfensenker
Anwendungsgebiet: Aufbohren von Löchern im allgemeinen Maschinenbau

7

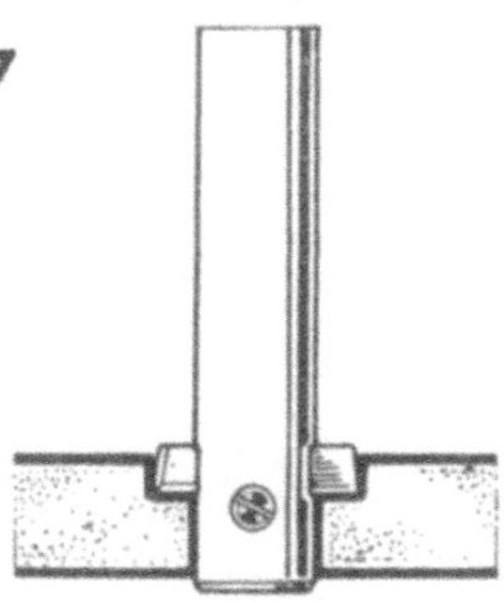

Bohrstange m. doppelseitig schneidendem Bohrstahl und Führung im vorgebohrten Loch

8

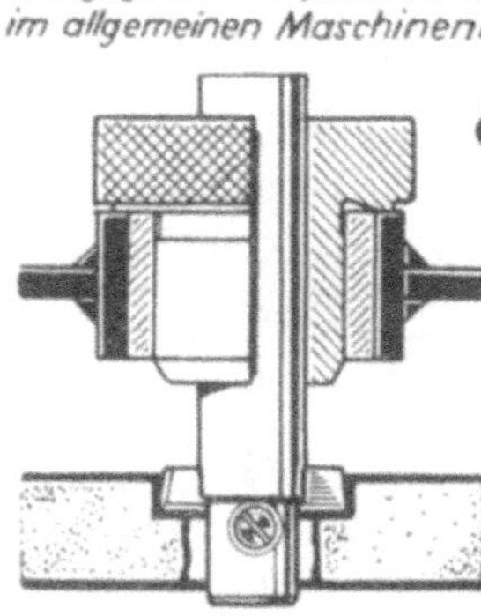

Bohrstange m. doppelseitig schneidendem Bohrstahl und Bohrbuchsenführung

Anwendungsgebiet: Im Maschinenbau und dort, wo andere Werkzeuge mit festen Maßen nicht vorhanden sind, bezw. deren Anschaffung sich nicht lohnt.

Raboma-Maschinenfabrik Hermann Schoening **Berlin-Borsigwalde**

RABOMA

Herstellung lehrenhaltiger Bohrungen
z.B. nach ISA H7 (DIN Fein Bohrung)
Ohne Bohrvorrichtg. • Weite Toleranzen.

Tafel 261

Toleranzen:
Stichentfernung ± 0,3 mm
Rechtwinkligkeit einer Lochachse ± 0.2 mm } am 300 mm langen Dorn gemessen.
Parallelität zweier Lochachsen zueinander ± 0.2 mm }

1. Bohrungen aus dem Vollen bis 12 mm Ø

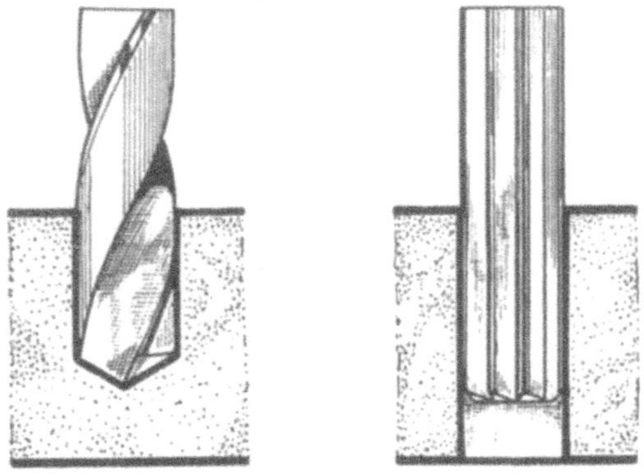

Vorbohren
auf 0,2 mm Untermaß

Fertigreiben
auf Vollmaß

2. Bohrungen aus dem Vollen über 12 mm Ø

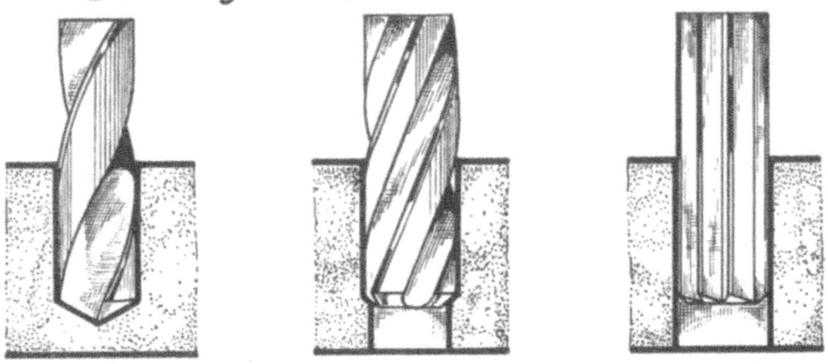

Vorbohren
auf 2 mm Untermaß

Senken
bis 30 mm Ø auf 0,3 mm Untermaß
über 30 mm Ø auf 0,4 mm Untermaß

Fertigreiben
auf Vollmaß

3. Bohrungen, die vorgebohrt, vorgegossen oder vorgepreßt sind.

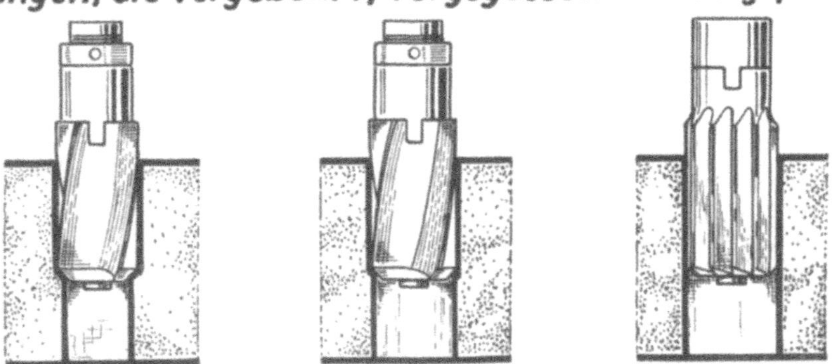

Vorsenken
(Schruppen)
auf 2 mm Untermaß

Nachsenken
(Schlichten)
bis 30 mm Ø auf 0,3 mm Untermaß
über 30 mm Ø auf 0,4 mm Untermaß

Fertigreiben
auf Vollmaß

Raboma-Maschinenfabrik Hermann Schoening Berlin-Borsigwalde

RABOMA

Herstellung lehrenhaltiger Bohrungen
z. B. nach **Isa** H7 (DIN Fein Bohrung)
Ohne Bohrvorrichtg. • Enge Toleranzen.

Tafel 262

Toleranzen:
Stichentfernung ± 0,02 mm
Rechtwinkligkeit einer Lochachse ± 0,02 mm } am 300 mm langen Dorn gemessen.
Parallelität zweier Lochachsen zueinander ± 0,02 mm }

4. Bohrungen aus dem Vollen

mit Bohrstange und einseitig schneidendem Bohrstahl.

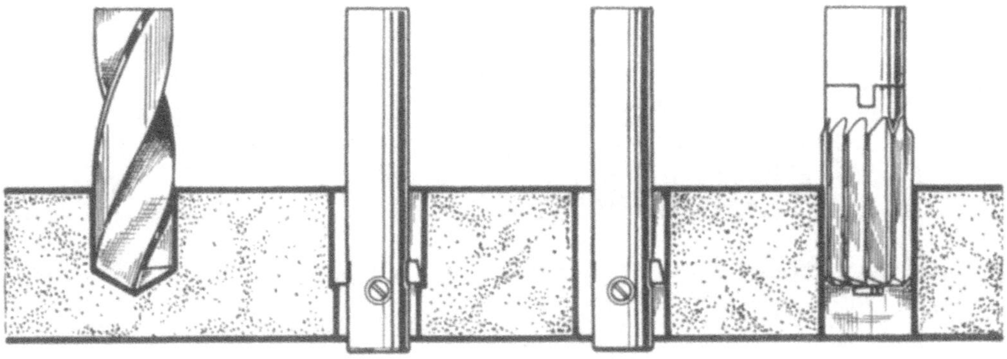

Vorbohren	**Ausbohren**	**Ausbohren**	**Reiben**
bis 25 mm Φ auf 2 mm Untermaß über 25 mm Φ auf 3 mm Untermaß	(Schruppen) auf 0,5 mm Untermaß	(Schlichten) auf 0,1 mm Untermaß	auf Fertigmaß

5. Bohrungen, die vorgebohrt, vorgegossen od. vorgepreßt sind.

mit Bohrstange und einseitig schneidendem Bohrstahl.

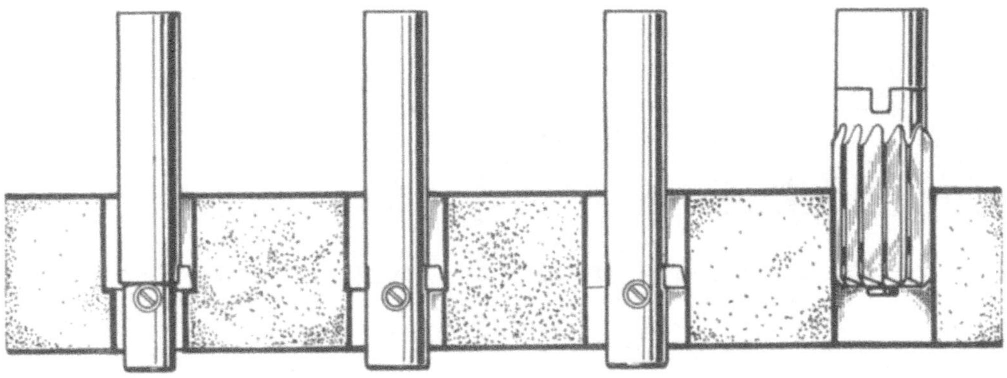

Ausbohren	**Ausbohren**	**Ausbohren**	**Reiben**
(Schruppen) auf 2 mm Untermaß	(Schruppen) auf 0,5 mm Untermaß	(Schlichten) auf 0,1 mm Untermaß	auf Fertigmaß

Die Bohrspindel wird, ausgehend von einer Bohrung oder einer Bezugskante, mit Lehrdorn und Endmaßen auf das zu bohrende Loch eingestellt. Mit Hilfe eines Kreuztisches aber läßt sich auch das Werkstück zur Bohrspindel einstellen. Der Schlag des Dornes in der Bohrspindel muß ausgemittelt werden. Die Achsenstellung der fertigen Bohrung entspricht derjenigen der Bohrspindel

Raboma-Maschinenfabrik Hermann Schoening **Berlin-Borsigwalde**

RABOMA	**Herstellung lehrenhaltiger Bohrungen** z. B. **nach Isa** H7 (DIN Fein-Bohrung) **Mit Bohrvorrichtg. • Enge Toleranzen**	Tafel 263

Toleranzen: Stichentfernung ± 0,02 mm
Rechtwinkligkeit einer Lochachse ± 0,02 mm } am 300 mm langen Dorn gemessen
Parallelität zweier Lochachsen zueinander ± 0,02 mm }

6. Bohrungen aus dem Vollen

Mit Senker

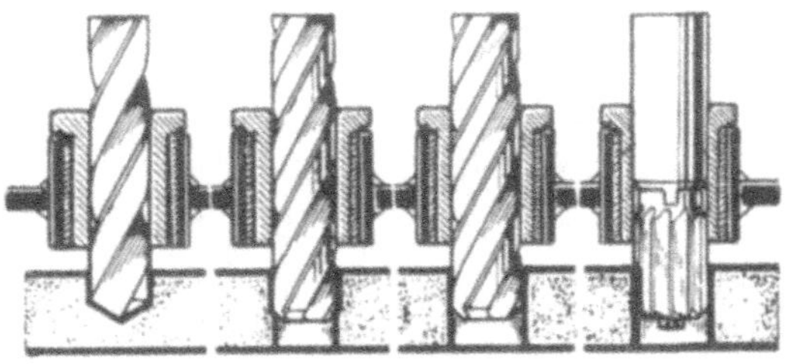

Bohren auf 4 mm Untermaß — **Vorsenken** (Schruppen) auf 2 mm Untermaß — **Nachsenken** (Schlichten) auf 0,3 mm Untermaß — **Reiben** auf Vollmaß

Zweckmäßig werden erst sämtliche Löcher einer Seite des Werkstückes geschruppt und nachdem geschlichtet.

Mit Bohrstange
und doppelseitig schneidendem Bohrstahl

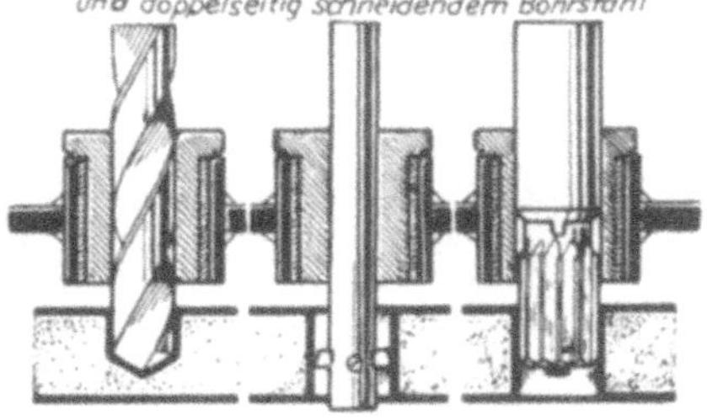

Bohren auf 2 mm Untermaß — **Ausbohren** auf 0,3 mm Untermaß — **Reiben** auf Vollmaß

7. Bohrungen, die vorgebohrt, vorgegossen od. vorgepreßt sind.

Mit Senker

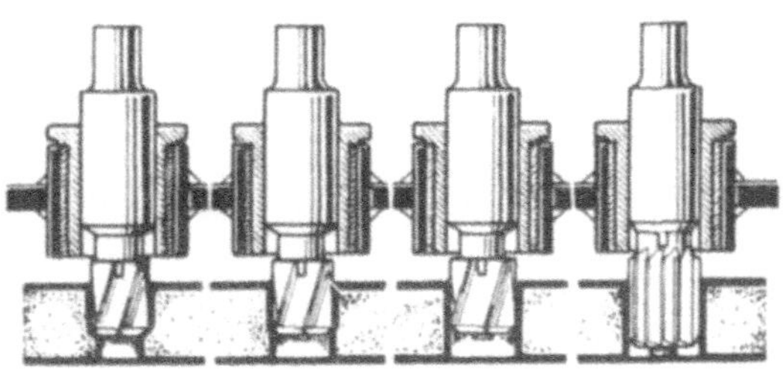

Vorsenken auf 4 mm Untermaß — **Vorsenken** (Schruppen) auf 2 mm Untermaß — **Nachsenken** (Schlichten) auf 0,3 mm Untermaß — **Reiben** auf Vollmaß

Zweckmäßig werden erst sämtliche Löcher einer Seite des Werkstückes geschruppt und nachdem geschlichtet.

Mit Bohrstange
und doppelseitig schneidendem Bohrstahl

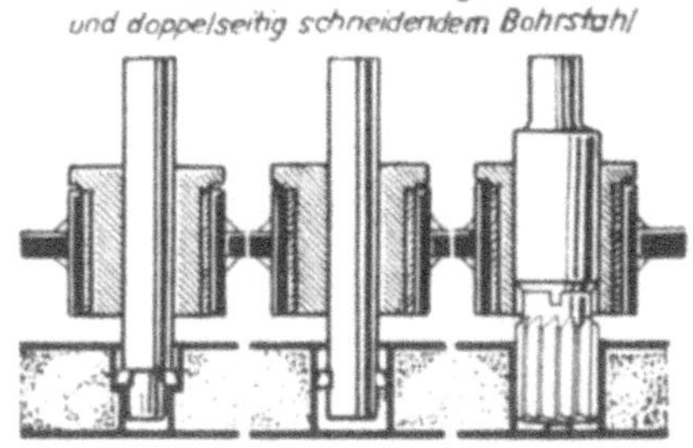

Ausbohren (Schruppen) auf 2 mm Untermaß — **Ausbohren** (Schlichten) auf 0,3 mm Untermaß — **Reiben** auf Vollmaß

Bei Stahl als Werkstoff muß die Bohrung vor dem Fertigreiben vorgerieben werden.

Raboma-Maschinenfabrik Hermann Schoening **Berlin-Borsigwalde**

DIE VERWENDUNG VON SPIRALBOHRERN MIT HARTMETALLSCHNEIDEN

Das Arbeitsgebiet der Hartmetallbohrer • Die Arbeitsbedingungen Schnittgeschwindigkeit, Vorschub und Kühlung • Die Werkzeugbefestigung

Bohrer mit Hartmetallschneiden und Schnellstahlbohrer haben beide ihre getrennten Arbeitsgebiete. Wo sich Schnellstahlbohrer richtig ausnutzen lassen, sind wesentlich höhere Leistungen mit Hartmetallbohrern nicht zu erzielen. Hartmetall läßt hohe Schnittgeschwindigkeiten zu, nicht aber hohe Vorschübe. Schlechter Schnitt infolge Abstumpfens der Schneiden darf deshalb nicht durch eine Vorschuberhöhung ausgeglichen werden.

Was also auf der einen Seite durch erhöhte Schnittgeschwindigkeit gegenüber Schnellstahlbohrern gewonnen wird, geht auf der anderen durch Verringerung des Vorschubes verloren.

Das unumstrittene Gebiet des Hartmetallbohrers beginnt dort, wo der Schnellstahlbohrer versagt:

1. wenn sich ein Werkstoff mit Schnellstahl überhaupt nicht bohren läßt (z. B. Mangan-Hartstahl, nichtrostender Stahl).
   In diesem Falle muß man sich damit begnügen, ein Loch bohren zu können, so gut es eben die Umstände gestatten; die Zeit darf dabei keine Rolle spielen.
2. wenn bei harten Werkstoffen, die sich mit Schnellstahlbohrern eben noch bearbeiten lassen (Kokillenhartguß, Isolierstoffe, Gestein) die Schnitthaltigkeit dieser Werkzeuge zu gering ist.

Ein weiterer Fall für die zweckmäßige Verwendung von Widiabohrern kann noch dann gegeben sein,

3. wenn sich bei verhältnismäßig kleinem Bohrdurchmesser der Bohrmotor nicht voll ausnutzen läßt, weil Schnellstahlbohrer eine gewisse Schnittgeschwindigkeitsgrenze nach oben nicht überschreiten dürfen und auch der Vorschub gegenüber Hartmetallbohrern nicht höher gewählt werden kann.

Mit Hartmetallbohrern wäre also in diesem Fall durch Erhöhung der Schnittgeschwindigkeit bei den gleichen kleinen Vorschüben ein Zeitgewinn zu erzielen, sinngemäß auch beim Bohren von Bronze, Kupfer, Messing usw.

Für das Bearbeiten der gewöhnlichen, unlegierten Stähle kommen Hartmetallbohrer einstweilen kaum in Betracht wegen der Gefahr des Einhakens, das immer zum Bruch der Schneide und damit meist zum Verlust des ganzen Bohrers führt, da dieser der Länge nach aufreißt.

Bohrmaschinen, bei denen Werkzeuge mit Hartmetallschneiden verwendet werden sollen, müssen steif sein und schwingungsfrei arbeiten. Das sind aber Forderungen, die für jede Werkzeugmaschine gelten, nicht nur für die Bohrmaschine. Notwendig ist das Vorhandensein von Feinvorschüben, beginnend etwa mit 0,05 mm für eine Umdrehung, da gleichmäßiger mechanischer Vorschub für ein gutes Arbeiten Bedingung ist. Handvorschub ist wenig geeignet, weil er nicht gleichmäßig betrieben werden kann und somit die Gefahr einer unbeabsichtigten Überlastung der Schneiden besteht.

Die Drehzahlen neuzeitlicher Radialbohrmaschinen reichen in der Regel für die zweckmäßigen hohen Schnittgeschwindigkeiten aus, denn es ist zu beachten, daß beim Bohren — des behinderten Span-

und Wärmeabflusses wegen — die Schnittgeschwindigkeiten nicht so groß sein dürfen wie z. B. beim Drehen oder Fräsen, wo die Werkzeugschneide für die Kühlung vollkommen frei zugänglich ist.

Die übliche Art des Einsteckens eines Bohrers in die Spindel, wobei der Bohrer durch Aufstoßen seiner Spitze auf eine Unterlage fest in den Bohrspindelkegel eingepreßt wird, führt bei Hartmetallbohrern unweigerlich zur Zerstörung der Querschneide. Der Werkzeugwechsel und auch das Heranführen der Werkzeugspitze an das Werkstück müssen also sehr vorsichtig geschehen.

Gute Gebrauchswerte für Schnittgeschwindigkeiten, Spindeldrehzahlen, Vorschübe und Kühlung gibt die nachstehende Tafel.

Werkstoff:	Schnitt-Geschw. m/min.	Bohrspindeldrehzahlen und Vorschübe bei einem Bohrerdurchmesser in mm							Kühlung
			10	12,5	16	20	25	31,5	
Gußeisen bis 200 Brinell .	71	Uml./min.	2240	1800	1400	1120	900	710	Trocken oder gekühlt mit Bohrölemulsion
		S/Uml.	0,11	0,12	0,14	0,16	0,18	0,20	
Gußeisen über 200 Brinell	56	Uml./min.	1800	1400	1120	900	710	560	Trocken oder gekühlt mit Bohrölemulsion
		S/Uml.	0,09	0,10	0,11	0,12	0,14	0,16	
Manganhartstahl 12 v. H.	7,1	Uml./min.	224	180	140	112	90	71	Trocken
		S/Uml.	0,028	0,032	0,035	0,040	0,045	0,050	
Kokillenhartguß	5,6	Uml./min.	180	140	112	90	71	56	Bohrölemulsion
		S/Uml.	0,040	0,045	0,050	0,056	0,063	0,071	

Spiralbohrer mit Hartmetallschneide arbeiten mit hoher Schnittgeschwindigkeit, aber mit niedrigem Vorschub und sind empfindlich gegen stoßweise Beanspruchung. Ihr Arbeitsgebiet beginnt vornehmlich dort, wo Schnellstahlbohrer versagen, also bei sehr harten Werkstoffen.

Arbeitsbedingungen beim Bohren mit Hartmetallbohrern.

Trotzdem die Werte für die Bohrspindeldrehzahlen und die Vorschübe sehr vorsichtig gewählt sind, können sie doch nur wie alle derartigen Angaben für durchschnittliche Verhältnisse Gültigkeit haben, vor allem also nur für Löcher der üblichen Tiefe und bei guter Spanabfuhr.

In schwierigen Fällen oder in der Reihenherstellung müssen die Bestwerte durch Versuche ermittelt oder im Einvernehmen mit den Werkzeuglieferern festgelegt werden.

ABSCHNITT 30

BOHRTISCHE UND WERKSTÜCKTRÄGER

Würfeltische • Schrägstellbare Winkeltische • Drehplatten oder Rundtische
Universaltische • Sondertische

Als Träger für die Werkstücke beim Bohren werden Tische in verschiedenen Ausführungen gebraucht. Im allgemeinen Maschinenbau sind sie kastenförmig mit oberer und seitlicher Spannfläche, während in einer Reihe von Sondergebieten nur den Arbeitsstücken angepaßte Unterlagen oder ähnliches nötig sind.

Würfeltische mit rechteckigen Spannflächen sind die gebräuchlichsten Werkstückträger (Tafel 300/1). Ihre Größe richtet sich nach der Maschine und entspricht damit im allgemeinen auch den Werkstücken, die gebohrt werden sollen. Infolgedessen werden den Maschinenbau-Radialen Tische von bestimmter Größe als Normalausführung zugeordnet. Sie sind mit einer ringsumlaufenden Wasserrinne versehen, von der aus im Bedarfsfall das Kühlwasser durch einen Gummischlauch nach der Sammelrinne der Grundplatte abgeleitet werden kann. Die aus dem Vollen gefrästen Spannuten der Raboma-Tische entsprechen der DIN 650.

Zum Bohren schräger Löcher dienen **schrägstellbare Winkeltische** mit oberer und seitlicher rechteckiger Spannfläche (Tafel 300/2 u. 4). Die Tischoberteile lassen sich mit Hilfe eines Schneckengetriebes (Tafel 300/2) — bei den großen Tischen außerdem unter Zwischenschaltung eines Stirnradvorgeleges (Tafel 300/4) — durch eine Kurbel in eine beliebige Neigung zwischen 0° und 90° verstellen. Die Teilungsgenauigkeit ist etwa $\pm 1/4°$, wobei 1° einem gegenseitigen Abstand der Teilstriche von 4 bis 8 mm, abhängig von der Größe des Tisches, entspricht. Die Getriebeteile sind eingekapselt und gegen das Einfallen von Spänen geschützt. Beim Bohren müssen Werkstücke, die beim Schrägstellen ein großes Übergewicht bekommen, durch untergestellte Schraubböcke oder durch Unterkeilen auf der Grundplatte abgestützt werden.

Bild 301: Universaltisch zum Bohren eines Düsenkopfes

Auf die schrägstellbaren Winkeltische können **Drehplatten** oder **Rundtische** aufgesetzt werden, um die Werkstücke auch noch in einer zweiten Ebene schwenken zu können (Tafel 300/3 u. 5). Die Drehplatten mit kleineren Abmessungen werden in der Regel frei von Hand (Tafel 300/3), die größeren Rundtische mit Hilfe eines Schneckengetriebes gedreht (Tafel 300/5). Die

Drehplatten und Rundtische tragen an ihrem Umfang eine Skaleneinteilung von 360° mit einer Teilungsgenauigkeit von ebenfalls etwa $\pm 1/4°$, wobei 1° einem gegenseitigen Abstand der Teilstriche von 6—12 mm (je nach Größe) entspricht.
Schrägstellbare Winkeltische mit aufgebauten Drehplatten oder Drehtischen werden als **„Universaltische“** bezeichnet. Mit ihnen lassen sich Löcher in jeder bis zu 90° gegen die Senkrechte geneigten Ebene bohren (Bild 301).

Sondertische

Aus der Reihe der in Sondergebieten benötigten Werkstückträger seien nur einige herausgegriffen, um an ihnen das Grundsätzliche zu zeigen.

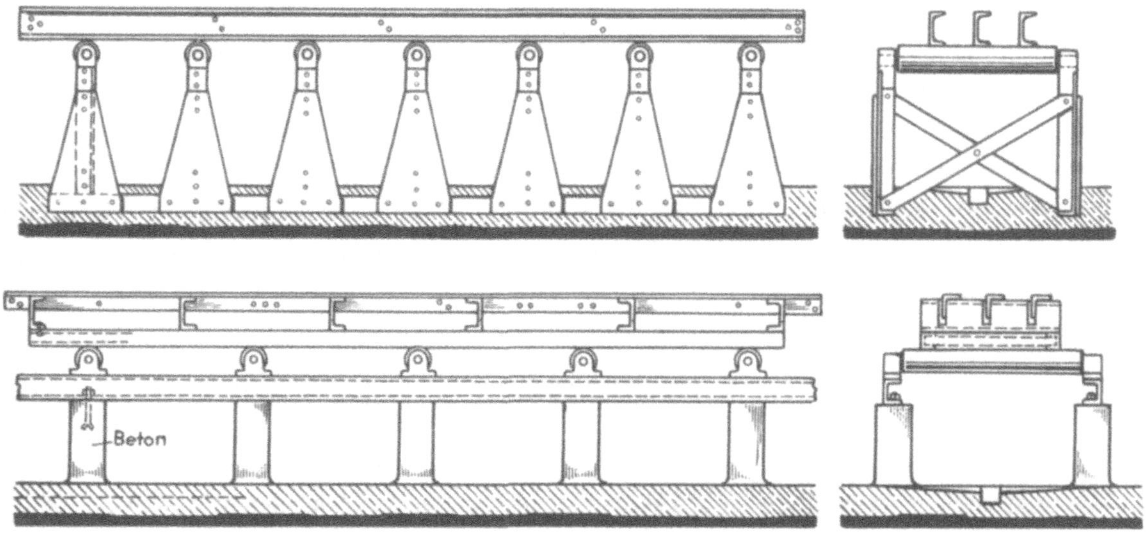

Bild 302: Rollenunterlage zum Bohren von Profileisen

Im **Eisenbau** sind **Rollenböcke** (Bild 302) oder aus Winkeleisen zusammengebaute **Vorlagen** (Bild 303) im Gebrauch. Die Werkstücke (Profileisen, Träger) müssen aber so unterstützt werden, daß sie sich beim Bohren nicht durchbiegen; andernfalls hakt der Bohrer beim Durchtritt durch das Werkstück ein und bricht ab. Besonders gefährlich sind in dieser Hinsicht auf Gleisen laufende Wagen, zumal die Gleisbettung meist sehr mangelhaft und nachgiebig ist, und

Bild 303: Bohrvorlagen in einer Eisenkonstruktionswerkstätte

Bild 304: Bohrtisch im Schiffbau

die Wagen selbst wegen der ungleichmäßigen Auflage der Räder und wegen des unvermeidlichen Lagerspieles nicht richtig festgebremst werden können. Durch einen nicht einwandfrei angeschliffenen Bohrer kommt das ganze System ins Schwingen, und wenn dann noch gar mit zwei Maschinen am gleichen Werkstück oder mit zwei am gleichen Ständer befestigten Maschinen gebohrt wird, so ist ein häufiger Bohrerbruch die regelmäßige Folge. Es ist deshalb in solchen Fällen notwendig, alle derartigen Werkstückträger sorgfältig gegen Schwingen zu sichern.

Im **Schiffbau** ist man aus diesen Gründen von den früher fast ausschließlich gebrauchten Wagen abgekommen und zieht feste, aus kräftigen U-Eisen gebaute Tische vor (Bild 304), auf denen die zu Paketen gestapelten Platten ruhen. Da die einzelnen Platten des Paketes niemals ganz dicht zusammengespannt werden können, federn sie beim Bohren, und das Bohrwerkzeug muß in Anbetracht der sehr erheblichen Bohrtiefen unter ungünstigen Bedingungen arbeiten. Es war also hier ein Gebot der Wirtschaftlichkeit, jede weitere Verschlechterung der Arbeitsbedingungen durch mangelhafte Werkstückträger unter allen Umständen zu verhüten.

Da nur allgemeine Gesichtspunkte maßgebend sein sollen, sind Sondereinrichtungen aus anderen Fertigungsgebieten, die sich in ihrer Form mehr oder weniger weit von den Tischen entfernen, außer Betracht gelassen.

RABOMA

Bohrtische

mit aus dem Vollen gefrästen Spann-Nuten

Tafel 300

Würfeltisch ①

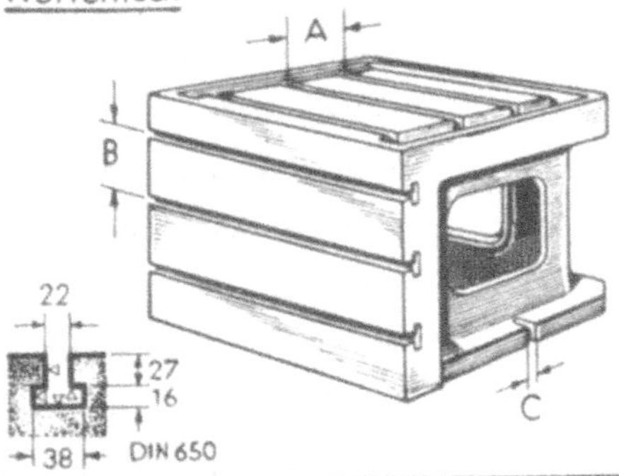

Aufspannfläche oben	Aufspannfläche seitl.	T-Nuten oben Anz.	T-Nuten oben A	T-Nuten seitlich Anz.	T-Nuten seitlich B	C	Höhe	Aufsp. Bolzen Ø	Gew kg
500×600	500×600	3	150	3	150	24	500	3/4"	
600×750	500×750	4	150	3	150	24	500	3/4"	
750×1000	500×1000	5	150	3	150	30	500	3/4"	
1000×1000	500×1000	6	170	3	170	30	500	3/4"	

Schrägstellbarer Winkeltisch ②

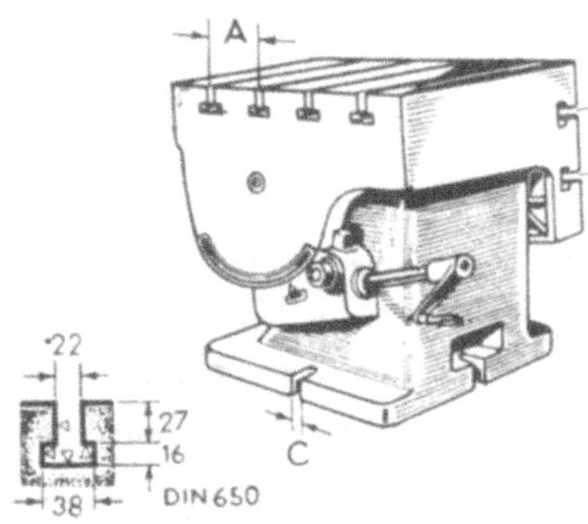

Aufspannfläche oben	Aufspannfläche seitl	T-Nuten Anzahl oben	T-Nuten Anzahl seitl.	T-Nuten A	C	Höhe	Aufsp. Bolzen Ø	Gew kg
500×600	300×600	4	2	150	24	500	3/4"	

Schrägstellbarer Winkeltisch mit Drehplatte ③

(Universaltisch)

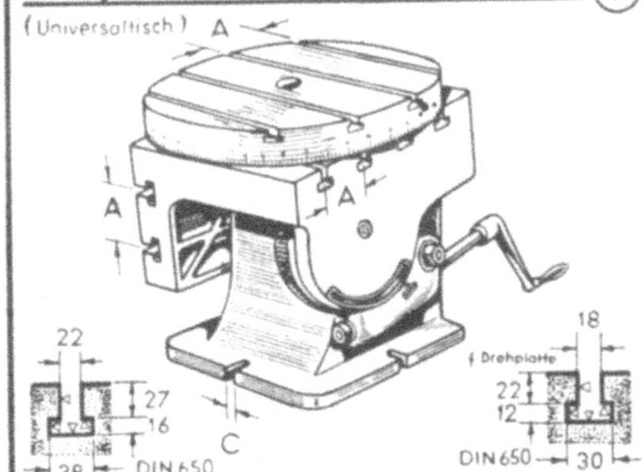

Rund-Tisch Ø	Aufspannfläche oben	Aufspannfläche seitl	T-Nuten Anzahl oben	T-Nuten Anzahl seitl.	T-Nuten A	C	Höhe	Aufsp. Bolzen Ø	Gew kg
600	500×600	300×600	4	2	150	24	580	3/4"	

Schrägstellbarer Winkeltisch ④

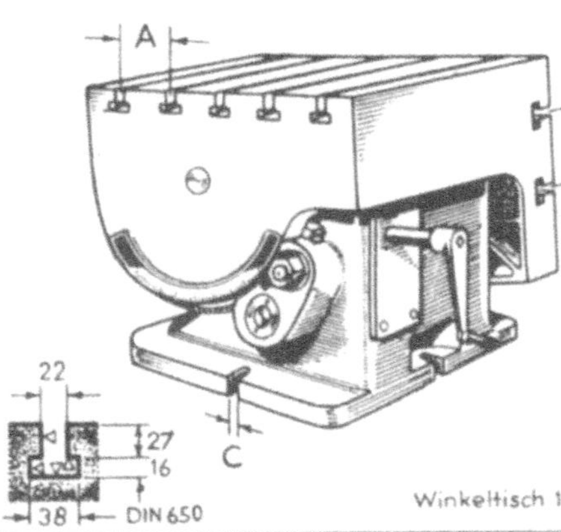

Schrägstellbarer Winkeltisch mit Drehtisch ⑤

(Universaltisch)

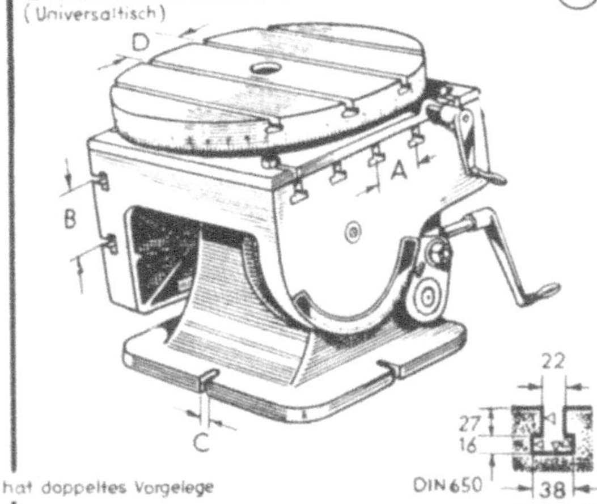

Winkeltisch 1000×1000 hat doppeltes Vorgelege

Aufspannfläche oben	Aufspannfläche seitl	T-Nuten Anzahl oben	T-Nuten Anzahl seitl.	T-Nuten A	T-Nuten B	C	Höhe	Aufsp. Bolzen Ø	Gew kg
600×750	400×750	5	2	150	150	24	500	3/4"	
1000×1000	650×1000	5	4	190	158	30	750	3/4"	

Dreh-Tisch Ø	Aufspannfläche oben	Aufspannfläche seitl	T-Nuten Anzahl oben	T-Nuten Anzahl seitl.	T-Nuten A	T-Nuten B	C	D	Höhe	Aufsp. Bolzen Ø	Gew kg
750	600×750	400×750	5	2	150	150	24	150	660	3/4"	
1200	1000×1000	650×1000	5	4	190	158	30	[illegible]	950	3/4"	

Raboma-Maschinenfabrik — **Hermann Schoening** — **Berlin-Borsigwalde**

ABSCHNITT 31

SONDERGRUNDPLATTEN (SPANNPLATTEN)

Pausenloses Bohren

Doppelgrundplatten • Platten in Winkel-, T- und Kreuzform

Gruben neben den Grundplatten

Die Nebenzeiten, in denen kein unmittelbares Fortschreiten in der Bearbeitung des Werkstückes entsteht, sind bei Radialbohrmaschinen in der Regel sehr erheblich. Allein schon das Aufspannen und Ausrichten großer, schwerer Werkstücke beansprucht sehr viel Zeit, so daß mindestens in der Großteilbearbeitung die Radialbohrmaschinen häufig sehr schlecht ausgenutzt sind. Die Spann- und Einrichtezeiten sind, wenn nur ein Arbeitsplatz vorhanden ist, höher als die Schnittzeiten, während das umgekehrte Verhältnis wünschenswert wäre.

Es ist deshalb anzustreben, daß die Spannzeiten in die Schnittzeiten fallen, indem das neue Werkstück noch während der laufenden Bohrarbeit am alten Werkstück aufgespannt wird.

Dieses pausenlose Bohren setzt voraus, daß außer dem üblichen Bohrtisch bzw. der Spannplatte, die zur Maschine gehören, noch andere Aufspannmöglichkeiten vorhanden sind. Vielfach genügt es schon, den Tisch neben die Maschine zu setzen, etwa auf zwei in den Boden eingelassene Spannleisten. Dadurch können kleine Werkstücke auf dem Tisch, größere auf der Grundplatte unabhängig voneinander bearbeitet werden.

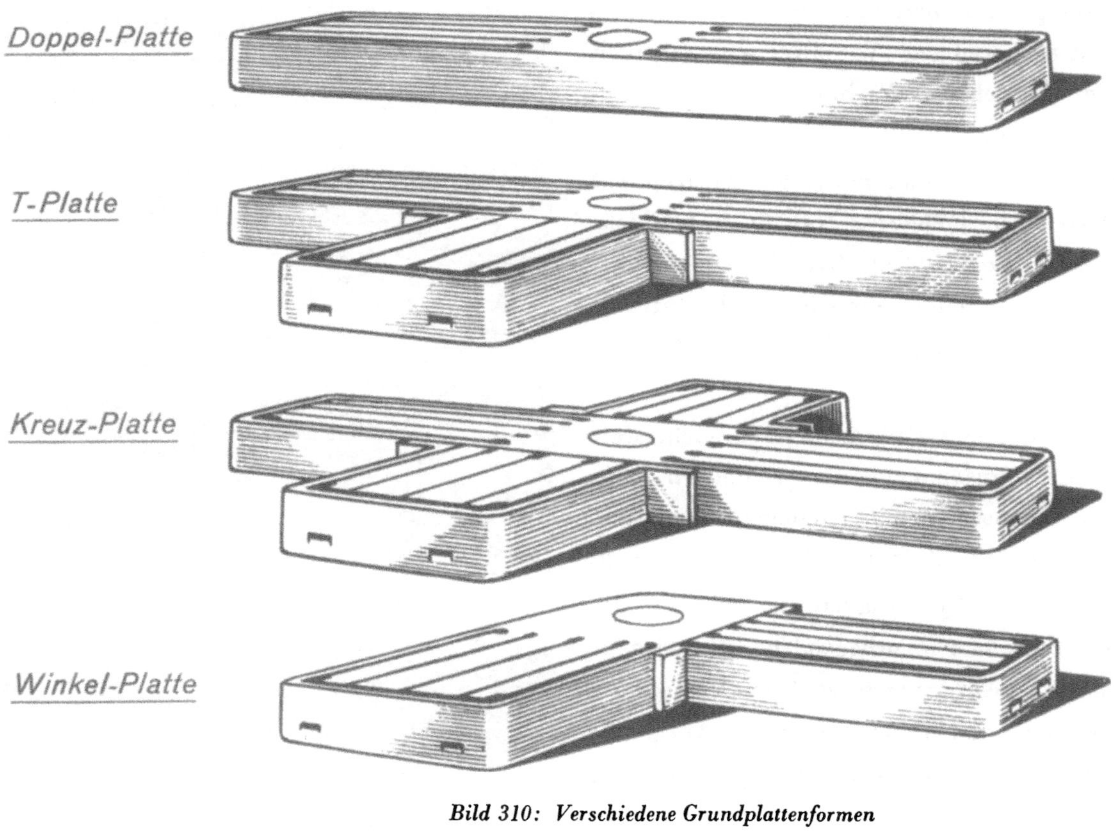

Bild 310: Verschiedene Grundplattenformen

Bild 311: Winkelgrundplatte mit sperrigem Werkstück

Eine bessere Arbeitsausbeute ist mit Doppelgrundplatten oder solchen in Winkel-, T- oder Kreuzform zu erreichen (Bild 310). Eine dieser Plattenformen ist immer dann am Platze, wenn in der Hauptsache sperrige Werkstücke gebohrt werden, die nicht auf dem Tisch, sondern auf der Grundplatte aufgespannt werden müssen. Große Werkstücke, für die die normale Grundplatte in der Größe nicht ausreicht, werden z. B. bei Winkelplatten über beide Platten gelegt (Bild 311).

Lange Werkstücke dagegen, in die stirnseitig Löcher zu bohren sind, stellt man in Gruben neben die Grundplatte. Eine Anordnung dieser Art zeigt das Bild 312 einer Maschine mit Doppelgrundplatte und einer solchen Grube.

Bisher war nur von allgemein gebräuchlichen und mit der Maschine eine Einheit bildenden Spannplatten die Rede. Besondere Umstände können jedoch Platten von ungewöhnlichen Abmessungen erforderlich machen; diese müssen dann den jeweiligen Verhältnissen angepaßt und im Betrieb des Verbrauchers selbst hergestellt werden.

Derartige Platten sind meist bei Anlagen mit auf Betten verschiebbaren Maschinen, beispielsweise zum Bohren der Grundplatten großer Diesel-Motoren oder ähnlicher Arbeitsstücke, nötig und werden unabhängig von der Maschine verlegt.

In manchen dieser Fälle genügt es auch, statt ganzer oder zusammengesetzter Platten nur einzelne Spannschienen in den Boden einzulassen, wie dies das Bild 128 (Seite 19) als Beispiel zeigt.

Angesichts der Vielfältigkeit der in den einzelnen Betrieben vorliegenden Verhältnisse mögen diese Anregungen genügen. Notwendig ist allerdings, daß die erforderlichen Aufspannmöglichkeiten schon bei der Fertigungsplanung vorgesehen werden.

Bild 312: Radiale mit Doppelgrundplatte und seitlicher Grube

ABSCHNITT 40

DIE RADIALBOHRMASCHINE ALS SENKRECHTBOHRWERK IM REIHENBAU

Die Vorteile des Senkrechtbohrens mit Vorrichtungen
Die besondere Eignung der Radialbohrmaschine für Bohrwerksarbeiten
Die Arbeitsgenauigkeit • Die Arbeitsweise • Die Bohrvorrichtungen
Die Werkzeugeinstellung • Arbeitszeitvergleich

Bohrwerksarbeiten lassen sich in der Reihenfertigung mit einer guten Radialbohrmaschine und mit Hilfe von Vorrichtungen in außerordentlich wirtschaftlicher Weise ausführen. Es ergeben sich dabei sehr niedrige Arbeitszeiten, und jeder gewünschte Grad von Genauigkeit ist erreichbar, ohne daß hochwertige Arbeitskräfte benötigt werden.

Die Vorteile des Senkrechtbohrens mit Vorrichtungen

Der Austauschbau erfordert die Anwendung von Bohrvorrichtungen auch in den Fällen, wo sich ihre Wirtschaftlichkeit rechnerisch nicht nachweisen läßt. Demnach ist es für die Radialbohrmaschine kein Nachteil, daß beim Bohren in der Reihenfertigung ebenfalls derartige Vorrichtungen nötig sind; sie bedingen auch keine vermehrte Festlegung von Geldmitteln. Zwar können sie beim Waagerechtbohrwerk vielfach nach Art der Bohrschablonen in der Form einfacher gehalten werden. Dieser Vorteil wird aber meist dadurch wieder aufgehoben, daß dann mehrere gebraucht werden, nämlich für die in der Längsrichtung und die senkrecht dazu liegenden Löcher. Für die kleineren Löcher (Schraubenlöcher, Gewinde-, Paßstift-, Schmierlöcher usw.) sind außerdem noch weitere Vorrichtungen nötig, weil sie zum Schluß doch mit der Radialbohrmaschine gebohrt werden müssen. Die Kosten für die Spann- bzw. Bohrvorrichtungen sind also, im ganzen genommen, keineswegs höher als beim Arbeiten mit dem Waagerechtbohrwerk. Es entfallen aber die Transportkosten für das Werkstück mit den üblichen Kranwartezeiten, ein Vorteil, der nicht zu unterschätzen ist. Sowieso geht man immer mehr dazu über, auch alle Befestigungslöcher schon bei der maschinellen Bearbeitung der Teile mitbohren zu lassen, um das Hin- und Zurückschicken innerhalb der Werkstatt zu vermeiden.

Die Bohrbüchsen der Vorrichtung geben nicht nur dem Werkzeug die richtige Achsenstellung, sondern sie halten auch einseitig abdrängende Kräfte von der Bohrspindel fern. Der kleinere Spindeldurchmesser der Radialbohrmaschine spielt somit im Vergleich zum Waagerechtbohrwerk keine Rolle, jedenfalls nicht bei den innerhalb des Leistungsbereiches der Radialbohrmaschine liegenden Bohrungen, von denen hier die Rede ist.

Auch die Späne lassen sich besser abführen, da sie nach unten durchfallen, also nicht an den Schneiden hängenbleiben und mit herumgerissen werden, woraus sich eine bessere Oberflächenbeschaffenheit der Lochwand ergibt.

Selbstverständlich ist wie überall, so auch beim senkrechten Bohren das richtige und sachgemäße Spannen des Werkstückes Vorbedingung für eine einwandfreie Arbeit. Im allgemeinen geht man von bearbeiteten Flächen aus. Wo solche nicht vorhanden sind, bildet die Drei-Punkt-Auflage einen in dieser Stellung festgelegt. Es ist also durchaus nicht nötig, von einer bearbeiteten Fläche auszugehen; das Werkstück kann nach Augen ausgerichtet werden, wenn z. B. die Bohrungen zentrisch in den angegossenen Augen sitzen müssen. Überdies haben Flächen, die zu bearbeiten sind, meist eine genügend große Bearbeitungsauflage, so daß durch diesen umgekehrten Weg der Bearbeitungsfolge (erst Bohren und dann Fräsen oder Hobeln) keine Schwierigkeiten auftreten. Die Gefahr des Verziehens beim nachträglichen Hobeln oder Fräsen richtig konstruierter und gut versteifter Teile ist nicht so groß, wie es auf den ersten Blick scheinen könnte. Zweckmäßig ist es allerdings, das Werkstück vorher wenigstens soweit anzureißen, daß ein einwandfreies, schnelles Ausrichten in der Vorrichtung erleichtert ist, besonders dann, wenn Bohrungen mit knapp bemessenen Wandstärken ausgemittet werden müssen.

Die früher häufig geäußerte Ansicht, daß Werkstücke nicht ohne zwingenden Grund in einer anderen Lage bearbeitet werden sollten, als sie der fertigen Maschine entspricht, daß also beispielsweise waagerecht liegende Spindelkästen möglichst ebenso gebohrt werden sollten, kann heute nicht mehr gelten. Durch entsprechende Formgebung und Versteifung sollte ohnehin jede schädliche Verbiegung oder Verwindung von vornherein verhindert sein.

Die besondere Eignung der Radialbohrmaschine für Bohrwerksarbeiten

Die großen Vorzüge der Radialbohrmaschine, die bei Bohrwerksarbeiten besonders zur Geltung kommen, sind ihre Beweglichkeit und Handlichkeit. Spielend leichte Einstellung erlaubt, das Werkzeug mühelos und in kürzester Zeit in die Bohrbüchse einzuführen, so daß Pendelfutter auch für Reibahlen vollkommen unnötig sind.

Voraussetzung ist allerdings, daß die verwendete Radiale diese Eigenschaften auch tatsächlich besitzt, also selbsthemmende Getriebe (z. B. Schnecke und Schneckenrad) in der Bohrschlittenverschiebung vermieden sind, die Festspanneinrichtungen die Lage des eingestellten Werkzeuges nicht ändern, und ferner auch der Ausleger sich leicht schwenken läßt. Dabei ist es gleichgültig, ob das schwere Schwenken eine Eigentümlichkeit der Maschine ist oder ob es künstlich herbeigeführt wird, um das Wandern des Werkzeuges beim Festspannen der Maschine zu verhindern. Alle diese Fehler würden ein Klemmen der Werkzeuge in der Führung verursachen und die Zwischenschaltung von Pendelfuttern zwischen Spindel und Werkzeug erfordern, worauf aber gerade verzichtet werden soll.

Der große Drehzahlbereich der Raboma-Radialen gestattet wirtschaftliches Bohren und Gewindeschneiden nicht nur großer, sondern auch der kleinsten Löcher. Die Vorschubreihe umfaßt sowohl Bohr- als auch Reibvorschübe, die nötig sind, weil die Güte eines geriebenen Loches wesentlich von der Gleichmäßigkeit des Vorschubes abhängt, die durch Handvorschub nicht zu erreichen ist. Außerdem sind noch besondere Feinvorschübe angeordnet für die Verwendung von Werkzeugen mit Hartmetallschneiden bzw. zum Feinbohren. Spindeldrehzahlen und Vorschübe sind bequem und schnell durch nur je einen Hebel zu schalten. Die gesamte Bedienung der Maschine bleibt auf den Bohrschlitten beschränkt, so daß der Arbeiter seine ganze Aufmerksamkeit dem arbeitenden Werkzeug zuwenden kann, ohne zur Bedienung der Maschine ständig seinen Platz wechseln zu müssen.

Die Neben- oder Griffzeiten der Raboma-Radialbohrmaschine sind sehr kurz. Das Einstellen der Bohrspindel auf ein zu bohrendes Loch erfordert, einschließlich aller dazugehörigen Griffe, wie Senkrechtbewegung der Spindel, gleichzeitiges Festklemmen von Bohrschlitten und Säule und Einschalten des mechanischen Vorschubes, im Höchstfalle 10 Sekunden, der Wechsel des Werkzeuges ebensoviel.

Dabei sind zur Bedienung nur angelernte, sogenannte Spezialarbeiter, also keine gelernten Facharbeiter nötig (s. Abschn. 73: Die Arbeitszeitermittlung).

Ein nicht zu unterschätzender Vorteil liegt auch in der Möglichkeit, den Ausleger wegzuschwenken, um die Grundplatte zum ungehinderten Beladen mit Werkstücken bzw. zum Wenden der Bohrvorrichtungen freizumachen oder um in Gruben stehende Werkstücke bearbeiten zu können. Mit Hilfe von zwei, drei oder vier Spannplatten (Gundplatten) ist der Bohrbetrieb pausenlos zu gestalten, wovon noch viel zu wenig Gebrauch gemacht wird (s. Abschn. 31: Sondergrundplatten).

Die Arbeitsgenauigkeit

Die erzielbare Genauigkeit bei der Herstellung von Bohrungen mit der Radialbohrmaschine unter Verwendung von Bohrvorrichtungen ist im Abschn. 14: „Die Arbeitsgenauigkeit der Radialbohrmaschine“ ausführlich dargelegt. Es sei nur wiederholt, daß die Abweichungen geriebener Bohrungen von der Kreiszylinderform innerhalb weniger tausendstel Millimeter bleiben, und daß die Lehrenhaltigkeit ohne Schwierigkeiten innerhalb der Toleranzen für Bohrungen nach Isa H 7 zu halten ist. Diese Genauigkeit reicht in allen Fällen aus.

Aber auch in der Mittenentfernung mehrerer Bohrungen sowie in ihrer Achsparallelität treten beim Bohren mit Vorrichtungen keine größeren Abweichungen auf, als etwa $\pm$ 0,02 mm, was ausreichend ist, weil sich die Toleranz der Achsparallelität auf 300 mm Meßlänge, die Länge der üblichen Meßdorne, also nicht auf die sehr viel kürzere Lochtiefe bezieht. Selbstverständlich spielen hierbei die angewandten Arbeitsverfahren bzw. die Werkzeuge eine ausschlaggebende Rolle (s. Abschn. 26: Die Herstellung von Bohrungen in Abhängigkeit von der verlangten Genauigkeit).

Die Arbeitsweise

Größere Bohrungen werden mit Senkern oder mit Bohrstangen und doppelseitig schneidenden Stählen vorgearbeitet und, sofern sie nicht unterbrochen sind, mit Reibahlen, sonst mit dem einseitig schneidenden Bohrstahl fertiggestellt. Welchem der beiden Werkzeuge, dem Senker oder der Bohrstange, der Vorzug zu geben ist, muß von Fall zu Fall entschieden werden.

Die Herstellung einer Paßbohrung erfordert mehrere Arbeitsgänge und demnach eine entsprechende Anzahl von Werkzeugen und Bohrbüchsen. Senker sind aber verhältnismäßig teuer, und so erscheinen in vielen Fällen die für eine solche Einrichtung aufzuwendenden Kosten sehr hoch. Im Abschn. 25: „Die Bohrstange mit doppelseitig schneidendem Stahl“ ist aber gezeigt, wie sich die Werkzeugkosten bei gleichzeitiger Erhöhung der Genauigkeit und Verkürzung der Arbeitszeiten wesentlich verringern lassen. Dort sind auch Richtlinien gegeben, in welchen Fällen eine Oberführung allein genügt, bzw. wo eine doppelte Führung nötig ist. Selbstverständlich hindert nichts, auch bei der Radialbohrmaschine mit doppelseitig geführten Werkzeugen zu arbeiten. Klemmung oder einseitige Führungsreibung, wie sie sonst die Regel sind, brauchen dabei nicht befürchtet zu werden. Das große Gewicht derartiger Bohrstangen erschwert jedoch bis zu einem gewissen Grad ihre Verwendung, sobald zum Heben Flaschenzüge oder ähnliches notwendig werden, weil damit ein größerer Zeitaufwand verbunden ist. Die Fälle, wo eine doppelte Führung nötig ist, sind seltener, als man gemeinhin annimmt. Ein solcher Fall ist im allgemeinen dann gegeben, wenn die Länge der herzustellenden Bohrung ein Vielfaches vom Durchmesser ist, wenn sie weit von der Bohrbüchsenführung abliegt oder wenn nur ihrer Herstellung wegen die Vorrichtung gewendet werden müßte. Sonst genügt eine einfache Oberführung vollkommen.

Aber auch beim Gebrauch von Senkern lassen sich die Werkzeugkosten dort verringern, wo nur eine Oberführung nötig ist. Sie hat für einen ganzen Satz von Senkwerkzeugen, einschließlich der Reibahlen, den gleichen Durchmesser, so daß also auch nur eine einzige Führungsbüchse erforderlich ist (Bild 403).

Bild 400: Doppelt geführte Bohrstange beim Bohren des Unterschlittens einer Fräsmaschine

Eine Vorrichtung mit doppelt geführter Bohrstange zum Bohren von drei weit voneinander entfernten Bohrungen im Unterschlitten einer Fräsmaschine zeigt Bild 400. Vom Werkstück sind nur die drei zu bohrenden Lagerstellen, die genau fluchten müssen, sichtbar. Die Bohrstange ist oben in der Vorrichtung selbst, unten in einer aufgesetzten Brücke geführt.

Auch die Spindelbohrung eines Bohrschlittens (Bild 401) wird mit einer doppelt geführten Bohrstange gebohrt und fertiggerieben. Die Werkzeuge für die übrigen Bohrungen, Einsenkungen und Abflächungen sind dagegen nur einseitig geführt. Das fertige Werkstück ist im Vordergrund sichtbar.

Ein weiteres Beispiel ist der Getriebekasten (Tafel 402). Es zeigt in Anwendung des im Abschnitt 25: „Die Bohrstange mit doppelseitig schneidendem Stahl“ Gesagten sowohl die Bohrvorrichtung als auch das Werkstück und die Bohrstangen.

Die Bohrvorrichtungen

Geschweißte Bohrvorrichtungen haben gegenüber solchen aus Gußeisen sehr erhebliche Vorzüge, auf die in diesem Zusammenhang nicht näher eingegangen zu werden braucht. Ein Bild von der Größe, bis zu der solche Vorrichtungen heute geschweißt werden, gibt das Beispiel einer Bohrvorrichtung für einen Bohrschlitten mit 10-PS-Antriebsmotor und einem Gewicht von 800 kg einschließlich Werkstück (Bild 404).

Bild 401: Einfädeln einer Bohrstange in die Vorrichtung mit einem Hebezeug

Bild 403: Bohrvorrichtung mit einseitig geführtem Werkzeug (Oberführung)

Die Sorge, daß sich geschweißte Vorrichtungen mit der Zeit verändern, ist gegenstandslos, sofern sie sachgemäß ausgeführt und ausgeglüht sind. Die laufend ausgeführten Nachprüfungen großer und seit Jahren dauernd in Betrieb befindlicher Vorrichtungen lassen keine nennenswerten Veränderungen erkennen.

Da die Werkstücke meist von mehreren Seiten gebohrt werden müssen, sind Einrichtungen zum Wenden der Vorrichtung nötig. Im Beispiel des Bildes 405 sind zu diesem Zweck auf der Schwerpunktsachse an zwei einander gegenüberliegenden Stellen Zapfen angebracht, um die sehr große Vorrichtung an Ketten hängen und schwenken zu können. Die Drehpunkte werden ermittelt, indem die Vorrichtung mitsamt dem eingespannten Werkstück in verschiedenen Lagen über eine Rolle gekippt wird. Durch entsprechende Ausbildung der Zapfen und der Kettenösen wird das Herausfallen der Vorrichtung aus der Aufhängung verhütet.

Müssen große Vorrichtungen mehrmals gewendet werden, weil die Bohrungen auf verschiedenen Seiten liegen, dann dürfen bei der Planung die notwendigen Kranwartezeiten nicht unbeachtet bleiben.

Um vom Kran unabhängig zu sein, werden deshalb die Vorrichtungen, soweit dies ihre Größe erlaubt, an eine der bekannten Dreh- oder Schwenkvorrichtungen angeflanscht oder in solchen gelagert, so daß sie sich bequem drehen lassen (Bild 406 u. 407). Diese Einrichtungen tragen zweifellos sehr zur Schonung der Bohrvorrichtungen und Grundplatten bei und helfen vor allem Zeit sparen. Auch das schädliche Ausblasen der Bohrlöcher mit Preßluft wird vermieden, da sich die Späne leicht auskippen lassen.

Damit sich schwere Werkstücke beim Wenden nicht verlagern, werden sie in zwei weit voneinander entfernten, vorab fertiggestellten Bohrungen abgestöpselt.

Bild 404: Große geschweißte Bohrvorrichtung

Die Werkzeugeinstellung

Das Werkzeug ist richtig eingestellt, wenn es bei stillstehender Spindel leicht und ohne Zwängen in der Bohrbüchse auf- und abgeschoben werden kann. Noch besser prüft man dadurch, daß die Bohrbüchse nach dem Einstellen und Festspannen der Maschine aus der Vorrichtung gezogen wird. Sie muß dann durch ihre eigene Schwere wieder in die Vorrichtung zurückfallen.

Arbeitszeitvergleich

Im folgenden seien die gebräuchlichen waagerechten Bohrweisen mit der senkrechten verglichen und die Arbeitszeiten einander gegenübergestellt.

Zwei Verfahren sind beim waagerechten Bohren in der Reihenfertigung üblich:

1. entweder wird jeder einzelne Arbeitsgang an allen Werkstücken nacheinander vorgenommen oder aber es wird

Bild 405: Wenden einer Bohrvorrichtung mit dem Kran

Bild 406: Schwenkvorrichtung mit angeflanschtem Bohrkasten

2. jedes Werkstück unter Verwendung von geschlossenen Bohrvorrichtungen in einer Aufspannung fertiggebohrt,

wobei verschiedene Abwandlungen nach der einen oder anderen Seite möglich sind. Eine dritte Möglichkeit, das Bohren in der einfachsten Weise ohne Vorrichtungen, sei für die Reihenfertigung unbeachtet gelassen, zumal dabei die Austauschbarkeit der Teile nicht erreicht wird.

Beim waagerechten Bohren in Einzeloperationen geht man in der Regel von einer bearbeiteten Fläche aus. Sie dient dazu, das Werkstück auf dem Tisch oder an Spannwinkeln bzw. Parallelstücken aufzuspannen, wobei es durch eine weitere bearbeitete, senkrecht dazu stehende Fläche eindeutig im Raum festgelegt wird. Die Spindel wird nun — mit oder ohne Zuhilfenahme von Schablonen — auf das erste Loch ausgerichtet und die Bohrung bis auf das Reiben fertiggestellt. Darnach wird das Arbeitsstück abgespannt und zum Erkalten beiseitegelegt. Dieser Vorgang wiederholt sich bei sämtlichen Werkstücken einer Reihe und für jedes einzelne Loch in der einen Achsenrichtung und genau so für die Löcher in der Querrichtung. Nach dem Erkalten werden die Löcher in derselben Weise schließlich fertiggerieben.

Die Zahl der dabei notwendigen Spannungen ist sehr erheblich. Jedesmal muß das Werkstück vom Boden aufgehoben und festgespannt, abgespannt und weggelegt werden, was nicht nur sehr viel Zeit, sondern auch ermüdende Muskelarbeit kostet bzw. den Kran in Anspruch nimmt, besonders wenn sich derselbe Vorgang auch noch für Löcher in der Querrichtung wiederholen muß. Dabei tritt an der Maschine eine außerordentlich störende Werkstückanhäufung auf, weil alle Gußstücke einer Reihe bei Beginn der Bohrarbeit vorhanden sein müssen.

Beim senkrechten Bohren dagegen wird immer nur je ein einziges Werkstück gebraucht, und es wird auch nur ein einziges Mal in die Hand genommen, festgespannt und nach Fertigstellung sämtlicher Bohrungen wieder weggelegt.

Um bei der Arbeit mit Senkern den Einfluß der Erwärmung auszuschalten, werden alle Bohrungen einer Seite bis auf das Reiben fertiggestellt und dann erst nacheinander gerieben, so daß dazwischen genügend Zeit zum Abfließen der Wärme bleibt. Dasselbe wiederholt sich nach dem Wenden der Vorrichtung mit den anderen Seiten. Diese Vorsichtsmaßnahme ist nicht nötig, wenn Bohrstangen verwendet werden, weil dabei keine Erwärmung auftritt.

Der Arbeitszeitunterschied zwischen der senkrechten Bohrweise und der vorerwähnten waagerechten ist ganz beträchtlich. Die Arbeitszeiten sind beim Waagerechtbohren 2- bis 3 mal höher, wie der später folgende Vergleich zeigt. Hinzu kommt, daß die Löcher für Befestigungsschrauben in der Regel gleich in der Hauptvorrichtung mitgebohrt werden können, während beim waagerechten Bohren noch ein besonderer Arbeitsvorgang auf der Radialbohrmaschine unter Verwendung von Schablonen nötig ist.

Das Werkstück verläßt also beim senkrechten Bohren die Vorrichtung fix und fertig gebohrt — ein Umstand, der in der neuzeitlichen Fertigung größte Bedeutung hat, da diese auf fließenden, d. h. pausenlosen Durchgang der Arbeitsstücke durch die Werkstätten abgestellt ist. Daß eine ganze Reihe von Werkstücken — beispielsweise Vorschub- oder Spindelkästen — miteinander bearbeitet und auch miteinander gebaut werden, d. h. also, daß mit dem Zusammenbau der Maschine nicht eher begonnen wird, als bis sämtliche Teile der Reihe fertig bearbeitet sind, vereinbart sich nicht mit der Forderung des schnellen Durchflusses der Arbeitsstücke durch die Werkstatt. Die Einzelteile (Drehteile usw.) sollen zwar in geschlossener Reihe hergestellt, die großen Gußkörper jedoch erst dann gebohrt werden, wenn der Zusammenbau beginnt. Dies ist aber nur möglich, wenn jeder Kasten für sich und unabhängig von den anderen in kürzester Zeit bearbeitet wird, so daß in jeweils auf den Zusammenbau abgestimmten Zeitabständen ein fertig gebohrtes Werkstück verfügbar ist.

Selbstverständlich lassen sich die Werkstücke auch waagerecht mit Vorrichtungen in einer Aufspannung bohren, also in derselben Weise wie senkrecht, womit die geschilderten Vorteile der fließenden Fertigung ebenfalls erreicht werden. Aber auch dabei sind die Arbeitszeiten immer noch um die Hälfte größer als bei der senkrechten Bohrweise, weil beim waagerechten Bohren die Spindeleinstellung zeitraubend ist, wie folgende Zeiten beweisen:

Einstellen der Spindel nach Skala in 1 Richtung	1,00 Min.
Einstellen der Spindel nach Skala in 2 Richtungen	2,00 Min.
Einstellen der Spindel nach Lehrdorn und Lehrbuchse in 1 Richtung........	2,50 Min.
Einstellen der Spindel nach Lehrdorn und Lehrbuchse in 2 Richtungen......	4,50 Min.

Bei sonst gleichen Verhältnissen liegen also zugunsten der Radiale ganz erhebliche Unterschiede in den Nebenzeiten, die aber auch dann noch vorhanden sind, wenn beim waagerechten Bohren zur Einstellung zwischen Spindel und Werkzeug Kugelgelenke eingeschaltet werden.
Zum Beweis des Gesagten möge der Vergleich der Arbeitszeiten für ein Vorschubräder-Gehäuse (Tafel 408) dienen. Das Ergebnis ist:

waagerechtes Bohren in Einzeloperationen	9	Std. je Stück
waagerechtes Bohren mit Vorrichtung in einer Aufspannung	4,8	Std. je Stück
senkrechtes Bohren mit Vorrichtung in einer Aufspannung	3,12	Std. je Stück

Die senkrechte Bohrweise bringt also in diesem Fall gegenüber dem gebräuchlichsten waagerechten Bohren in Einzeloperationen eine Zeitersparnis von fast 65 v. H.

Bild 407: Schwenkbare Bohrvorrichtung

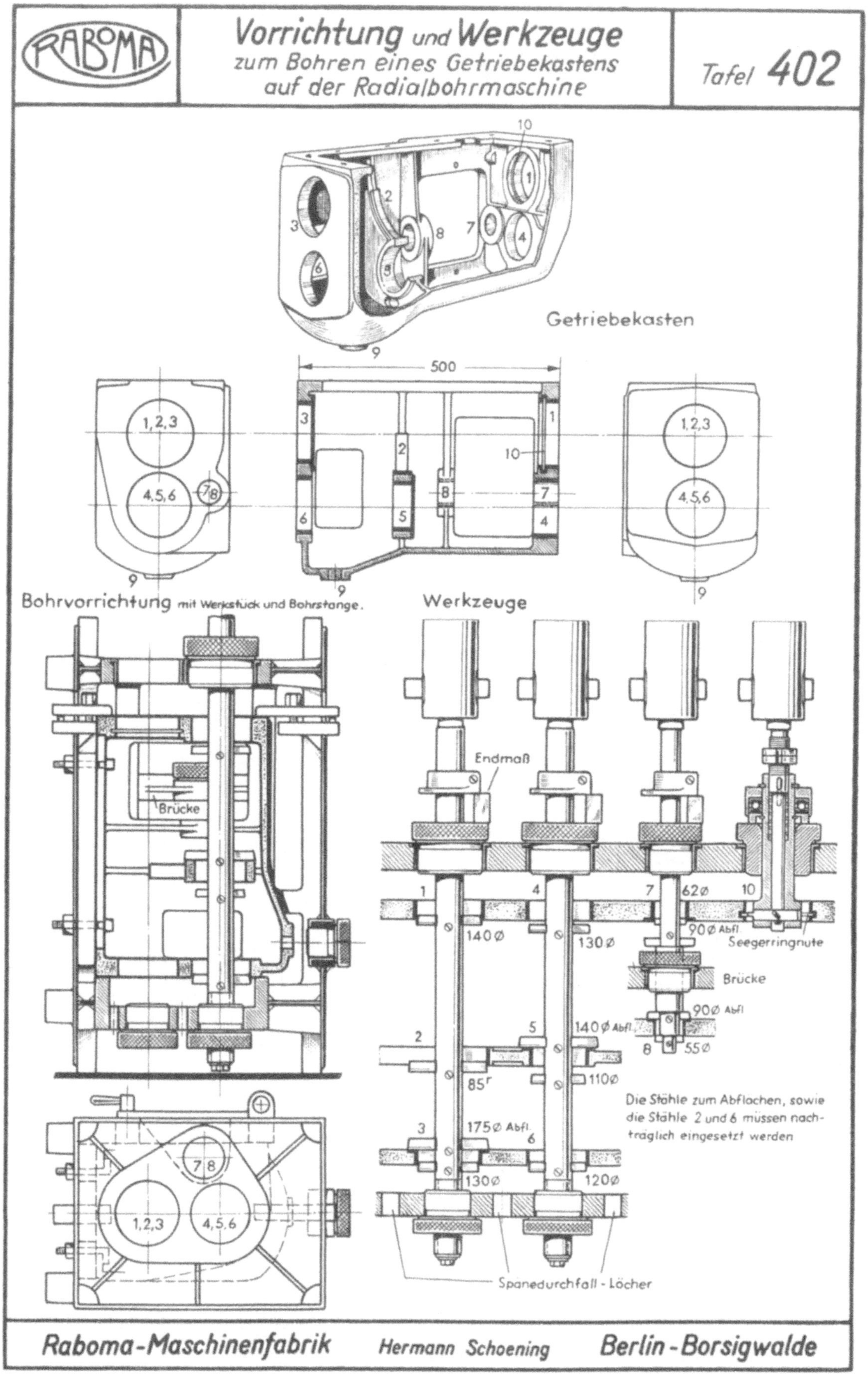
RABOMA
Vorrichtung und Werkzeuge
zum Bohren eines Getriebekastens
auf der Radialbohrmaschine
Tafel 402
Getriebekasten
500
1,2,3
4,5,6
7 8
9
10
Bohrvorrichtung mit Werkstück und Bohrstange.
Werkzeuge
Brücke
Endmaß
140 Ø
130 Ø
62 Ø
90 Ø Abfl.
Seegerringnute
90 Ø Abfl.
55 Ø
140 Ø Abfl.
85r
110 Ø
175 Ø Abfl.
130 Ø
120 Ø
Die Stähle zum Abflachen, sowie
die Stähle 2 und 6 müssen nachträglich eingesetzt werden
Spanedurchfall - Löcher
Raboma-Maschinenfabrik
Hermann Schoening
Berlin-Borsigwalde

Vorschubrädergehäuse

Tafel 408

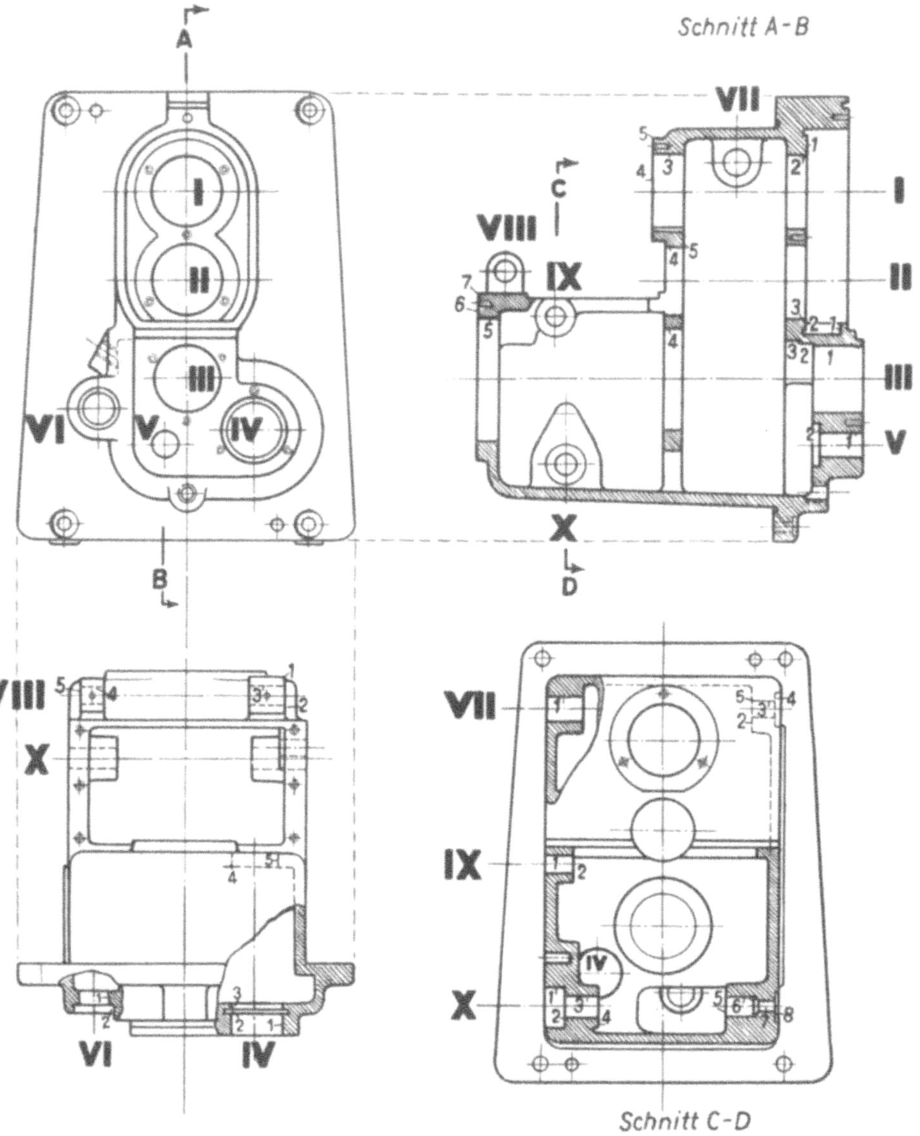

Operation	Achse	I	II	III	IV	V	VI	VII	VIII	IX	X
	1	102 ø	112 ø +0.5 38 lg +1	62 ø B 48 lg	62 ø B 42 lg	22 ø B 43 lg	30 ø +0.5 9 lg	28 ø B 40 lg	36 ø anfasen	18 ø B 28 lg	40 ø B 20 lg
	2	72 ø B 19 lg	112 ø Längstol -0.1	70 ø 17 lg +1	52 ø 62 ø L-tol -0.1	42 ø +0.5 5 lg -0.1	37 ø +0.5 6 lg +0.5	26 ø Längstol -0.1	36 ø Längstol -0.1	36 ø Längstol -0.5	40 ø Längstol -0.1
	3	72 ø B 30 lg	72 ø B 19 lg	80 ø 12 lg +1	52 ø +0.5 6 lg			15 ø B 30 lg	22 ø B 40 lg		24 ø B 31 lg
	4	100 ø Längstol -0.1	68 ø B 28 lg	100 ø B 20 lg	54 ø anfasen			32 ø +0.5 4 lg tol -0.1	15 ø B 25 lg		40 ø Längstol -0.1
	5	100 ø ±0.2 10 lg +1	70 ø anfasen	125 ø B 18 lg	52 ø B 20 lg			14 ø gerade senken	30 ø Längstol -0.1		22 ø
	6			164 ø Längstol -0.1							20 ø B 30 lg
	7			164 ø anfasen							10 ø 20 lg
	8										26 ø +0.5 Längstol -0.5

Raboma-Maschinenfabrik Hermann Schoening Berlin-Borsigwalde

DIE RADIALBOHRMASCHINE ALS ERSATZ FÜR STÄNDERBOHRMASCHINEN

Das Arbeitsgebiet der Ständer- und der Radialbohrmaschine im allgemeinen
Das unumstrittene Sondergebiet der Radialbohrmaschine
Die Vorteile der Radialbohrmaschine gegenüber Ständerbohrmaschinen
Das Sondergebiet der Ständerbohrmaschinen

Ständerbohrmaschinen mit ortsfester Spindel und Radialbohrmaschinen haben beide ihr unumstrittenes Arbeitsgebiet, in dem sie sich gegenseitig nicht ohne weiteres ersetzen können, ohne unwirtschaftlich zu sein.

Erschöpfend läßt sich die Frage, in welchen Fällen die Radialbohrmaschine der Ständerbohrmaschine überlegen ist, nur behandeln, wenn diese Arbeitsgebiete möglichst genau gegeneinander abgegrenzt und aus der Betrachtung herausgenommen werden. Um so leichter ist dann in strittigen Fällen durch Berücksichtigung der Arbeitseigentümlichkeiten beider Maschinen klar zu übersehen, wo der Vorteil bei der Radialbohrmaschine liegt.

Bild 410: Ständerbohrmaschine zum Vorbohren von Radnaben

Die Ständerbohrmaschinen haben eine ortsfeste Spindel, die sich nur senkrecht verschieben läßt, so daß die Werkstücke also zur Spindelmitte hin bewegt und nach ihr ausgerichtet werden müssen, während umgekehrt bei der Radialbohrmaschine die ortsbewegliche Spindel auf das festgespannte Werkstück eingestellt wird.

Für die Verwendung der Ständerbohrmaschinen ergibt sich daraus, daß Werkstücke mit unregelmäßig liegenden Löchern mitsamt den Bohrvorrichtungen weder umfangreich noch schwer sein dürfen, damit sie noch bequem von Hand verschoben werden können; die üblichen Kreuztische sind ihrer umständlichen und zeitraubenden Handhabung wegen nur für die Einzelherstellung geeignet. Die Lochdurchmesser an diesen kleinen, leichten Werkstücken sind in der Regel auch verhältnismäßig klein, so daß die dafür benötigten Maschinen im allgemeinen leichter Bauart sein können.

Für schwere Arbeitsstücke eignet sich die Ständerbohrmaschine nur dann, wenn ein öfteres Verschieben und Ausrichten des Arbeitsstückes nicht nötig ist, im einfachsten Fall also nur ein Loch gebohrt zu werden braucht (Bild 410). Die Maschine dient mithin einer bestimmten Arbeit und kann weiter zur sogenannten Einzweckmaschine ausgebildet werden, um beispielsweise in der Massenherstellung bestimmte Arbeiten in einem bestimmten Fluß zu verrichten.

Bild 411: Radialbohrmaschine beim Bohren eines schweren Stahlkörpers

Diese Einzweckmaschinen können unter Umständen sogar mit nur einer Drehzahl und einem Vorschub — durch Wechselräder dem vorliegenden Arbeitsgang angepaßt — ausgerüstet werden. Durch Rund-, Schwenk- oder Schiebetische mit mehreren Spannvorrichtungen lassen sie sich auch zum pausenlosen Bohren einrichten. Ferner können Mehrspindelbohrköpfe aufgesetzt werden, um mit mehreren Spindeln gleichzeitig zu bohren. Hierbei darf allerdings nicht übersehen werden, daß sich die Gesamtschnittleistung auf diese Weise nur in ganz seltenen Fällen erhöhen läßt, da die Summe der Schnittleistungen der einzelnen Spindeln nicht höher sein darf als die zulässige Leistung der Maschine. Es wird sich also in der Regel nur um kleine Löcher handeln können, die beim Einzelbohren eine volle Ausnutzung der Maschine nicht zulassen würden.

Schwere und sperrige Stücke mit unregelmäßig liegenden Löchern lassen sich dagegen unter der Ständerbohrmaschine kaum oder doch nur mühsam und unter großem Zeitaufwand in die richtige Lage zur Bohrspindel bringen. Hier ist das große, **unumstrittene Arbeitsgebiet der Radialbohrmaschine,** deren Spindel infolge der leichten Beweglichkeit des Bohrschlittens und des Auslegers schnell und mühelos auf das Werkstück eingestellt werden kann. Aus dieser klaren arbeitstechnischen Überlegung ergibt sich, daß die Radiale überall dort am Platze ist, wo sich die Spindel leichter auf das Werkstück einstellen als umgekehrt das Werkstück nach der Spindel ausrichten läßt.

Diese Feststellung wäre aber wertlos ohne Kenntnis der Grenzen innerhalb deren sie gültig ist. Wo diese liegen, läßt sich leicht an der Tatsache ermessen, daß selbst bei den schwersten Radialen für einen Bohrdurchmesser von 110 mm in Stahl ins Volle der Bohrschlitten infolge weitgehender Verwendung von Kugel- und Rollenlagern, stählernen Laufbahnen u. a. m. vollkommen mühelos am Ausleger verschiebbar ist, und daß zum Schwenken des Auslegers schon ein Fingerdruck genügt. Daraus folgt aber wiederum, daß sich die Radiale nicht nur zum Bohren schwerer (Bild 411), sondern auch leichter Arbeitsstücke vorzüglich eignet (Bild 412), zumal bei den kleineren Radialen mit geringeren Massengewichten das Einstellen der Bohrspindel noch mehr erleichtert ist. Dies drückt sich auch darin aus, daß für die Einstellzeit auf das Bohrloch nur einige Sekunden in Rechnung zu setzen sind.

Damit ist die Frage der Nebenzeiten angeschnitten. Sie werden bei der Auswahl des günstigsten Arbeitsganges und der zweckmäßigsten Bearbeitungsmaschinen leider zu wenig beachtet, sind aber in der Regel entscheidend. Die Nebenzeiten beanspruchen fast stets den weitaus größten Teil der Arbeitszeit, da die reinen Schnittzeiten durch die dauernde Leistungssteigerung der Werkzeuge, die Erhöhung der Bohrspindeldrehzahlen und der Motorenleistungen, verbunden mit Verbesserung der Steifheit der Maschinen, immer mehr verringert wurden. Der Zwang, sie zu verkürzen, ist der Grund für die unverkennbare Abkehr von der einfachen Ständerbohrmaschine bei schwereren Arbeiten.

Bei den Raboma-Radialbohrmaschinen ist, wie kaum bei einer anderen Werkzeugmaschine, der für die Bedienung erforderliche Zeitaufwand durch Schaffung entsprechender Einrichtungen planmäßig sehr stark herabgedrückt worden.

Bild 412: Radialbohrmaschinen in der Kleinteilfertigung

Neben der bereits erwähnten Einstellzeit, die das Festspannen aller beweglichen Teile (Bohrschlitten und Säule) einschließt, verdienen besondere Beachtung auch die Zeiten für die Auf- und Abbewegung des Auslegers und Bohrschlittens, mit denen sich diejenigen für die Ständerbohrmaschine mit ihren verstreut liegenden Spannstellen und mit dem zeitraubenden Hochkurbeln des Konsoltisches nicht vergleichen lassen.

Ganz besonders überlegen zeigt sich die Radiale überall dort, wo von der Möglichkeit, den Ausleger wegzuschwenken, Gebrauch gemacht werden kann. Dieser Vorteil tritt am deutlichsten in Erscheinung beim Wechsel der Werkzeuge, besonders solcher von größerer Länge, sowie in all den Fällen, wo die Grundplatte bzw. der Bohrtisch für das Auflegen eines Werkstückes mit dem Kran oder für das Wenden der Vorrichtung zugänglich gemacht werden muß.

Aber auch noch andere Gesichtspunkte sprechen für die Radialbohrmaschine: Manche Werkstücke benötigen zu ihrer Bearbeitung einen großen freien Durchgang zwischen Unterkante Bohrspindel und Spannplatte. Er ist bei der Radialbohrmaschine ohne weiteres vorhanden, und dieser Umstand kann sich schon beim Entwurf der Teile vorteilhaft auswirken, indem große Stücke in Rücksicht auf das Bohren nicht geteilt und nachher zusammengesetzt zu werden brauchen. Die damit verbundene Verbilligung durch Fortfall der sonst erforderlichen Paßflächen und Verbindungen ist unter Umständen sehr beachtlich.

Schließlich wirken sich beim Bohren mit der Radialbohrmaschine Änderungen an den Werkstücken in der Regel nicht so nachteilig aus wie im anderen Fall. Arbeiten, die mit der Ständerbohrmaschine verrichtet werden können, lassen sich ohne weiteres auf die Radiale übernehmen, nicht aber umgekehrt. Dieses Unbehindertsein ist beispielsweise dort von Vorteil, wo die für die Fertigung vorgesehenen Baumuster ihre endgültige Gestalt noch nicht erhalten haben bezw. andere Muster gebaut werden müssen als ursprünglich geplant war.

An diesen Erwägungen grundsätzlicher Art hat die starke Zunahme in der Verwendung von Leichtmetall als Werkstoff kaum etwas geändert. Zwar sind sperrige Stücke nun nicht mehr gleichzeitig auch noch schwer, doch ist das meist ziemlich beträchtliche Gewicht der Vorrichtungen, das ja immer mitbetrachtet werden muß, geblieben. Nur in der Reihenfertigung mit sehr großen Stückzahlen, wo mehrere Radialen für die gleichen Arbeitsgänge eingesetzt werden müßten, kann bei besonders geeigneten Stücken je eine der meist unregelmäßig über das Werkstück verteilten Bohrungen unter einer Ständerbohrmaschine hergestellt werden. Die fest auf der Maschine aufgeschraubten Vorrichtungen können in diesem Fall sehr einfach und zweckmäßig gestaltet werden, so daß die mehrfachen Spannzeiten nicht ins Gewicht fallen.

Hinsichtlich der Genauigkeit der geleisteten Arbeit ist die Radialbohrmaschine gegenüber der Ständerbohrmaschine nicht im Nachteil. Sie ist in ihren neuzeitlichen Ausführungen so steif, daß mit ihr jeder Genauigkeitsgrad erreicht werden kann. Die unvermeidliche, aber sehr geringe Aufbäumung tritt nur bei schweren Schruppschnitten in Erscheinung. Hohe Schnittleistung, verbunden mit größter Genauigkeit, erfordert aber sowieso eine Beschränkung nach der einen oder anderen Seite.

DIE RADIALBOHRMASCHINE IM VORRICHTUNGSBAU

Die Herstellung von Bohrlehren durch Rückübertragung der Lochmitten vom Werkstück
Das Meßringverfahren • Verwendung einer Hilfslehre
Das Bohren mit einstellbaren Bohrbüchsenträgern • Das Ausbohren (Ausschlagen) der Bohrbüchsenlöcher

Im Vorrichtungsbau gibt es viele Bohrarbeiten, die zwar genau sein müssen, zu deren Ausführung jedoch kein Lehrenbohrwerk, sondern lediglich eine gute Radialbohrmaschine nötig ist.

Zu diesen Arbeiten gehört vor allem die Herstellung von Bohrplatten und Bohrlehren für Schraubenlöcher, die heute schon allgemein bei der maschinellen Bearbeitung der Teile mitgebohrt werden, um das Hin- und Zurückschicken von Abteilung zu Abteilung zu vermeiden. An solche Bohrlehren werden nicht immer die höchsten Ansprüche gestellt, und sie werden auch meist nur einmal angefertigt, also nicht in mehrfacher Ausführung wie solche, mit denen die Austauschbarkeit von in verschiedenen Werken gefertigten Teilen sichergestellt werden soll. Diese einfachen Lehren lassen sich meist nach Anriß bohren.

Aber auch dort, wo es auf größere Genauigkeit ankommt, besteht die Möglichkeit, Bohrlehren mit einer guten Radialbohrmaschine auf verschiedene Art und nach verhältnismäßig einfachen Verfahren herzustellen.

Übertragung der Löcher von einem Probewerkstück (Tafel 420/1)

Die Lochmitten werden von einem fertiggebohrten Probewerkstück auf die vorbereitete Bohrplatte unter Zuhilfenahme von besonders geformten Körnerspitzen zurückübertragen, wie dies die Tafel schematisch zeigt. Der Arbeitsgang ist dabei folgender:

Die einzelnen Teile, wie Lagerböcke oder dergleichen, die später am Hauptkörper zu befestigen sind, werden mitsamt den Befestigungslöchern in vorweg hergestellten Vorrichtungen fertiggebohrt, ebenso der Hauptkörper selbst; dieser zunächst ohne Befestigungslöcher. Körper und Teile werden dann probeweise zusammengebaut und letztere vorläufig behelfsmäßig festgeklemmt. Durch genau in die Befestigungslöcher der Teile passende Körner werden dann die Lochmitten auf den Hauptkörper übertragen, um nunmehr die dem Gewindekerndurchmesser entsprechenden Löcher bohren zu können. Der abgebohrte Hauptkörper dient nun bei der Herstellung der Bohrplatte als Urlehre, indem in die Gewindekernlöcher kleine Körnerspitzen eingesteckt werden, so daß sich die Lochmitten durch leichten Schlag auf die untere Seite der darübergelegten und mit zwei Dornen abgestöpselten Bohrplatte übertragen lassen.

Im nächsten Arbeitsgang werden die so auf die Bohrplatte übertragenen Löcher mit einem etwas größeren Durchmesser vorgebohrt und zuletzt mit einem Zapfensenker auf den Bohrbüchsendurchmesser aufgesenkt, wozu man die Platte wieder mit Hilfe der beiden Dorne auf dem Hauptkörper abstöpselt. Der Zapfensenker ist dabei in den Gewindekernlöchern des Hauptkörpers geführt.

In manchen Fällen läßt sich dieses Verfahren noch dadurch vereinfachen, daß das Übertragen der Lochmitten vom Hauptkörper auf die Bohrplatten gespart wird. Da nämlich die Löcher in der Bohrplatte doch nicht sofort entsprechend dem Bohrbüchsendurchmesser gebohrt, sondern erst nachher aufgesenkt und gerieben werden, genügt es, sie nach den Zeichnungsmaßen anzureißen, auf einen mittelgroßen Durchmesser vorzubohren und in der eben beschriebenen Weise aufzusenken und zu reiben.

Das Meßringverfahren (Tafel 420/2)

An den Stellen der späteren Bohrungen werden in die Bohrlehre nach Anriß Gewindelöcher gebohrt zur Befestigung von zylindrischen Meßringen, deren Innendurchmesser etwas größer ist als der Schaft der Klemmschrauben. Diese Meßringe werden sodann durch Parallel-Endmaße genau ausgerichtet.

Zum Einstellen der Bohrspindel auf die Ringe nimmt man einen Lehrdorn, der vorn entsprechend dem Außendurchmesser der Meßringe hohl gebohrt ist und zum Ausmitten über die Ringe geschoben werden kann. Notwendig ist noch ein einstellbarer Bohrbüchsenträger, der auf der Bohrplatte oder auf dem Spanntisch festgeschraubt ist und ebenfalls mit dem Lehrdorn ausgerichtet wird. Er nimmt die zum anschließenden Aufbohren der Gewindelöcher erforderlichen Werkzeugführungsbüchsen auf. Die Bohrbüchsenträger können aber bei entsprechender Ausbildung auch ohne Lehrdorn direkt nach den Meßringen ausgerichtet werden.

Verwendung einer Hilfslehre (Tafel 420/3)

Bei einem anderen Verfahren wird eine Hilfslehre benötigt, auf der kleinere Bohrerführungsplatten mit entsprechenden fertigen Bohrungen aufgeschraubt und nach dem genauen Ausrichten durch Paßstifte festgelegt werden. Hilfslehre und Bohrplatte werden dann beide durch und durchgebohrt, wobei der Bohrer seine Führung in den aufgeschraubten Platten erhält, die deswegen genügend stark zu halten oder mit Bohrbüchsen zu versehen sind.

Zweckmäßig wählt man die Bohrungen von vornherein entsprechend dem künftigen Bohrbüchsendurchmesser (z. B. DIN 172, 173, 179, 180), so daß sie nachher nur noch fertiggerieben zu werden brauchen. Wo die Bohrungen zu dicht beieinander sitzen, so daß für die aufgesetzten Platten mit dem richtigen Bohrbüchsendurchmesser der Platz zu knapp ist, können vorerst kleinere Löcher vorgebohrt und später mit genau zentrisch geschliffenen Zapfensenkern auf den Bohrbüchsendurchmesser aufgesenkt werden. Vorsicht ist dabei allerdings geboten, damit bei diesem Aufsenken keine Abweichungen entstehen.

Auf den ersten Blick erscheint dieses Verfahren etwas umständlich und teuer, da eine Hilfslehre erforderlich ist. Es hat aber den Vorteil, daß sich nicht nur eine Mehrzahl von untereinander gleichen Bohrplatten oder Vorrichtungen anfertigen läßt, und zwar notfalls auch später noch, sondern daß zusammen mit der Bohrplatte im selben Arbeitsgang auch eine Abnahmelehre hergestellt werden kann.

Das Bohren mit einstellbaren Bohrbüchsenträgern (Tafel 420/4)

Häufig wird es auch möglich sein, dadurch zum Ziel zu kommen, daß Bohrbüchsenträger behelfsmäßig in der gewünschten Stellung auf der zu bohrenden Platte festgeklemmt werden, nachdem die Lochmittenentfernungen in der üblichen Weise mit Hilfe von Endmaßen und Lehrdornen eingestellt sind.

Bei allen bisher geschilderten Verfahren wird das Werkzeug geführt. Sie sind daher ziemlich umständlich, und es besteht auch die Gefahr, daß die behelfsmäßig festgeklemmten Werkzeugführungen, Meßringe usw. sich verschieben.
Mit einer Raboma können die Bohrlehren jedoch in der gleichen Weise hergestellt werden, wie dies beim Waagerechtbohrwerk üblich ist. Die vorgebohrten Bohrbüchsenlöcher werden mit dem einseitig schneidenden Bohrstahl ohne jede Führung, also fliegend ausgebohrt oder ausgeschlagen und fertiggerieben.

Das Ausbohren (Ausschlagen) der Bohrbüchsenlöcher

Am einfachsten gestaltet sich dieses Verfahren, wenn ein Lehrenbohrtisch zur Verfügung steht, weil dann die Bohrungsmitten ohne weiteres mit der Meßuhr nach Endmaßen oder nach einer Skala eingestellt werden können, wodurch gleichzeitig die größte Genauigkeit erzielt wird (Tafel 421/1). Aber auch ein gewöhnlicher Kreuztisch bringt schon Vorteile. In die erste fertige Bohrung, die Ausgangsbohrung, wird ein Lehrdorn gesteckt, ebenso in die Bohrspindel, so daß nun mit Hilfe von Endmaßen die neue Mitte eingestellt werden kann. Der Ausgangspunkt braucht aber nicht unbedingt eine Bohrung zu sein, vielmehr können zwei im rechten Winkel zueinander stehende Bezugskanten (Leisten, Winkel o. ä.) demselben Zweck dienen (Tafel 421/2).
Beim Lehrenbohrtisch und beim Kreuztisch bleiben Bohrschlitten und Ausleger festgeklemmt, und nur das Werkstück wird verschoben. Es wird sich dabei also nur um kleinere Vorrichtungen handeln können.
Umgekehrt kann, wenn kein solcher Tisch zur Verfügung steht oder wenn die Werkstücke zu groß sind, auch die Bohrspindel auf die Lochmitte eingestellt werden, und zwar ebenfalls wieder mit Hilfe von Lehrdornen und Endmaßen (Tafel 421/3). Hierbei ist allerdings die rechtwinklige Stellung der Spindel zum Tisch in den verschiedenen Bohrschlittenstellungen nicht genau gleich. Infolgedessen muß bei Lochmittenentfernungen, die größer sind als etwa die halbe Bohrschlitten-Gesamtverschiebung, mit den durch die „Abnahmevorschriften" zugelassenen Abweichungen in der Parallelität der Lochachsen gerechnet werden. Gegenüber dem Verschieben des Werkstückes mit dem Kreuztisch ist ferner die Einstellung der Bohrspindel etwas schwieriger und erfordert eine gewisse Geschicklichkeit.
Beim Arbeiten mit Lehrdornen muß grundsätzlich der Schlag der Bohrspindel und des in ihr steckenden Lehrdornes ausgemittet werden, und auch die Durchmesser-Toleranzen der Dorne sind zu berücksichtigen. Ferner ist darauf zu achten, daß sich die Endmaße immer mit der gleichen Haftung zwischen die Lehrdorne schieben lassen. Bei der zuerst geschilderten Verwendung eines Lehrenbohrtisches fällt beides weg.
Eine Genauigkeit von $\pm$ 0,01 mm in den Lochmittenentfernungen ist beim Ausbohrverfahren sicher zu erreichen. Die Stellung der Lochachse entspricht derjenigen der Spindel und kann innerhalb engster Grenzen rechtwinklig gehalten werden, wenn nötig, durch vorheriges Ausrichten (Unterlegen) des Tisches nach der Spindel mit Hilfe eines Umschlagarmes.
Die Schnittleistung des Ausbohrstahles, vor allem die Schnittbreite, muß gering gehalten werden, um ein allzu starkes Abdrücken der Bohrstange und der Bohrspindel zu vermeiden, genau wie dies auch beim Genauigkeitsbohren mit dem Waagerechtbohrwerk der Fall ist. Das Loch wird mit dem Spiralbohrer vorgebohrt, mit dem Bohrstahl geschruppt und geschlichtet und schließlich fertiggerieben. Geschruppt wird auf 0,2—0,3 mm unter Maß mit einem Vorschub von etwa 0,15 mm/Uml.,

geschlichtet auf 0,05—0,1 mm unter Maß mit einem Vorschub von 0,1 mm/Uml. Die Schnittgeschwindigkeit richtet sich ganz nach dem Werkzeug und muß ausprobiert werden, um einen ruhigen Schnitt zu bekommen. Das Vollmaß wird durch Reiben erreicht.

Die Einstellung des Stahles ist, sofern sie ganz behelfsmäßig vorgenommen werden muß, einigermaßen umständlich. Es empfiehlt sich deshalb, eine Bohrstange oder einen Bohrkopf zu verwenden, die eine vorherige Einstellung des gewollten Durchmessers gestatten. Meist genügt ein Werkzeug, mit dem der Stahl nach einem probeweisen Anbohren um den gewünschten, an einer Skala ablesbaren Betrag nachgestellt werden kann. Einen solchen Bohrkopf (einstellbare Bohrstange), der in der Herstellung billig ist und seinen Zweck erfüllt, zeigt Tafel 422.

Bild 423: Auf Umschlag passende Bohrungen

Welches Werkzeug auch verwendet wird, mit einiger Übung lassen sich die vorkommenden Aufgaben ohne große Mühe und in verhältnismäßig kurzer Zeit lösen. Hierfür ein Beispiel: Die in Bild 423 gezeigten 5 lehrenhaltigen und auf Umschlag passenden Löcher in den 4 Stahlscheiben erforderten zu ihrer Herstellung 4 Stunden, jedes Loch für sich also noch nicht einmal eine Viertelstunde. Benutzt wurde ein Kreuztisch mit behelfsmäßig angeklemmten Meßuhren, so daß die rechtwinklig zueinander stehenden Abstände (Koordinaten) durch zwischengelegte Endmaße eingestellt werden konnten. Ein weiteres Beispiel: Das Ausbohren der Lager einer Wendevorrichtung zeigen die Bilder 424 und 425. Die Aufgabe ist dadurch erschwert, daß die beiden Lager nicht nur in größerem Abstand voneinander angeordnet sind, sondern der eine der beiden Lagerböcke ist auch noch parallel zur Achsenrichtung verschiebbar. Der Arbeitsgang ist folgender:

Zuerst muß die senkrechte Spannfläche des in diesem Fall verwendeten schrägstellbaren Tisches mit Hilfe von Endmaßen parallel zu einem in die Bohrspindel gesteckten Dorn ausgerichtet werden,

Bild 424 und 425: Ausbohren der beiden Lager einer Schwenkvorrichtung

sodann aber auch noch das aufgespannte Werkstück, und zwar in der Seitenrichtung, damit die Führungsbahn des unteren, verschiebbaren Lagerbockes parallel zur künftigen Drehachse liegt. Dieses Ausrichten erleichtern zwei geschabte Richtflächen an der rechten Seite der Vorrichtung. Die Bohrspindel mit dem Lehrdorn wird dicht an diese Flächen herangebracht, sodaß die Vorrichtung nunmehr mit Endmaßen auch seitlich parallel zum Dorn ausgerichtet werden kann. Dies ist, wie gesagt, nur in Rücksicht auf die Verschiebung des unteren Bockes nötig. Bei jedem Ausrichten muß selbstverständlich der Schlag des Dornes ausgemittet werden.
Die Mitte der oberen Bohrung wird ebenfalls wieder mit Hilfe eines Lehrdornes und mit Endmaßen gesucht, einmal durch Messung des Abstandes zur Spannfläche des Tisches, zum anderen durch Messung des Abstandes zu einem an die seitlichen Richtflächen angelegten Winkel.
Beide Bohrungen wurden schon vorher mit dem Spiralbohrer vorgebohrt. Die obere Bohrung wird nun mit Hilfe des einstellbaren Bohrkopfes (Tafel 422) mit dem einseitig schneidenden Bohrstahl fliegend ausgebohrt (geschruppt und geschlichtet, Bild 424) und fertiggerieben. Die fertige Bohrung dient dann der verlängerten Bohrstange beim Ausbohren des unteren Lagers als Führung (Bild 425).
Dieses Beispiel der Herstellung von Genauigkeitsbohrungen mit dem Bohrstahl zeigt am deutlichsten, daß es beim Einstellen der Bohrspindel auf eine Lochmitte mit Hilfe von Lehrdornen nur auf das richtige Gefühl beim Einschieben der Endmaße zwischen die Lehrdorne, d. h. auf das Messen ankommt. Dieses Fingerspitzengefühl ist kein Geheimnis; durch einige Vorübungen läßt es sich unschwer erwerben. Es ist ebenso beim Waagerechtbohrwerk nötig, da auch dort ein Räderstich häufig auf die gleiche Weise mit Endmaßen zwischen Lehrdornen kontrolliert wird, nachdem zuvor seine Koordinaten mit dem Maßstab und dem Nonius eingestellt wurden.

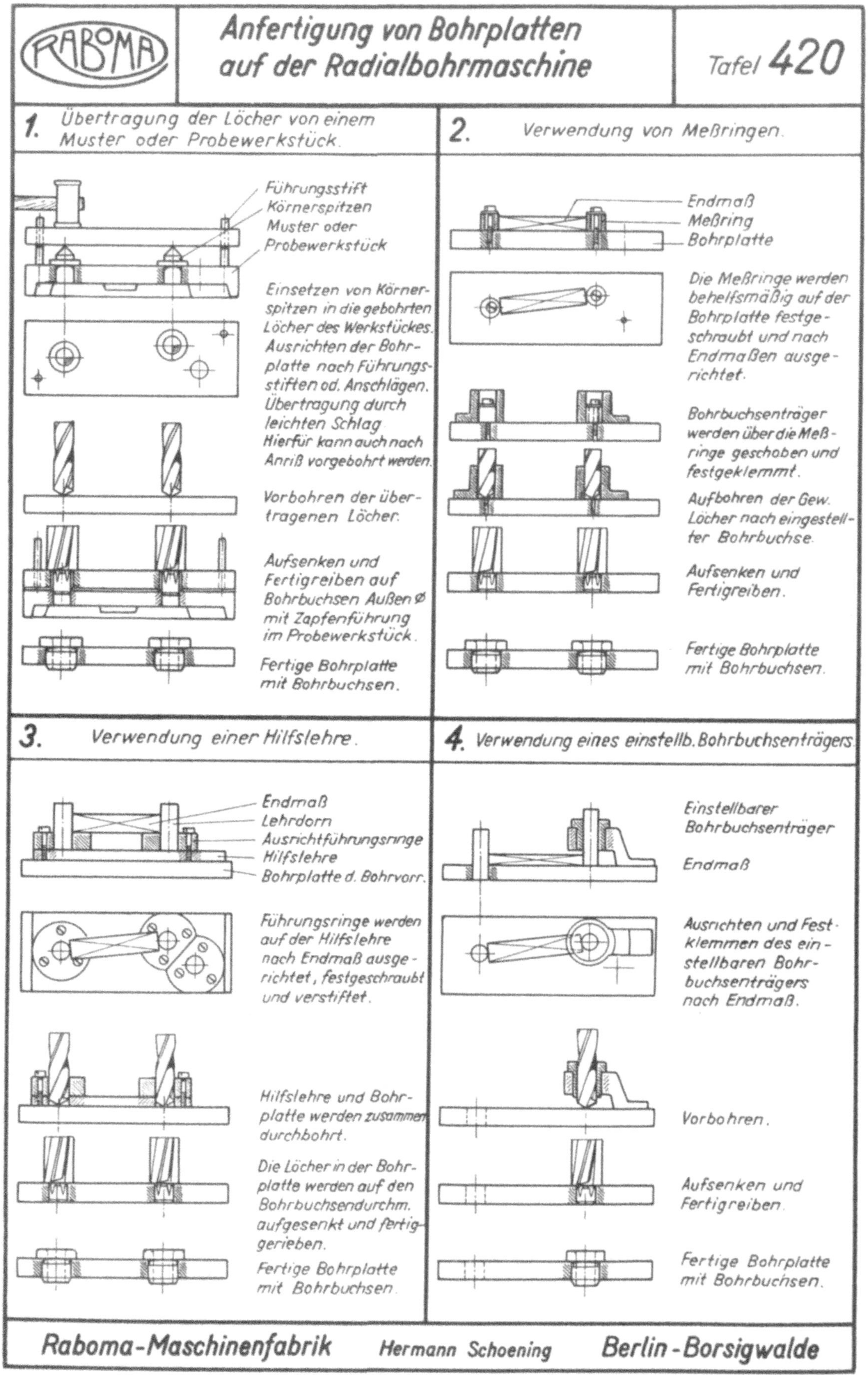
RABOMA
Anfertigung von Bohrplatten auf der Radialbohrmaschine
Tafel 420
1. Übertragung der Löcher von einem Muster oder Probewerkstück.
Führungsstift
Körnerspitzen
Muster oder Probewerkstück
Einsetzen von Körnerspitzen in die gebohrten Löcher des Werkstückes. Ausrichten der Bohrplatte nach Führungsstiften od. Anschlägen. Übertragung durch leichten Schlag. Hierfür kann auch nach Anriß vorgebohrt werden.
Vorbohren der übertragenen Löcher.
Aufsenken und Fertigreiben auf Bohrbuchsen Außen ⌀ mit Zapfenführung im Probewerkstück.
Fertige Bohrplatte mit Bohrbuchsen.
2. Verwendung von Meßringen.
Endmaß
Meßring
Bohrplatte
Die Meßringe werden behelfsmäßig auf der Bohrplatte festgeschraubt und nach Endmaßen ausgerichtet.
Bohrbuchsenträger werden über die Meßringe geschoben und festgeklemmt.
Aufbohren der Gew. Löcher nach eingestellter Bohrbuchse.
Aufsenken und Fertigreiben.
Fertige Bohrplatte mit Bohrbuchsen.
3. Verwendung einer Hilfslehre.
Endmaß
Lehrdorn
Ausrichtführungsringe
Hilfslehre
Bohrplatte d. Bohrvorr.
Führungsringe werden auf der Hilfslehre nach Endmaß ausgerichtet, festgeschraubt und verstiftet.
Hilfslehre und Bohrplatte werden zusammen durchbohrt.
Die Löcher in der Bohrplatte werden auf den Bohrbuchsendurchm. aufgesenkt und fertiggerieben.
Fertige Bohrplatte mit Bohrbuchsen.
4. Verwendung eines einstellb. Bohrbuchsenträgers.
Einstellbarer Bohrbuchsenträger
Endmaß
Ausrichten und Festklemmen des einstellbaren Bohrbuchsenträgers nach Endmaß.
Vorbohren.
Aufsenken und Fertigreiben.
Fertige Bohrplatte mit Bohrbuchsen.
Raboma-Maschinenfabrik Hermann Schoening Berlin-Borsigwalde

RABOMA	Einstellung genauer Lochmittenabstände zum Bohren.	Tafel 421

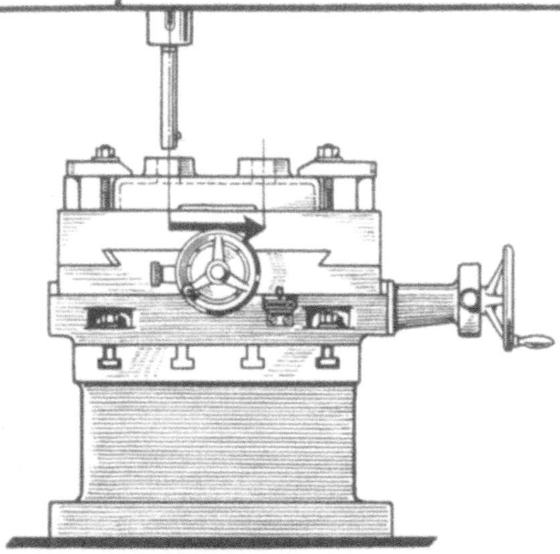

1. Lehrenbohrtisch.

Einstellung der Lochmittenabstände nach Skala oder mit der Meßuhr und Endmaßen.
Das Werkstück wird von Lochmitte zu Lochmitte verschoben.

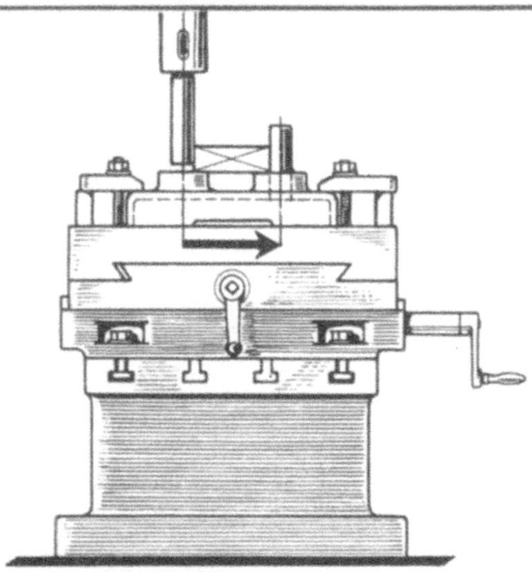

2. Einfacher Kreuztisch.

Einstellung der Lochmittenabstände mit Hilfe von Lehrdornen u. Endmaßen.
Das Werkstück wird von Lochmitte zu Lochmitte verschoben.

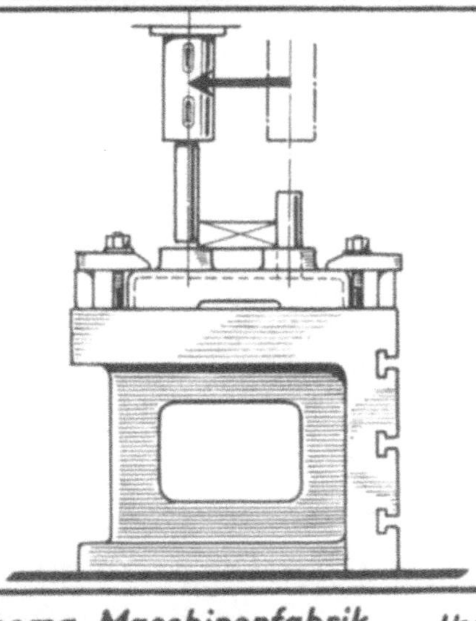

3. Einfacher Bohrtisch.

Einstellung der Lochmittenabstände mit Hilfe von Lehrdornen und Endmaßen.
Die Bohrspindel wird von Lochmitte zu Lochmitte verschoben.

Raboma-Maschinenfabrik Hermann Schoening Berlin-Borsigwalde

Einstellbare Bohrstange

Tafel 422

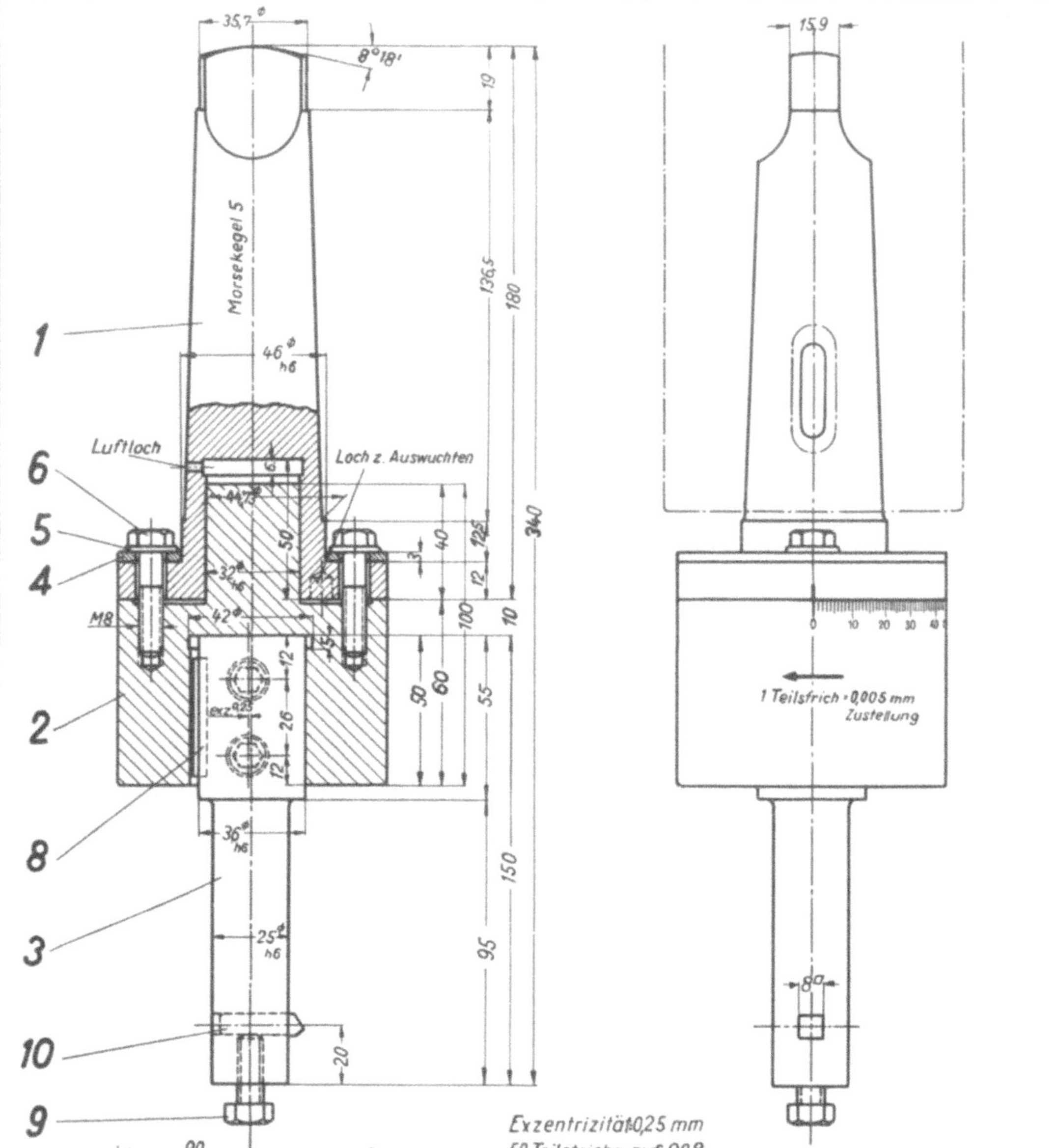

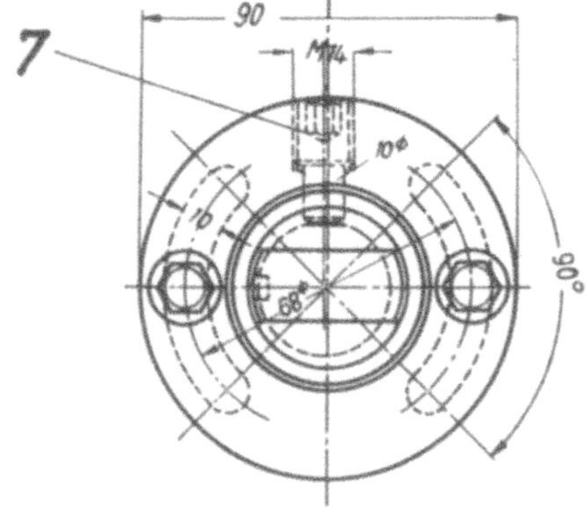

Exzentrizität 0,25 mm
50 Teilstriche auf 90°
1 Teilstrich entspr. 0,01 Durchm. Vergrößerung
1 Teilstrich entspr. 0,005 Radiusvergrößerung

Stck	Benennung:	Teil:	Werkstoff:
1	Bohrstahl	10	Werkz. Stahl
1	Sechskt.-Schrb. M8	9	St. Az
1	Paßfeder 6×6×35	8	St. 60.11
2	Jnnensechskt.-Schrb. M14	7	St. C60.61
2	Sechskt.-Schrb. M8	6	St. Az
2	Unterlegscheibe M8	5	St. Az.
1	Schutzring	4	St. 00.22
1	Stahlhalter	3	St. C 16.61
1	Werkzeugaufnahme	2	St. C 16.61
1	Kegelschaft	1	St. 60 11

Raboma-Maschinenfabrik Hermann Schoening Berlin-Borsigwalde

ABSCHNITT 43

DIE RADIALBOHRMASCHINE IM SCHIFFBAU

(PAKETWEISES BOHREN VON SCHIFFSPLATTEN)

Arbeitsweise • Zahl der Platten im Paket • Arbeitszeit

Schiffsplatten werden paketweise mit Sonderradialen gebohrt, von denen in der Regel mehrere zu einer Bohranlage mit beiderseits angeordneten Tischen vereinigt sind (s. Abschn. 12: Bild 126). Die Arbeitsbereiche der einzelnen Maschinen ergänzen sich derart, daß die Platten in einer Aufspannung abgebohrt werden können. Bei der verhältnismäßig langen Bohrzeit für ein Paketloch kann 1 Mann bequem 2 Maschinen bedienen (Bild 431).

Gebohrt wird pausenlos: während auf dem einen Tisch ein Paket abgebohrt wird, kann auf dem anderen ein neues gestapelt werden, so daß kein Zeitverlust entsteht.

Zur Auflage der Plattenpakete werden zweckmäßig feste, in Eisenkonstruktion ausgeführte Tische verwendet (s. Abschn. 30: Bohrtische).

Die Zahl der zu einem Paket vereinigten Platten soll grundsätzlich so groß wie möglich gewählt werden, damit sich die Anlaufzeit, die der Bohrer bis zum vollen Schnitt braucht, und die Einrichtezeit auf möglichst viele Platten verteilen.

Durch die Abfuhr der Späne aus dem Bohrloch sowie durch die Kühlung des Bohrers ist jedoch der Paketstärke eine Grenze gesetzt, die erfahrungsgemäß beim etwa Fünffachen des Lochdurchmessers liegt.

Die Einstellzeit beträgt für eine Raboma-Radialbohrmaschine 3 bis 4 Sekunden bei Verwendung von Schablonen, ohne Schablonen 5 bis 6 Sekunden, wobei das Hochheben der Spindel, das Einstellen auf das nächste Loch und das Festspannen der Maschine einbegriffen sind. Unter Zugrundelegung einer Schnittgeschwindigkeit von 22 bis 35 m in der Minute, je nach dem Bohrerdurchmesser, ergeben sich für gute Schnellstahlbohrer die aus der Tafel 430 ersichtlichen Arbeitszeiten für das Bohren von 100 Paketlöchern eines bestimmten Durchmessers bei verschiedenen Paketstärken.

Dementsprechend erfordert beispielsweise bei einer Platte mit den Abmessungen von 10000 × 1500 × 16 mm mit 850 Löchern von 24 mm Durchmesser und 6 Platten im Paket das Bohren von je 100 Paketlöchern 133 Minuten; für das Bohren einer Platte sind also 188 Minuten oder rund 3 Stunden nötig.

Die dabei gewählten Vorschübe setzen ein dem üblichen Durchschnitt entsprechendes Zusammenspannen der Platten voraus, wodurch verhindert wird, daß sich die Bohrspäne in den Spalten zwischen den Platten festsetzen und den Bohrer einklemmen und daß das Kühlwasser wegläuft, ohne überhaupt an die Bohrerspitze gelangt zu sein. Bei guter Zusammenspannung können jedoch diese Leistungen noch erhöht werden.

Gekühlt wird mit klarem Wasser. Rings um den Tisch laufende Kühlwasserrinnen im Fundament führen zweckmäßig das verbrauchte Wasser zu einem Sammelbehälter, aus dem es von einer gemeinsamen Pumpe entnommen und den Bohrern wieder zugeführt wird.

TAFEL 430

Kraftbedarf: 7 PS Bohrleistung			Schnittgeschwindigkeit: 23 bis 35 m/min										Paketstärke: höchstens 5facher Lochdurchmesser					
Stärke d. Blechpakete in mm			20	25	30	35	40	50	60	70	80	90	100	110	120	130	140	150
Loch-durchm. mm	mm/U s	U/min n	Zeiten in Minuten für das Bohren von 100 Paketlöchern einschließlich der Zeit für An- und Überlauf des Werkzeuges und 0,1 min für das Einstellen je Paketloch.															
10	0,19	750	28	31	35	38	42	49										
12	0,19	750	29	32	36	39	43	49	57									
14	0,19	750	29	33	36	40	43	50	57	64								
16	0,19	475	41	47	53	58	64	75	86	97	108							
16	0,30	475	30	34	37	40	44	51	58	65	72							
18	0,30	475	31	34	38	41	45	52	59	66	73	80						
20	0,30	475	31	35	38	42	45	52	60	67	74	81	88					
22	0,30	475	32	35	39	42	46	53	60	67	74	81	88	95				
24	0,30	300	45	50	56	61	67	78	89	100	111	123	133	145	156			
26	0,30	300	45	51	56	62	68	79	90	101	112	123	134	145	157	167		
28	0,30	300	46	52	57	63	68	79	90	101	112	124	135	146	157	168	179	
30	0,30	300	46	52	57	63	68	79	90	101	112	124	135	146	157	168	179	190

Arbeitszeiten für das Bohren von Paketlöchern.

Bild 431: Schiffsplatten-Bohranlage

ABSCHNITT 50

DAS BOHREN TIEFER LÖCHER MIT DER RADIALBOHRMASCHINE

Der übliche Arbeitsgang beim Bohren aus dem Vollen • Die Späneentfernung Die Kühlung der Werkzeugschneiden • Die Werkzeuge • Der Anschliff der Werkzeuge Vorschub und Schnittgeschwindigkeit Achsenrichtigkeit des Loches und Oberflächenbeschaffenheit der Lochwand • Größte erreichbare Bohrtiefe Üblicher Hub der Bohrspindel • Das Aufbohren tiefer Grund- und Durchgangslöcher Die Fertigbearbeitung tiefer Löcher mit den üblichen Werkzeugen oder mit der Bohrstange und wanderndem Bohrkopf

Als tiefe Löcher bezeichnet man beim Senkrechtbohren allgemein solche, deren Tiefe das 5fache ihres Durchmessers überschreitet. Sie bereiten besonders beim Bohren in Stahl Schwierigkeiten, einmal wegen der Späneentfernung und der Kühlung der Werkzeugschneiden, sodann aber auch wegen der geringen Verdrehungssteifigkeit der langen Bohrwerkzeuge und wegen der Gefahr ihres Verlaufens aus der vorbestimmten Richtung.

Der Arbeitsgang

Häufig reicht zum Bohren tiefer Löcher der Hub der Bohrspindel nicht aus. Nach Erreichung ihrer unteren Endstellung muß also entweder das Werkzeug verlängert oder der Ausleger tiefer gefahren werden. Beidemal ist dann nachher zum Auswerfen der Späne ein Hochfahren des Auslegers nötig. Zweckmäßig wird dabei die Bohrschlitten- und Säulenfestspannung gelöst, da beim Verstellen des Auslegers in der Höhe die Einstellung des Werkzeuges doch nicht gewahrt bleibt (s. Abschn. 14: Die Arbeitsgenauigkeit der Radialbohrmaschinen). Ein Klemmen oder Versetzen des Werkzeuges nach dem Wiedereinfädeln und Einschieben in das gebohrte Loch ist bei den Raboma-Radialbohrmaschinen durch die nachträgliche Festspannung nicht zu befürchten.

Die Späneentfernung

Von einer bestimmten Bohrtiefe ab genügt die Förderschneckenwirkung der Spiralnuten nicht mehr, um die Späne aus dem Bohrloch zu entfernen. Sie setzen sich, wenn sie nicht rechtzeitig durch Herausziehen des Bohrers aus dem Loch ausgeworfen werden, in den Nuten fest, zumal deren Fassungsvermögen infolge der zunehmenden Seelenstärke des Bohrers nach oben zu kleiner wird. Dieses Auswerfen muß von Zeit zu Zeit, bei größeren und wertvolleren Bohrern schon verhältnismäßig früh, durch Hochziehen der Bohrspindel und, wenn die Lochtiefe den Spindelhub übersteigt, auch noch durch Hochfahren des Auslegers vorgenommen werden (Tafel 500). Zweckmäßig werden die Späne bei laufender Spindel ausgeworfen, damit sie die Spiralnuten beim Hochziehen gefüllt halten, also nicht ins Loch zurückrutschen und dort liegenbleiben. Wenn es daher bei abgesetzten Bohrungen möglich ist, zuerst den kleineren Durchmesser zu bohren und anschließend den größeren, so ist dies besser, weil im umgekehrten Fall die Späne nur den oberen, weiteren Teil des Bohrloches füllen, nicht aber ganz herausbefördert werden können. Ist der Lochdurchmesser groß genug, so können sie allerdings von Hand herausgeholt werden. Im Loch zurückgebliebene Späne lassen sich mitunter durch Preßluft ausblasen. Mindestens der Rest muß aber mit einem magnetisierten Stahlstab heraus-

geholt werden, denn das Aufsetzen der Bohrerschneide auf einen Span gefährdet größere Spiralbohrer in starkem Maße. Bei Bohrerdurchmessern bis etwa 20 mm sind die Schwierigkeiten im allgemeinen geringer, denn die leichten Späne halten beim Herausziehen des Bohrers die Spiralnuten in der Regel gefüllt; der Spanquerschnitt ist ferner klein, so daß die Bohrerschneiden beim Aufsetzen auf einen solchen Span hier verhältnismäßig weniger gefährdet sind.
Eine wesentliche Erleichterung für das Entfernen der Späne bilden Kippvorrichtungen (Tafel 501), auf denen die Werkstücke festgespannt werden. Von Zeit zu Zeit werden Vorrichtung und Werkstück geschwenkt und die Späne aus dem Bohrloch ausgekippt, nachdem der Ausleger hochgefahren wurde.

Die Kühlung der Werkzeugschneiden

Die tief im Bohrloch steckenden Werkzeugschneiden lassen sich nicht immer in der üblichen Weise durch von außen wirkende Wasserberieselung kühlen, weil das Kühlmittel in dem durch die Späne verstopften Loch nur sehr schwer bis unmittelbar an die Bohrerschneide herangeführt und außerdem nicht im Umlauf gehalten werden kann. Man verwendet deshalb gelegentlich Spiralbohrer mit eingewalzten oder eingelöteten Kühlwasserröhrchen, denen die Kühlflüssigkeit von der Seite her durch einen stillstehenden Ring unter Druck zugeleitet wird. Ein Herausspülen oder Herausdrücken der Späne aus dem Bohrloch ist aber dadurch nicht möglich.
Als Kühlmittel dient für Stahl eine fette Mischung von Bohröl und Wasser etwa im Verhältnis 1:5, um das Fressen der Spiralfasen, besonders bei weichen, filzigen Werkstoffen und ferner das Ansetzen der Späne zu verhindern. Für andere Werkstoffe sei auf das AWF-Blatt 37 sowie auf die AWF-Schrift 205 „Kühlen und Schmieren bei der Metallbearbeitung“ verwiesen.

Die Werkzeuge

Die Bohrer müssen genügend lang sein oder entsprechend verlängert werden. Diese Forderung zu erfüllen, ist auf verschiedene Weise möglich.
Spiralbohrer von handelsüblicher Länge erfordern Verlängerungen, entsprechend der Tiefe des zu bohrenden Loches (Tafel 502/1). Die Schnittleistung braucht bei kurzen Verlängerungen nicht verringert zu werden. Der Außendurchmesser der Verlängerung muß aber kleiner sein als der Lochdurchmesser. Allerdings kann, wenn das Loch später noch aufgebohrt werden soll, erst stufenweise aufgebohrt und dann weiter vorgebohrt werden (Tafel 503).
Eine bessere Anpassungsfähigkeit an die Lochtiefen besitzen ausziehbare und auf verschiedene Längen einstellbare Stangen (Tafel 502/2). Hat die Bohrspindel ihre tiefste Stellung erreicht, so werden nach dem Entfernen des Halteringes der Querkeil und die Klemmbüchse gelöst, die Bohrspindel zurückgezogen und die verschiebbare Stange im nächsten Querkeilloch abgeriegelt. Es braucht also ebensowenig wie bei den vorstehend erwähnten, ineinandergesteckten Verlängerungen von vornherein mit der größten Auszugslänge gebohrt zu werden, und somit ist es auch hier nicht nötig, den Vorschub und die Schnittgeschwindigkeit schon von Anfang an zu verringern.
Eine andere Möglichkeit besteht in der Verwendung entsprechend langer Spiralbohrer oder Spiralbohrmesser mit eingesetzten Spiralbohrern. Diese haben allerdings den Nachteil, daß wegen ihrer großen Länge schon von vornherein mit herabgesetztem Vorschub gebohrt werden muß. Beim Spiralbohrmesser müssen außerdem die Späne sehr vorsichtig durch Hochziehen der Spindel entfernt werden.

Häufig wird auch nur ein Stück eines Spiralbohrers an einen langen Schaft angeschweißt oder hart angelötet (Tafel 502/3). Es sind auch Werkzeuge erhältlich, bei denen eine spiralbohrerähnliche Spitze auswechselbar an einem langen Schaft befestigt ist.

Bei allen diesen Werkzeugen richtet sich der Zeitpunkt für das Auswerfen der Späne nach dem zur Verfügung stehenden Spanraum, bei Spiralbohrern also nach dem Fassungsvermögen der Spiralnuten. Welchem Werkzeug jeweils der Vorzug gegeben werden muß, ist vornehmlich eine Kostenfrage. Normale Werkzeuge mit Verlängerungen sind im Gebrauch am billigsten. Spiralbohrmesser oder an einen Schaft angesetzte Spiralbohrer haben gegenüber langen Spiralbohrern den Vorteil, daß nur der schneidende Teil aus Schnellstahl hergestellt zu werden braucht, der Halter oder Schaft dagegen aus einfachem Baustahl bestehen kann.

Wird das Loch im ersten Arbeitsgang nur vorgebohrt und anschließend auf einen größeren Durchmesser als den des Bohrspindelkopfes bzw. der Vorschubbüchse aufgebohrt, so läßt sich die Arbeit wesentlich dadurch erleichtern, daß stufenweise vor- und aufgebohrt wird (Tafel 503). Auch in diesem Fall können Werkzeuge von handelsüblicher Länge verwendet werden, insbesondere auch kurze Spiralbohrer, da das aufgebohrte Loch Raum für das Eintauchen des Bohrspindelkopfes gibt. Der große Vorteil dieser Arbeitsweise liegt darin, daß die Schnittleistung nicht vermindert zu werden braucht und daß die Späne leicht aus dem aufgebohrten Loch herausgeholt werden können.

Der Anschliff der Werkzeuge

Der Spanwinkel soll besonders bei weichen Werkstoffen etwas kleiner als normal sein, damit keine lockigen, sondern kurze Späne entstehen, die sich leichter entfernen lassen.

Vorschub und Schnittgeschwindigkeit

Der Vorschub muß in allen Fällen mit zunehmender Bohrtiefe verringert werden, da der Spiralbohrer bei starker Beanspruchung in der Spirale auffedert und sich infolge der Durchmessererweiterung und der starken Fasenreibung im Loch festklemmt. Aber auch die übrigen erwähnten Werkzeuge federn ihrer Länge entsprechend, daher besteht die Gefahr, daß die Schneiden einhaken und brechen.

Bei Bohrtiefen über 5—8 D genügt eine Vorschubverringerung auf etwa $^4/_5$ und bei Lochtiefen über 8 D auf etwa die Hälfte des normalen Vorschubes. Bei Spiralbohrern mit innerer Kühlmittelzuführung ist außerdem der Vorschub noch weiter zu verringern. (Nähere Angaben machen die Werkzeugfabriken.)

Achsenrichtung des Loches und Oberflächenbeschaffenheit der Lochwand

Mit zunehmender Bohrtiefe verläuft das Bohrwerkzeug aus der vorbestimmten Achsenrichtung. Dies läßt sich auch durch eine anfängliche Führung nicht vermeiden. Ebensowenig übt der Durchmesser der Bohrspindel einen wesentlichen Einfluß darauf aus, da der genutete Bohrer fast immer eine geringere Biegungssteifigkeit hat als die Bohrspindel.

Eine glatte Lochwand kann nicht verlangt werden, da es sich in allen Fällen um einen Schruppvorgang handelt, bei dem immer mit einer mehr oder weniger großen Riefenbildung zu rechnen ist.

Größte erreichbare Bohrtiefe

Sichere Angaben über die beim Senkrechtbohren erreichbare Lochtiefe können nicht gemacht werden. Einige ausgeführte Beispiele sind:

4 mm Durchmesser,	315 mm tief in Stahl	Lochtiefe ∾ 80 D
10 mm Durchmesser,	700 mm tief in Stahl	Lochtiefe ∾ 70 D
70 mm Durchmesser,	1500 mm tief in Stahl	Lochtiefe ∾ 21 D
20 mm Durchmesser,	600 mm tief in Gußeisen	Lochtiefe ∾ 30 D

Da zum Späneauswerfen ohne Hochfahren des Auslegers doch nicht auszukommen ist, wäre es falsch, den Spindelhub der Radialbohrmaschine nur in Rücksicht auf die doch immerhin seltener vorkommenden tiefen Löcher größer zu verlangen als unbedingt nötig ist. Beim Bohren wird die Spindel um so mehr auszuknicken und abzudrängen versuchen, je weiter sie aus ihrer Führung im Bohrschlitten herausragt. Die Abbiegung wächst mit der 3. Potenz der freien Länge. Dabei besteht außerdem die Gefahr eines vorzeitigen Ausarbeitens der Führung, die aber in Rücksicht auf Genauigkeitsarbeiten dauernd schließend bleiben muß. Der Spindelhub wird also vorteilhaft so klein wie möglich bemessen, jedenfalls nicht größer, als es das Bohren von Löchern normaler Tiefe erfordert. Die Bauhöhe des Bohrschlittens wird so am kleinsten. Der gelegentlich auftretende Nachteil der öfteren Auslegerverschiebung tritt hinter den Vorteil der dauernden Erhaltung der Genauigkeit zurück. Einen Anhalt für das in der Praxis unbedingt nötige Maß des Spindelhubes gibt die Länge des Spiralteiles normaler Bohrer. Einem bekannten Werkzeugkatalog sind folgende Maße entnommen:

Spiralbohrerdurchmesser	mm	40	50	60	70	75	80	
Länge des Spiralteiles	mm	230	245	258	272	275	275	(Schnellstahl)
Länge des Spiralteiles	mm	242	274	307	325	334	340	(Werkzeugstahl)

Der Spindelhub der Raboma-Radialen ist demgegenüber wesentlich größer.

Das Aufbohren vorgebohrter Löcher

Für das Aufbohren von Grundlöchern gilt sinngemäß das im vorstehenden für das Bohren ins Volle Gesagte. Auch hier handelt es sich in erster Linie um die Entfernung der Späne, die entweder mit dem Magneten aus dem Bohrloch geholt oder durch Umkippen des Werkstückes ausgeleert werden müssen. Besteht aber die Möglichkeit für die Anbringung eines Querloches im tiefsten Punkt der Bohrung (Tafel 502/4), so lassen sich die Späne durch dieses Loch herausstoßen oder mittels Preßluft ausblasen. Als Werkzeug eignet sich für Grundlöcher am besten ein Spiralbohrmesser mit einem eingesetzten Spiralbohrer, der zunächst nur zur Führung dient, jedoch dann schneidet, wenn das Werkzeug auf den Grund des Loches gekommen ist. Einer Bruchgefahr wird damit begegnet. Natürlich kann auch ein Messer oder ein ähnliches Werkzeug mit Führung bzw. ein Spiralbohrmesser mit zylindrischem Führungszapfen verwendet werden. Auf das Fassungsvermögen des Spanraumes ist in allen Fällen zu achten.

Durchgangslöcher werden in derselben Weise und mit denselben Werkzeugen aufgebohrt.

Die Fertigbearbeitung der Bohrungen

Wie alle anderen Bohrungen werden auch tiefe Löcher durch Reiben oder Feinbohren mit der Bohrstange fertigbearbeitet.

Es gibt aber Fälle, wo z. B. wegen der großen Höhe der Werkstücke keines der üblichen Verfahren anwendbar ist, besonders wenn auch noch Lehrenhaltigkeit und Achsenrichtigkeit der Bohrung verlangt wird. Hier führt u. U. eine Bohrstange mit wanderndem Bohrkopf zum Ziel. Die Radialbohrmaschine ist dann allerdings nur Antriebsorgan, doch wirkt sich ihre mögliche große Ausladung vorteilhaft aus.

Ein solcher Fall kann beispielsweise bei einem Drehkörper mit einem Durchmesser und einer Höhe von mehreren Metern gegeben sein (Tafel 504). Am Umfang sind eine Anzahl Löcher von etwa 250 mm Durchmesser zu bohren. Sie werden in der üblichen Weise vorgebohrt und aufgebohrt. Für den letzten Arbeitsgang, das Fertigbohren, wird eine Bohrstange mit wanderndem Bohrkopf in die vorgebohrten Löcher eingesteckt, ausgerichtet und am Werkstück mit oberer und unterer Führung angeklemmt.

RABOMA

Zahl der notwendigen Späneauswürfe

beim Bohren tiefer Löcher in Stahl und Gußeisen

Tafel **500**

Späne brauchen nicht ausgeworfen zu werden:

Bei Bohrern bis	20 mm Ø	bis zu einer Lochtiefe von etwa	5 fachem Bohrer Ø
"	31,5 mm Ø	"	4 "
"	50 mm Ø	"	3,15 "
"	80 mm Ø	"	2,5 "

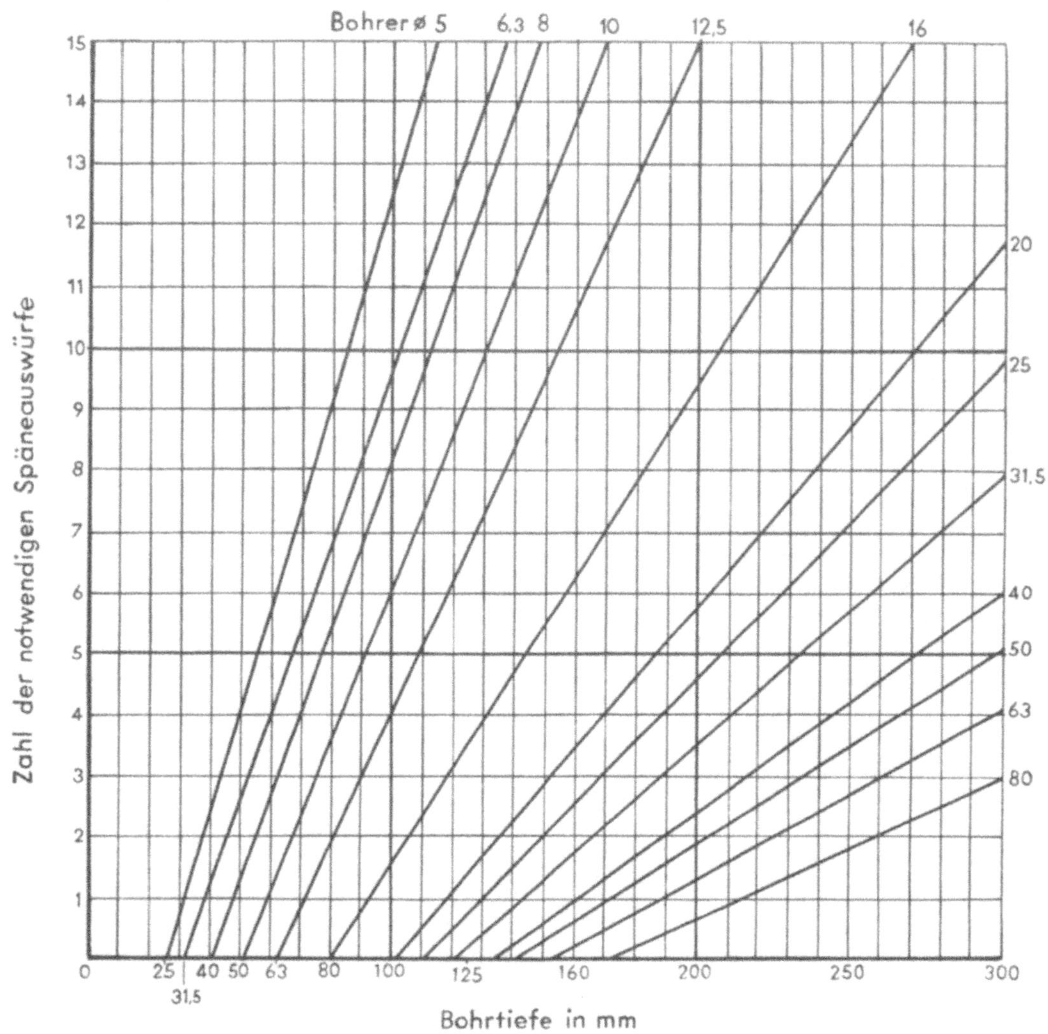

Zeit in Minuten für 1 Späneauswurf:

Bohrtiefe in mm:		25	31,5	40	50	63	80	100	125	160	200	250	300
Bei Handvorschub:	Minuten für 1 Späneauswurf	0,04	0,045	0,048	0,05	0,053	0,056	0,06	0,063	0,067	0,071	0,075	0,08
Bei mech. Vorschub:	Minuten für 1 Späneauswurf	—	—	—	—	0,07	0,08	0,09	0,1	0,112	0,125	0,14	0,16

Raboma-Maschinenfabrik *Hermann Schoening* **Berlin-Borsigwalde**

Drehplatte an Würfeltisch

als Schwenk- und Kippvorrichtung zum Bohren tiefer Löcher u. zum Herauskippen der Späne

Tafel 501

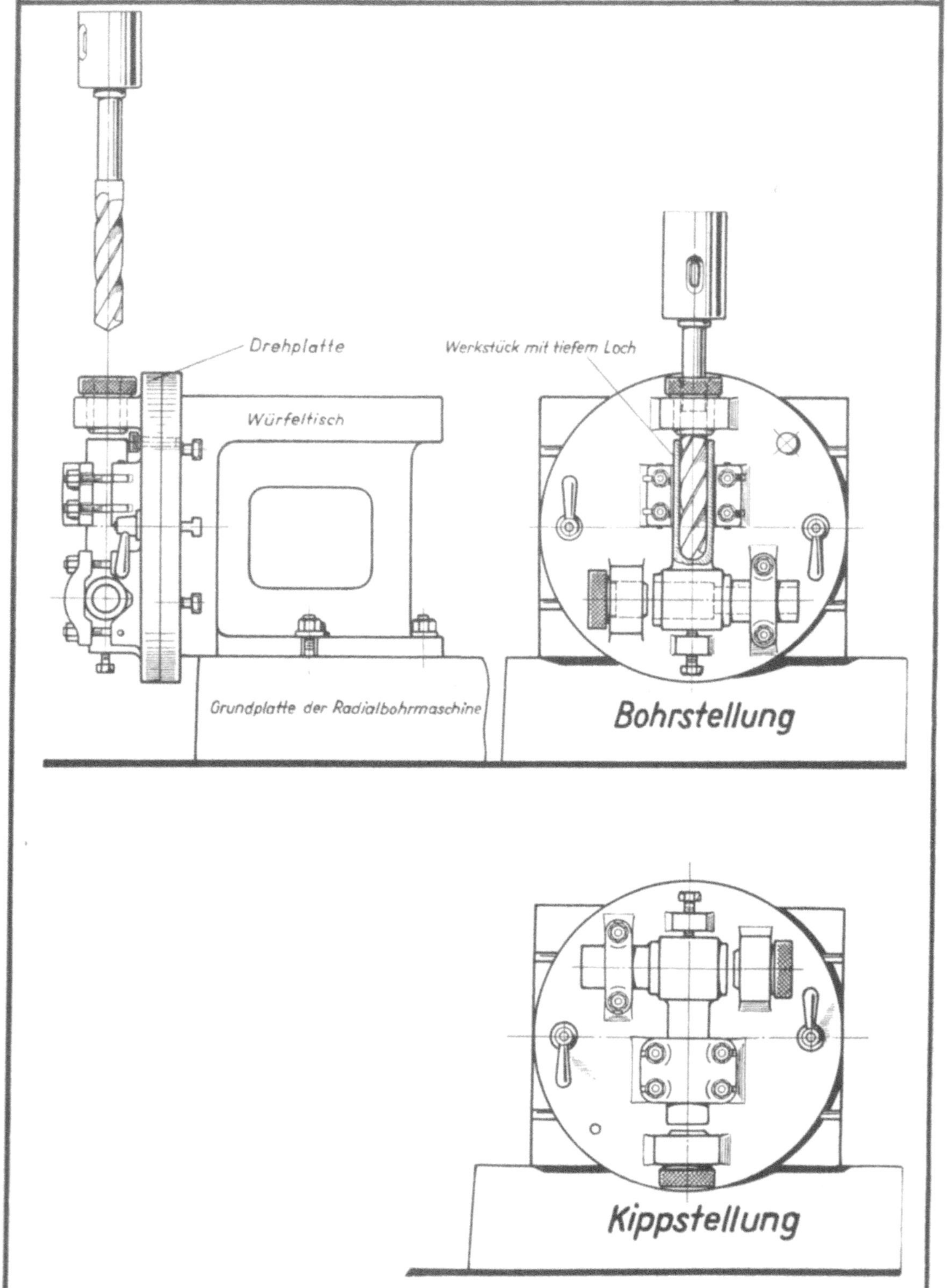

Raboma-Maschinenfabrik Hermann Schoening Berlin-Borsigwalde

RABOMA

Werkzeuge
zum Bohren tiefer Löcher

Tafel **502**

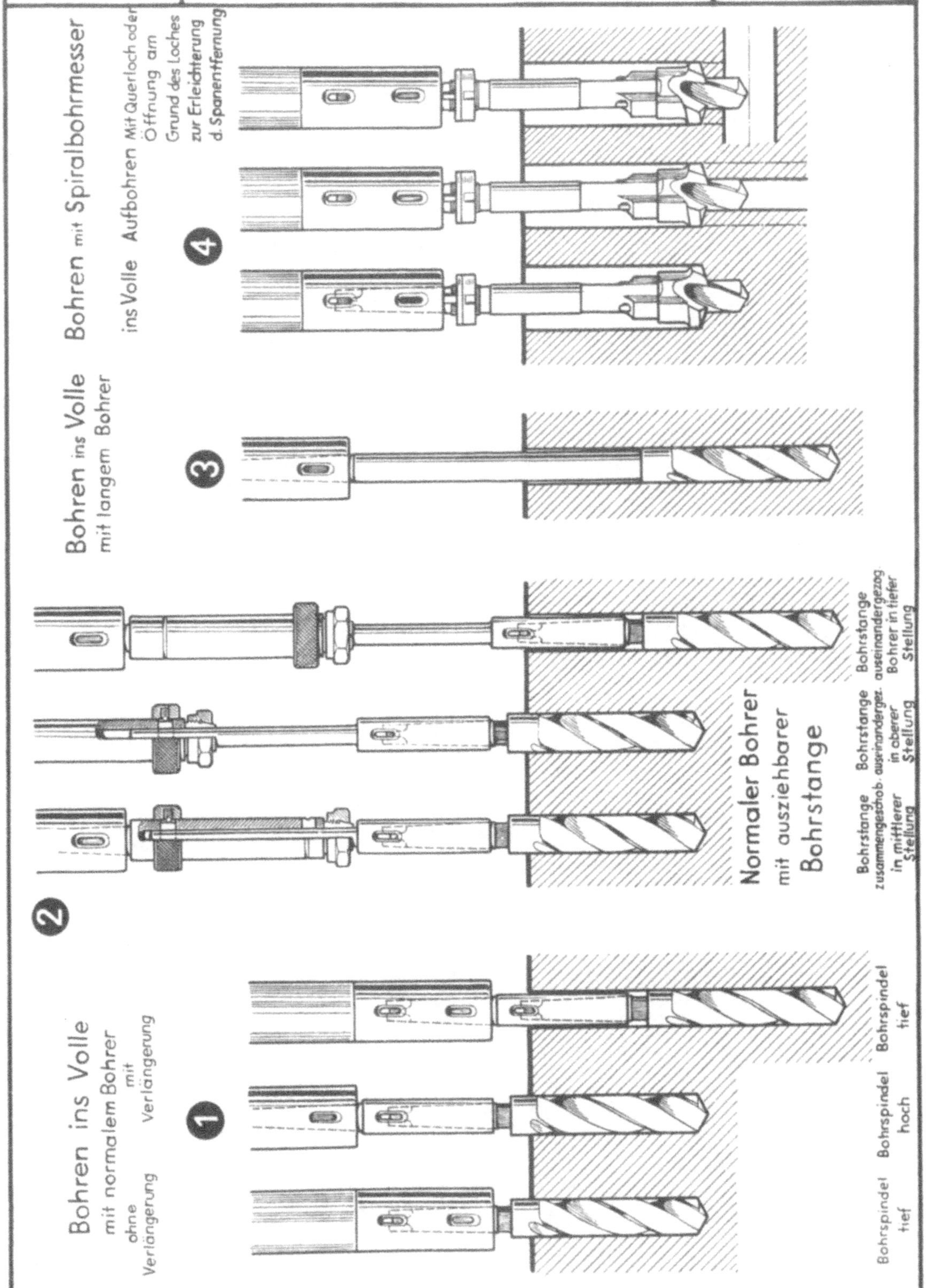

Raboma-Maschinenfabrik Hermann Schoening **Berlin-Borsigwalde**

RABOMA	*Stufenweises Vorbohren und Aufbohren*	*Tafel 503*

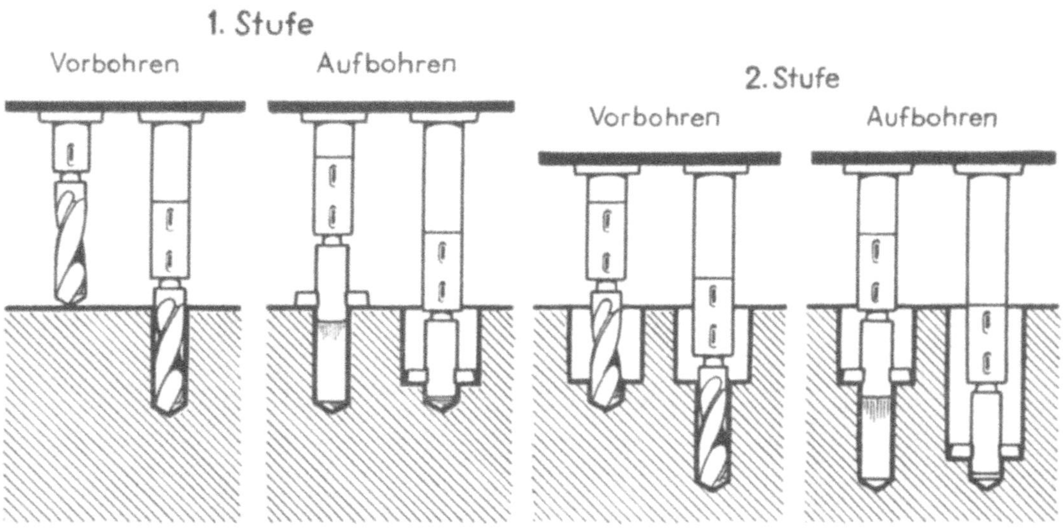

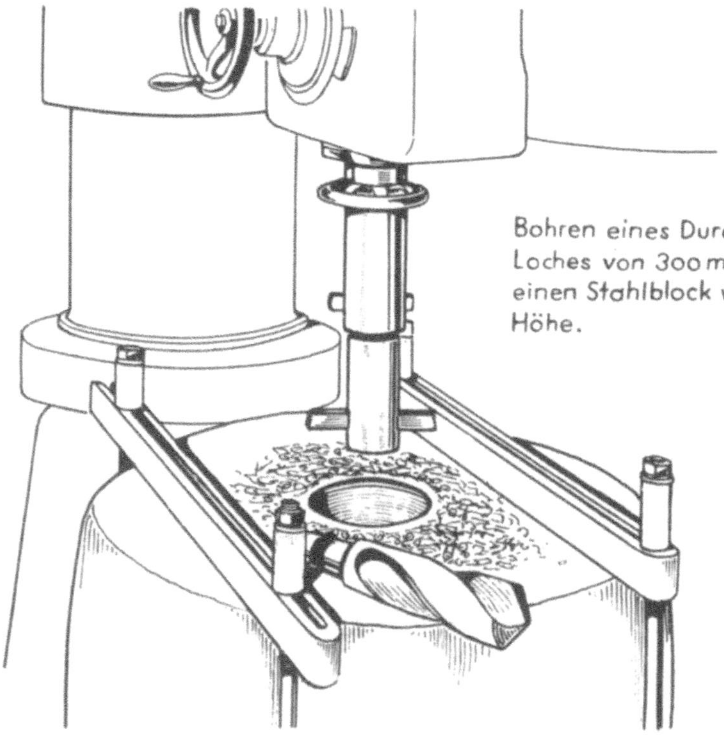

Bohren eines Durchgangs-Loches von 300 mm ⌀ in einen Stahlblock von 750 mm Höhe.

Raboma-Maschinenfabrik ***Hermann Schoening*** ***Berlin-Borsigwalde***

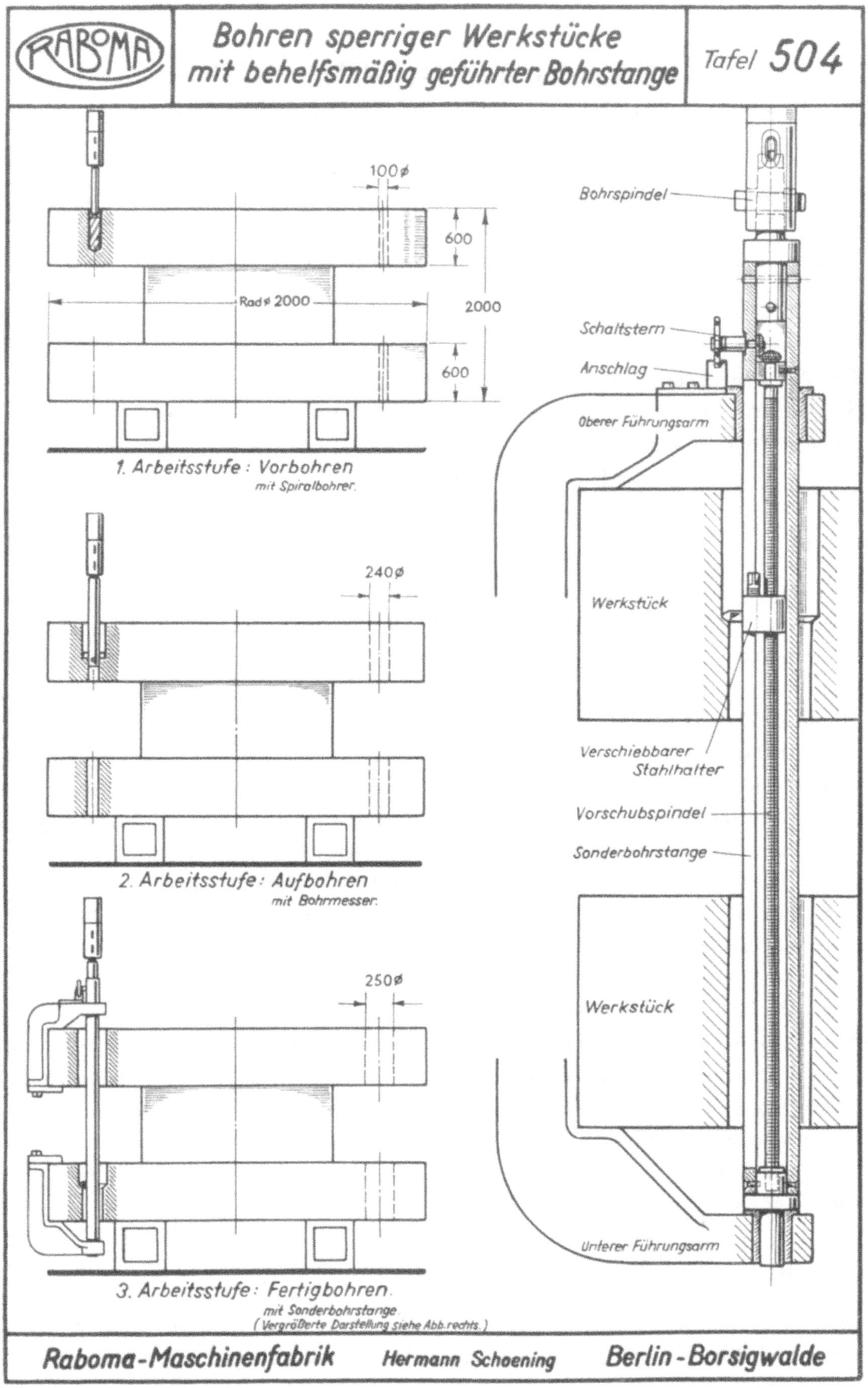

RABOMA
Bohren sperriger Werkstücke
mit behelfsmäßig geführter Bohrstange
Tafel 504
100⌀
600
Rad⌀ 2000
2000
600
1. Arbeitsstufe: Vorbohren
mit Spiralbohrer.
240⌀
2. Arbeitsstufe: Aufbohren
mit Bohrmesser.
250⌀
3. Arbeitsstufe: Fertigbohren
mit Sonderbohrstange
(Vergrößerte Darstellung siehe Abb. rechts.)
Bohrspindel
Schaltstern
Anschlag
Oberer Führungsarm
Werkstück
Verschiebbarer Stahlhalter
Vorschubspindel
Sonderbohrstange
Werkstück
Unterer Führungsarm
Raboma-Maschinenfabrik
Hermann Schoening
Berlin-Borsigwalde

ABSCHNITT 51

DAS GEWINDESCHNEIDEN MIT DER RADIALBOHRMASCHINE

Arbeitsweise • Arbeitsgang und Voraussetzungen, die die Maschine erfüllen muß
Die Gewindebohrer und ihr Anschnitt • Aufnahmefutter
Durchmesser und Tiefe des vorgebohrten Loches • Schnittgeschwindigkeit und Schnittzeit • Schmierung
Drehmoment • Das Gewindekopieren mit der Leitpatrone

Mit der Radialbohrmaschine geschnittene Innengewinde sind genau, und ihre Achsen stehen senkrecht, unabhängig von der Sorgfalt des Arbeiters. Gegenüber dem Schneiden von Hand haben sie neben der wesentlich gesteigerten Güte den Vorzug der schnelleren und vor allem mühelosen Herstellung, so daß dabei erheblich Zeit gespart wird.

Arbeitsweise

Die Gewinde werden mit dem Gewindebohrer geschnitten. Alle Arbeitsbedingungen mit Ausnahme der Schnittgeschwindigkeit sind durch die Gestalt des Werkzeuges festgelegt, insbesondere die Spanquerschnitte durch die Form des Anschnittes und die Zahl der Nuten. Beim Anschneiden kommen nacheinander die einzelnen, im Anschnitt liegenden Schneiden in Eingriff, bis schließlich das Gewinde voll ausgeschnitten ist.

Zur Fertigstellung sind mehrere Arbeitsgänge notwendig: Vorbohren des Kernloches, Ansenken und Gewindeschneiden (Tafel 510). Ob es vorteilhafter ist, alle Löcher in einem Zug vorzubohren, dann alle anzusenken und schließlich mit Gewinde zu versehen oder jedes Gewinde für sich fertigzustellen, bleibt im Einzelfall zu entscheiden. Dort, wo wenige Gewinde von wechselndem Durchmesser zu schneiden sind, empfiehlt sich das letztere Verfahren der Einzelfertigstellung. Sind aber eine ganze Reihe gleicher Gewinde zu schneiden, so ist das andere Verfahren wirtschaftlicher, da die Zeit zum Wechseln der Bohrspindeldrehzahl zwischen dem Bohren und dem Gewindeschneiden sowie zum Wechseln des Werkzeuges nur je einmal aufzuwenden ist. Durch ein Schnellwechselfutter läßt sich auch noch die Zeit für den Werkzeugwechsel auf ein Mindestmaß herabsetzen.

Die Einzelfertigstellung eines Gewindes, also das Bohren und Gewindeschneiden in ein- und derselben Spindeleinstellung ergibt keine Vorteile hinsichtlich der Genauigkeit, denn Raboma-Radialbohrmaschinen sind so leicht beweglich, daß sich der laufende Gewindebohrer zentrisch in das vorgebohrte Loch einführt. Lediglich bei Gewinden mit hoher Genauigkeit in Leichtmetall könnte dieses Verfahren eine Berechtigung haben, doch werden u. U. auch noch andere Maßnahmen erforderlich, wie das später beschriebene Kopieren der Gewinde.

Arbeitsgang

Durch einen leichten Druck auf den Schaltkopfhebel wird der in das vorgebohrte Loch eingeführte, laufende Gewindebohrer zum Anschneiden gebracht, worauf er sich durch die Gewindesteigung selbsttätig einzieht, da die axialen Schnittkräfte vom entstehenden Gewinde aufgenommen werden.

Nachdem die gewünschte Tiefe erreicht ist, wird der Drehsinn der Bohrspindel durch Umschalten der Wendekupplung umgekehrt, so daß sich der Bohrer aus dem geschnittenen Gewinde selbsttätig herausschraubt und dabei die Spindel hochschiebt.

Die zum Schneiden der Gewinde verwendeten Bohrmaschinen müssen aber einige Voraussetzungen erfüllen, wenn die Gewinde lehrenhaltig sein sollen.

Die Bohrspindel muß nach dem Herausziehen der Schaltkopfhebel aus dem Vorschubgetriebe in dieser Stellung verriegelt werden können, um ein unbeabsichtigtes Einschalten des mechanischen Vorschubes und daraus folgenden Bruch zu vermeiden. Sie wird also lediglich von Hand an den beiden Schaltkopfhebeln auf und abbewegt. Durch die Reibung an den Sternkeilen darf die Bohrspindelbewegung nicht gehemmt werden; magere Flanken oder gar verschnittene Gewinde wären die Folge. Beim Herausschrauben des Bohrers muß der Arbeiter mit der Hand am Schaltkopfhebel leicht mitgehen, um im Augenblick des Freikommens des Bohrers vom Werkstück die Spindel, wenn nötig, noch etwas weiter hochzuschieben, damit der Gewindebohrer nicht den Anschnitt des Gewindes verdrückt. Dazu ist notwendig, daß das Gewicht der Spindel dauernd gut ausgeglichen ist, daß die Ausgleicheinrichtung nicht mit zu großem Reibungswiderstand arbeitet und daß die Spindel mit dem Bohrer, um vom Gewinde freizukommen, immer eher etwas nach oben gezogen wird als umgekehrt. Diese Forderungen erfüllt der Raboma-Gewichtsausgleich durch eine nachstellbare Spiralblattfeder.

Damit sich der Gewindebohrer auf das vorgebohrte Loch einspielen kann, muß die Maschine leicht beweglich sein, und ihre Einstelleinrichtungen dürfen keine hemmenden Elemente enthalten. Der Raboma-Rollenkeil und die Stirnradverschiebung des Bohrschlittens lassen eine spielende Einstellung zu: der — bei Rechtsgewinde — links herumlaufende Bohrer wird über das Loch geführt, mit dem Schaltkopfhebel leicht angedrückt und schneidet dann das Gewinde, nachdem die Spindel mit dem Wendekupplungshebel auf Rechtslauf umgeschaltet ist, einwandfrei ein.

Der Drehsinn der Bohrspindel von Rechts- auf Linksgang und umgekehrt wird bei der Raboma-Radiale durch eine stoßfrei arbeitende, unverwüstliche Lamellenkupplung gewendet. Die Spindel kann um Bruchteile einer Umdrehung weitergedreht werden, und damit ist ein so feinfühliges Schneiden möglich, daß selbst bei Leichtmetall keine Vorsichtsmaßnahmen nötig sind. Besondere, sich selbsttätig auf Rücklauf umschaltende Gewindeschneidapparate, sogenannte Errington-Futter, sind in Verbindung mit Raboma-Radialen nicht erforderlich.

Der Zeitpunkt zum Umsteuern des Spindeldrehsinnes kann sehr genau an der zu diesem Zweck vorher auf die entsprechende Tiefe eingestellten Skalascheibe abgelesen werden. Der Gewindebohrer wird beim Einrichten auf die Werkstückoberfläche aufgesetzt, der der Lochtiefe entsprechende Teilstrich der Skala auf den Nullstrich eingestellt und die Skalascheibe verriegelt. Die Skalascheibe wird also nicht zum Auslösen, sondern nur zum Ablesen benutzt.

Die Gewindebohrer

Zum Gewindeschneiden mit der Maschine werden Maschinen- oder Handgewindebohrer mit zylindrischem Schaft und Vierkant nach DIN 351 ff. verwendet, und zwar bei

Gußeisen für Durchgangs- und Grundlöcher bis etwa $1^1/_2''$ Durchmesser ein Einzelfertigschneider, für größere Gewinde ein Vor- und Fertigschneider;

Stahl und Stahlguß für kleinere Durchgangs- und Grundlöcher je ein Vor- und Fertigschneider;

für mittlere und große sowie für tiefe Gewinde ist je ein Vor-, Nach- und Fertigschneider erforderlich, bei harten Werkstoffen, z. B. Panzerplatten, sogar ein Satz mit 4 oder mehr Bohrern.

Bei größeren Innengewinden können auch Gewindeschneidköpfe mit sich selbsttätig zurückziehenden Schneidbacken verwendet werden.

Dem Anschnitt (DIN 351 ff.) kommt eine ausschlaggebende Bedeutung zu, da nur die im Anschnitt liegenden Gänge schneiden. Je länger also der Anschnitt ist, auf um so mehr Zähne verteilt sich die Zerspanungsarbeit. Der Schnittwinkel muß dem Werkstoff angepaßt sein. Ebenso sind die Nutenzahl und die Nutenform sowie auch der Hinterschliff vom Werkstoff abhängig. Für Stahl und Gußeisen als Werkstoff liegen die günstigsten Verhältnisse am Gewindebohrer eindeutig fest; für verschiedene Leichtmetalle dagegen noch nicht.

Da die Gewindebohrer fertige Werkzeuge darstellen, erübrigt sich an dieser Stelle ein näheres Eingehen auf die Einzelheiten ihrer Schneidenausbildung. Nur ganz allgemein sei auf die Hauptaufgabe hingewiesen, die darin besteht, den Spänen eine solche Form zu geben, daß sie sich nicht nur leicht von den Schneiden des Gewindebohrers lösen, sondern daß sie vor allem auch möglichst reibungslos aus den einzelnen Gängen des geschnittenen Gewindes freikommen.

Um zu verhindern, daß die Späne die Nuten des Gewindebohrers füllen und sich stauchen, soll durch einen Rechtsdrall der Nuten bei rechtsgängigem Gewinde das Hochschieben der Späne in Grundlöchern erreicht werden, in Durchgangslöchern dagegen durch Linksdrall ein Abwärtsschieben.

Es werden aber auch noch andere Wege beschritten. Eine besondere Art von Gewindebohrern ist hohlgebohrt, damit die Späne durch das Innere des Bohrers abfließen können. Zu diesem Zweck ist der Anschnitt geschlitzt. Der hinter dem Anschnitt liegende Teil dient aber als Führung und ist nicht genutet. Infolgedessen wird der Gewindedurchmesser nicht vergrößert, wie dies bei durchgängig genuteten Bohrern vorkommt, und auch beim Rücklauf können sich keine Späne in die Gewindegänge klemmen. Bei diesen Bohrern wird Wert auf die Erzeugung von langen Spänen gelegt, um den Abfluß durch die Höhlung zu erleichtern.

Bei einem anderen Sondergewindebohrer (DRP.) wird der Schnitt in der Breite mehrfach unterteilt. Es werden schmale, dicke Späne abgetrennt, die kurz gerollt sind und die sich leicht von den Schneiden und auch aus dem geschnittenen Gewinde lösen. Von besonderem Vorteil ist dies bei Flach-, Trapez und Kordelgewinden, weil hier die Späne infolge der ungünstigen Gewindeform sehr leicht an den Seitenwänden der geschnittenen Gewindegänge festgeklemmt werden, so daß ein erheblicher Teil des aufzuwendenden Drehmomentes allein

Bild 511: Schneiden eines 8fachen Trapezgewindes in Stahl

auf die Überwindung der Reibung entfällt. Als Beispiel zeigt Bild 511 das Schneiden von Trapezgewinden (72 mm Durchmesser) mit solchen Bohrern in langen Mutterbüchsen aus Stahl.

Aufnahmefutter

Zur Aufnahme der kleineren und mittleren Gewindebohrer eignet sich vorzugsweise ein Schnellwechselfutter, in dem sie durch eine Spannpatrone am zylindrischen Schaft festgeklemmt und am Vierkant mitgenommen werden (Tafel 510). Auch Klemmhülsen sind vorzüglich dazu geeignet (Tafel 512/1). Größere Gewindebohrer müssen in einem Sonderfutter aufgenommen werden (Tafel 512/5). Bei Grundlöchern empfiehlt es sich, ein Sicherheitsfutter zwischen Bohrspindel und Werkzeug einzuschalten. Derartige Futter sind in der Regel auch zur unmittelbaren Aufnahme von Gewindebohrern mit Sonderschäften eingerichtet. Sie sind im Handel als Überschnappfutter, System Pearns (Tafel 510), oder als Gewindeschneidapparate mit Sicherheitskupplung erhältlich (Tafel 514).

Durchmesser und Tiefe des vorgebohrten Loches

Um Bohrerbruch infolge Festklemmens zu vermeiden, muß das Gewindeloch größer sein als der Kerndurchmesser des Gewindebohrers (eine Ausnahme bilden dampfdichte Gewinde). Die geeigneten Durchmesser sind in DIN 336 festgelegt. Alle Löcher werden zweckmäßig vor dem Gewindeschneiden mindestens auf den Gewinde-Außendurchmesser angesenkt. Grundlöcher sind um die Anschnittlänge des Gewindebohrers, also um die 2—3fache Gewindesteigung tiefer zu bohren. Es empfiehlt sich aber, wenn irgend möglich, dieses Maß gleich dem Gewindedurchmesser zu wählen, um solche Löcher wie Durchgangslöcher behandeln zu können und um Platz für die Späne zu schaffen. Durch das Zusammendrücken der Späne auf dem Lochgrund reißen nämlich die Gewindegänge häufig aus. Verfräst wird das Gewinde dagegen, wenn die Löcher im Durchmesser zu klein vorgebohrt sind, so daß der Gewindebohrer wegen zu großer Reibung an der axialen Bewegung gehindert ist.

Schnittgeschwindigkeit. Schnittzeit

Die gesamte Zerspanungsarbeit muß von den im Anschnitt des Gewindebohrers liegenden Zähnen geleistet werden; der übrige Teil dient nur zur Führung. Bei den gebräuchlichsten Gewindebohrern verteilt sich also die Zerspanungsarbeit auf wenige Schneiden.

Infolgedessen dürfen nur niedrige Schnittgeschwindigkeiten angewendet werden, deren Bestwert sich von vornherein nicht festlegen läßt, da die Werkstoffe hinsichtlich der Bearbeitbarkeit zu sehr verschieden sind. Deshalb können auch nur einige Richtwerte angegeben werden; der Praxis muß es überlassen bleiben zu erproben, wieweit die Schnittgeschwindigkeit in den seltenen Fällen gesteigert werden kann, wo die Schnittzeit ausschlaggebend ist.

Werkstoff	Festigkeit kg/mm²	Schnittgeschwindigkeit in m/min.	
		Werkzeugstahl	Schnellstahl
Unlegierte Baustähle	50—70	4—7	10—15
	80—100	2—4	6—8
Vergütete legierte Stähle	100—120	1—2	2—3
Stahlguß		2—3	5—7
Gußeisen	weich	6—8	12—16
Gußeisen	hart	3—6	8—12
Messing, Bronze		12	25
Leichtmetallegierungen		20	30

Die Schnittzeit wird errechnet aus der Gewindelänge, geteilt durch die minutliche Umdrehungszahl und die Steigung des Gewindebohrers. Da meist nur verhältnismäßig kurze Gewinde zu schneiden sind, übt die Schnittgeschwindigkeit, d. h. die Spindeldrehzahl kaum einen Einfluß auf die Herstellungszeit eines Gewindes aus.

Schmierung

Die Schmierung hat einen wesentlichen Anteil an der Oberflächenbeschaffenheit der Gewindeflanken. Mineralöl gibt im allgemeinen keine ganz sauberen Gewinde. Bohrölemulsion wiederum schmiert zu wenig, so daß die Bohrer schnell stumpf werden. Am besten eignet sich vorläufig Rüböl, und die Praxis muß zeigen, durch was es ersetzt werden kann. Wir beschränken uns auf einige allgemeine Angaben und verweisen auf die AWF-Schrift Nr. 205: „Kühlen und Schmieren".

Flußeisen und Messing:	Bohröl in Wasser gelöst.
Stahl:	Rüböl, Lardöl.
Sehr zähe legierte Baustähle:	Terpentin und Petroleum 5:1.
Aluminiumlegierungen:	Im allgemeinen Rüböl mit Terpentin oder Petroleum gemischt.
Gußeisen:	Öl oder trocken.
Silumin:	Spiritus und Petroleum gemischt.
Elektron:	Trocken.

Außendurchmesser

Steigung in mm	5	6	8	10	12	16	20	24	30	36	42	48	52
0,5	16	19	25	32	38	50	63	80	100	118	140	160	170
0,75	28	34	45	56	67	90	112	140	180	212	250	280	300
1,0	43	50	67	85	100	132	170	212	265	315	375	425	450
1,25		71	95	118	140	190	236	300	375	450	530	600	630
1,5			118	150	180	236	300	375	475	560	670	750	800
1,75				180	212	280	355	450	560	670	800	900	950
2,0					265	355	450	560	710	850	1000	1120	1180
2,5						500	630	800	1000	1180	1400	1600	1700
3,0							800	1000	1250	1500	1800	2000	2120
3,5								1180	1500	1800	2120	2360	2500
4,0									1800	2120	2500	2800	3000
4,5										2650	3150	3550	3750
5,0											3750	4250	4500

Drehmoment in cmkg

Die eingerahmten Werte entsprechen dem metrischen Gewinde nach DIN 13 und 14.
Die tatsächlich auftretenden Drehmomente können von den in der Zahlentafel angegebenen Werten infolge nicht erfaßbarer Einflüsse erheblich abweichen.

Die angegebenen Werte für das Drehmoment gelten bei Verwendung eines Einzelschneiders.

Für einen Vorschneider ist mit ∾ 50 v. H. des angegebenen Wertes zu rechnen.
Für einen Mittelschneider ist mit ∾ 30 v. H. des angegebenen Wertes zu rechnen.
Für einen Fertigschneider ist mit ∾ 20 v. H. des angegebenen Wertes zu rechnen.

Bild 513. Mittelwerte für Drehmomente beim Gewindeschneiden im Maschinenbaustahl

Drehmoment

Über die beim Gewindeschneiden auftretenden Drehmomente gibt Bild 513 Auskunft. Allgemein genügt es zu wissen, daß das Drehmoment beim Gewindeschneiden kleiner ist als beim Bohren des Kernloches mit dem Spiralbohrer. Sofern also der Gewindedurchmesser den größten, bei einer Maschine für das Bohren ins Volle zulässigen Lochdurchmesser nicht übersteigt, bestehen keinerlei Schwierigkeiten, auch nicht bei harten Werkstoffen. Bei Panzerplatten z. B. werden mehrere Gewindebohrer in einem Satz verwendet, so daß sich das Drehmoment jeweils nur anteilig auswirkt. Bei einem zylindrischen Gewinde erreicht das Drehmoment seinen Höchstwert, sobald sämtliche im Anschnitt des Gewindebohrers liegenden Schneiden im Eingriff sind. Alle vor diesen einzelnen Schneiden liegenden Spanquerschnitte zusammengenommen ergeben dann bei einem eingängigen Gewinde einen einzigen vollen Gewindequerschnitt, bei mehrgängigem Gewinde den entsprechenden mehrfachen. Bleibt jedoch die Länge des zu schneidenden Gewindes in einem Durchgangsloch unter der des Anschnittes, so ist die Summe der Spanquerschnitte kleiner als dieser volle Gewindequerschnitt, weil ein Teil der im Anschnitt liegenden Schneiden schon wieder frei wird, bevor dessen sämtliche Gänge zum Schnitt gekommen sind; dies ist beispielsweise beim Mutterbohrer der Fall.

Bei kegeligen Gewinden beginnen sämtliche Schneiden des Gewindebohrers den Schnitt gleichzeitig, wenn die Kegel von Loch und Gewindebohrer übereinstimmen. Wird das Loch mit etwas schlankerem Kegel vorgebohrt, so läßt sich allerdings erreichen, daß der Bohrer nicht sofort auf seiner ganzen Länge schneidet, sondern daß die einzelnen Gewindegänge nach und nach zum Schnitt kommen. Wie bei allen anderen Gewinden können aber auch bei kegeligen Gewinden mehrere Bohrer in einem Satz verwendet werden, um die Schneidarbeit zu unterteilen.

Diese Mittel ändern jedoch nichts an der Tatsache, daß bei kegeligen Gewinden der Gewindebohrer zum Schluß mit allen Gängen gleichzeitig schneiden muß, um den richtigen Gewindedurchmesser zu erzielen. Namentlich bei Gewinden von größerer Länge treten dann sehr erhebliche Drehmomente auf, die besondere Sicherheitsvorkehrungen gegen eine Überlastung der Maschine oder des Werkzeuges, z. B. durch Rutschkupplungen, erfordern.

Das Gewindekopieren

Im Motorenbau, wo in weitem Maß Leichtmetalle verwendet werden, tritt zu der Forderung der Lehrenhaltigkeit noch die besondere Aufgabe, die Gewinde so herzustellen, daß die Lehrenhaltigkeit auch durch ungeübte Leute erreicht und Ausschuß der meist wertvollen Werkstücke unter allen Umständen vermieden wird.

Diese Aufgabe kann durch das Gewindeschneiden mit der Leitpatrone, d. h. das Gewindekopieren, gelöst werden (Tafel 514). Dabei wird der Gewindebohrer, der auf seinem Schaft ein Leitgewinde trägt, im Gewinde einer besonderen Büchse geführt. Während beim Gewindeschneiden ohne Leitpatrone die axialen Schnittkräfte im entstehenden Gewinde aufgenommen werden, übernimmt hier die Leitpatrone diese Aufgabe, so daß die Genauigkeit der Gewinde nicht von irgendwelchen Bedienungseinflüssen, sondern nur von der Genauigkeit der Leitpatrone abhängig ist. Die Gewindebüchse (Leitpatrone) wird gegen die zum Vorbohren verwendete Bohrbüchse ausgetauscht und muß an der Bohrvorrichtung festgeschraubt werden.

RABOMA

Bohren, Senken, Gewindeschneiden und Stiftschraubensetzen

Tafel **510**

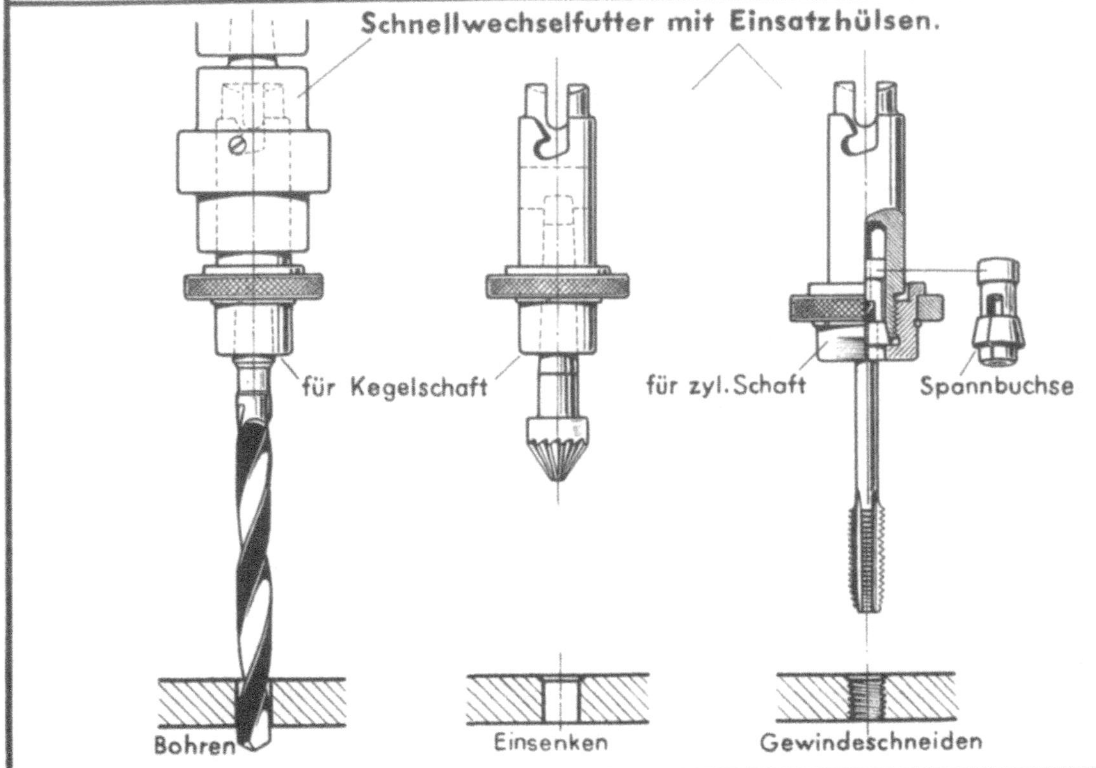

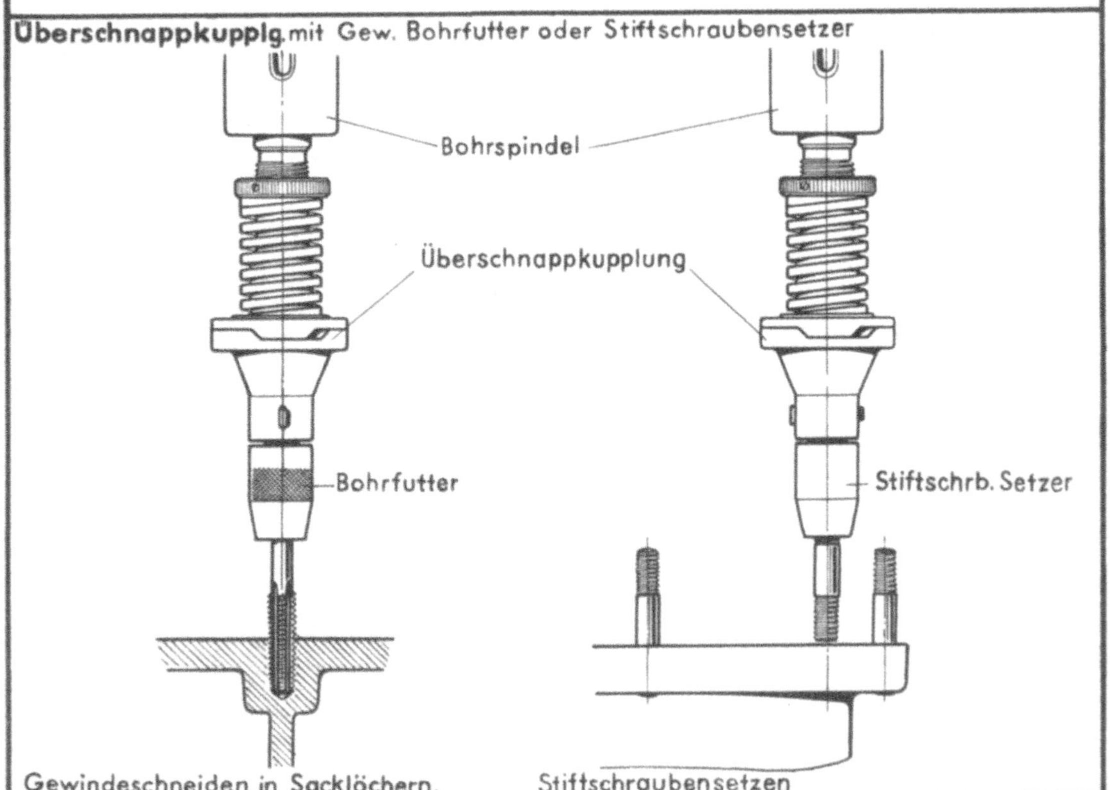

Raboma-Maschinenfabrik *Hermann Schoening* *Berlin-Borsigwalde*

RABOMA

Aufnahmefutter für Handgewindebohrer

Tafel 512

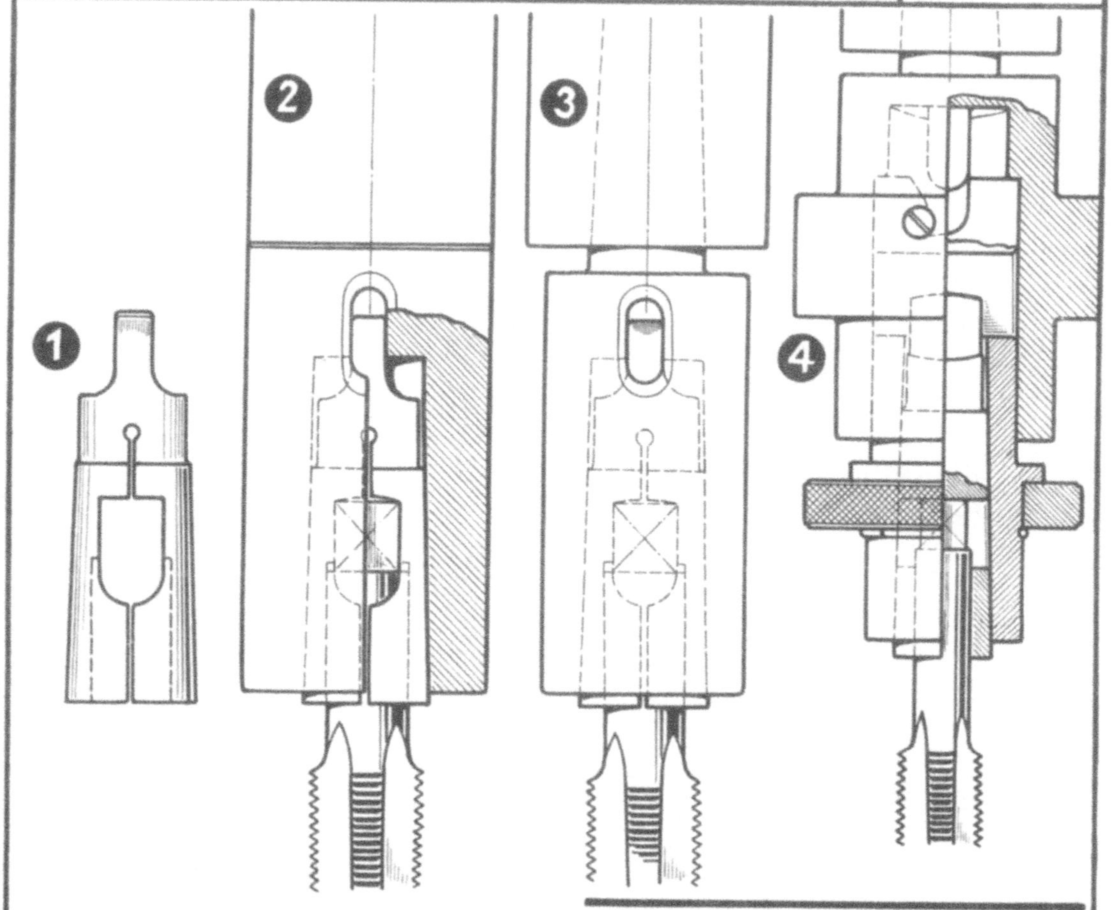

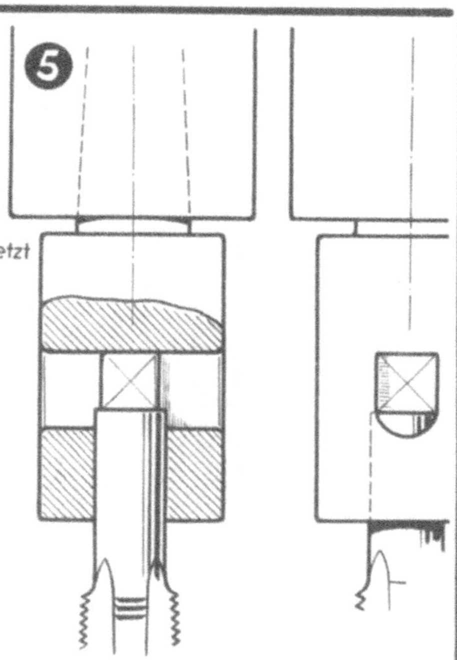

1 Klemmhülse für den Gewindebohrer.

2 Klemmhülse direkt in den Bohrsp. Kopf eingesetzt

3 Klemmhülse in Verbindung mit einem besonderen Aufnahmefutter.

4 Klemmhülse in Verbindung mit einem Schnellwechselfutter

5 Sonderfutter zur direkten Aufnahme des Gew. Bohrers

Raboma-Maschinenfabrik Hermann Schoening Berlin-Borsigwalde

RABOMA

Gewindeschneiden
mit zwangläufiger Gewindeführung

Tafel 514

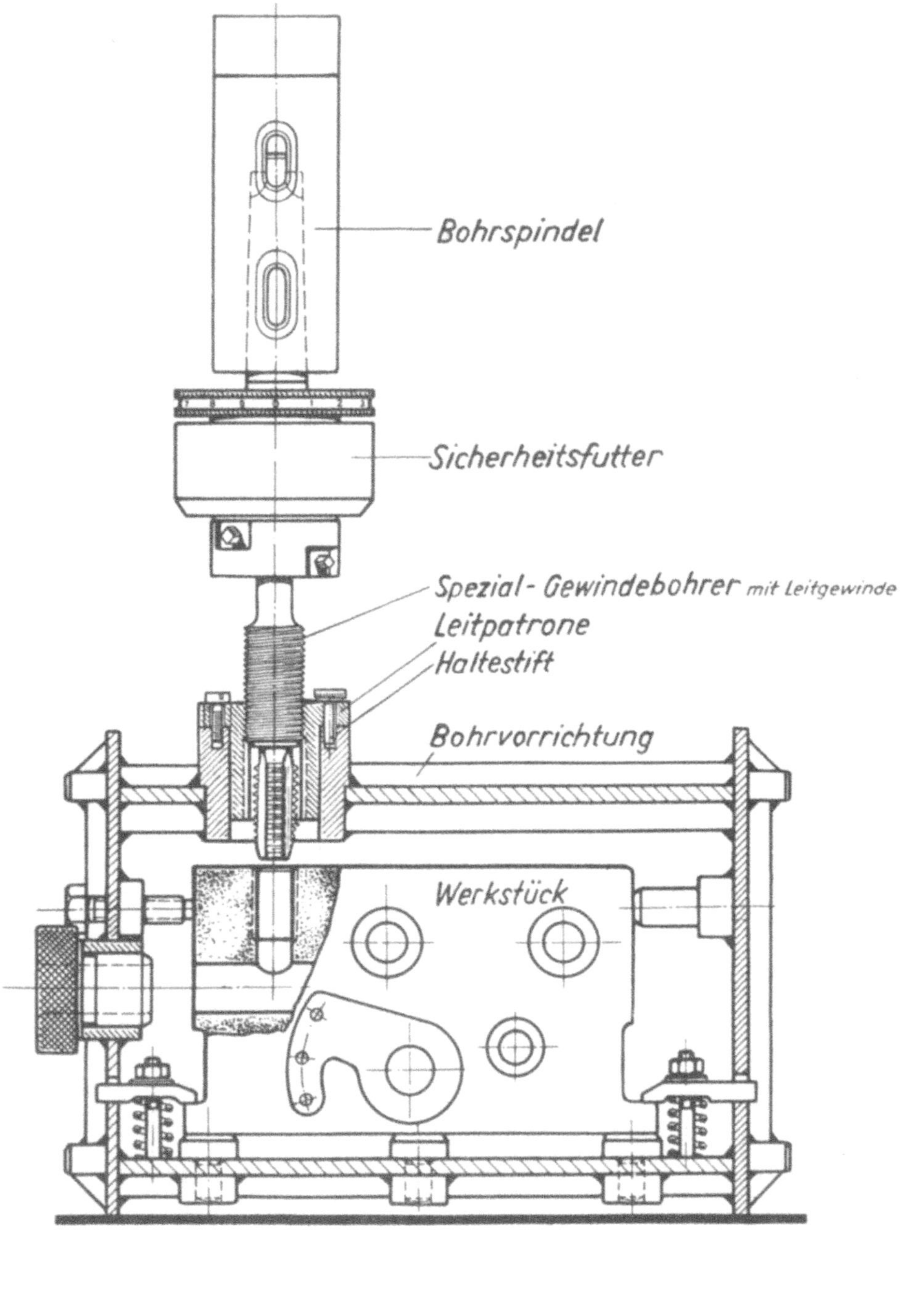

Raboma-Maschinenfabrik Hermann Schoening Berlin-Borsigwalde

DAS FRÄSEN MIT DER RADIALBOHRMASCHINE

Die Notwendigkeit gelegentlichen Fräsens mit der Radialbohrmaschine
Unterschiedliche Lagerung der Bohr- und Frässpindel
Arbeitsweise • Einrichten der Maschine
Vorschub • Befestigung und Durchmesser des Fräsers • Spänebeseitigung • Beispiele

Gelegentlich kann die Notwendigkeit eintreten, mit der Radialbohrmaschine Fräsarbeiten auszuführen, weil eine geeignete Sonderfräsmaschine nicht zur Verfügung steht oder weil Transporte und Umspannungen der Größe und des Gewichtes der Stücke wegen gespart werden sollen. Oft wird es sich dabei um Werkstücke handeln, für die der große Verschiebeweg des Bohrschlittens entlang dem Ausleger die Radialbohrmaschine zum Fräsen besonders geeignet erscheinen läßt.
Die Bohrspindel ist zwar nicht zur Aufnahme starker Biegungskräfte eingerichtet, wie sie beim Fräsen durch den quer zur Spindel wirkenden Vorschub auftreten. Dieser Umstand schließt jedoch nicht aus, daß auch mit der Radialbohrmaschine gelegentlich gefräst werden kann, wobei allerdings die Vorschubkraft bei weitem nicht so groß sein darf wie bei der Fräsmaschine. Infolgedessen werden hauptsächlich nur Gußeisen und Leichtmetall in Betracht kommen.

Unterschiedliche Lagerung der Bohr- und der Frässpindel

Beim Bohren heben sich die in der Waagerechtebene wirkenden Schnittkräfte in der Regel auf, so daß starke seitliche Kräfte nicht auftreten. Infolgedessen unterscheidet sich, rein äußerlich gesehen, die Lagerung einer Bohrspindel von der einer Frässpindel dadurch, daß bei letzterer der Abstand der Werkzeugschneiden vom Hauptlager im Maschinenkörper so kurz wie möglich gehalten ist. Der Spindelkopf liegt fast in seiner ganzen Länge im Lager selbst und damit auch der Aufnahmekegel für das Werkzeug, so daß die freitragende Länge von der Schneide bis zum Hauptlager sehr gering ist. Wenn also mit der Radialbohrmaschine gefräst werden soll, sind ähnliche Arbeitsbedingungen wie bei der Fräsmaschine herbeizuführen. Ferner ist durch Wahl eines angemessenen Vorschubes Rücksicht auf die schwächere Bohrspindel zu nehmen.

Arbeitsweise

Das Fräsen ist sowohl mit dem Umfang (Walzen), als auch mit der Stirnseite des Werkzeuges (Stirnen) möglich. Dabei kann der Vorschub auf zweierlei Weise zustande kommen:
Durch Vorschieben des Werkstückes gegen die feststehende Spindel wie bei der Fräsmaschine oder durch Vorschieben des Werkzeuges mit dem Bohrschlitten gegen das Werkstück.
Beim Fräsen durch Vorschieben des Werkstückes gegen die Spindel wird dieses mit einem Schlitten, beispielsweise einem Kreuztisch oder einem auf dem Bohrtisch aufgebauten Kreuzsupport gegen das feststehende, sich nur drehende Werkzeug bewegt (Tafel 520/1 u. 2). Bohrschlitten und Säule sind festgespannt. Dabei sollte der Fräsdorn unten möglichst in einem Hilfslager geführt werden, um die Bohrspindel zu entlasten (Tafel 520/1). In welcher Richtung das Werkstück gegen die Spindel vorgeschoben wird, längs des Auslegers oder quer dazu, ist in diesem Fall belanglos, nicht aber, wenn fliegend gefräst wird (Tafel 520/2). Da der Fräser in ähnlicher Weise abschwenkt (Tafel 520/3) wie ein

Senker (s. Abschn. 22: „Das Verlaufen der Senker"), wird die Vorschubrichtung bei rechtsdrehendem Fräser zweckmäßig von vorn gegen das Auslegerprisma zu gelegt, um zu vermeiden, daß der Ausleger mitgerissen wird und sich wegdreht.

Beim Fräsen durch Verschieben der Bohrspindel gegen das Werkstück wird der Bohrschlitten von Hand am Ausleger verschoben. Die Säule muß festgespannt, der Bohrschlitten dagegen beweglich sein. Dies setzt voraus, daß die Festspannung der Säule gegenüber der des Bohrschlittens getrennt oder voreilend betätigt wird, wie letzteres bei den Raboma-Radialbohrmaschinen auch bei gemeinsamer Spannung der Fall ist. Da der Fräser fliegend arbeitet, muß besonders darauf geachtet werden, daß die seitlich auf die Bohrspindel drückende Vorschubkraft klein bleibt, damit die Bohrspindellager nicht überlastet werden und der Ausleger sich nicht wegdreht. Im allgemeinen ist eine Grenze durch die Kraft gesetzt, die der Arbeiter am Verschiebehandrad des Bohrschlittens ohne besondere Anstrengung auszuüben vermag. Die Fräsrichtung ist die des Auslegers, und da dieser nur im Kreis schwenkbar ist, muß das Werkstück nach der Linie, auf der sich die Bohrspindel verschiebt, ausgerichtet werden. Sofern Höhenmaße genau einzuhalten sind, kann außerdem noch ein weiteres Ausrichten des Tisches erforderlich werden, um die Veränderung des Abstandes der Spindel vom Tisch beim Verschieben des Bohrschlittens auszugleichen.

Bei dem ebenfalls hierher gehörenden Kopierfräsen wird das Werkzeug mit einer Rolle von Hand in oder an einer Schablone geführt. Die Festspannung von Bohrschlitten und Säule muß dabei gelöst sein.

Einrichten der Maschine

Die Bohrspindel muß soweit in den Bohrschlitten zurückgezogen werden, daß die Vorschubbüchse eben noch sichtbar ist. Dann ist die Gewähr für die volle Ausnutzung ihrer Lagerungslänge gegeben. Die Grobeinstellung des Werkzeuges wird durch Höhenverstellung des Auslegers, die Feineinstellung durch Drehen am Vorschubhandrad vorgenommen. Durch Eindrücken des Schaltkopfes muß die Bohrspindel mit der Schnecke gekuppelt sein, damit sie in ihrer Höhenstellung verriegelt ist; der Vorschub bleibt aber selbstverständlich ausgeschaltet.

Vorschub

Wenn auf sauber gefräste Flächen Wert gelegt wird, muß der Vorschub gleichmäßig sein. Bei ungleichmäßigem Vorschub schwenkt der Fräser in stärkerem oder geringerem Maße ab, und es entstehen Marken am Werkstück.

Bei seitlichem Schnitt darf besonders dann, wenn mit fliegendem Werkzeug durch Verschieben des Bohrschlittens gefräst wird, nicht im Gleichlauf gearbeitet werden. Der Fräser „klettert", drückt den Ausleger beiseite und zieht den Bohrschlitten mit. Die Kraft, die am Handrad ausgeübt werden kann, ist nicht groß genug, ihn festzuhalten, und der Fräser rollt auf dem Werkstück ab (Tafel 520/4). Es muß also gegenläufig gefräst werden (Tafel 520/5).

Die Vorschubgeschwindigkeit muß ausprobiert werden; sie beträgt bei mittelschweren Maschinen etwa 25 mm/min., bei schweren etwa 50 mm/min. in Gußeisen.

Befestigung und Durchmesser des Fräsers

Der Fräser rüttelt sich bekanntlich leicht los und muß deshalb sorgfältig mit einem Querkeil in der Bohrspindel befestigt werden. (Bei Fräsmaschinen wird der Fräsdorn durch die hohle Spindel hindurch festgezogen.) Fräser mit kleinem Durchmesser eignen sich besser, weil dann der Hebelarm, mit dem der Fräser abschwenkt, kurz ist.

Spänebeseitigung

Damit die beim Schnitt auftretende Wärme sich nicht staut, ist es vorteilhaft, die Späne dann, wenn sie sich nicht einfach beseitigen lassen, mit einem Spänesauger abzusaugen.

Beispiele von Fräsarbeiten

Eine der am häufigsten vorkommenden Arbeiten ist das Fräsen von vorgehobelten T-Nuten in Tischen, besonders solchen von größerer Länge, für die eine geeignete Sonderfräsmaschine nicht zur Verfügung steht (Bild 521). Dabei kann der Vorschub durch Verschieben des Bohrschlittens oder des Werkstückes erzielt werden.

Keilnuten lassen sich mit dem Fingerfräser in ähnlicher Weise einarbeiten wie mit der Keilnuten-Fräsmaschine.

Nach dem Kopierverfahren können beliebig geformte Kurven gefräst werden. Allerdings würde sich eine Kopiereinrichtung nur bei der Reihenfertigung lohnen, und bei einer solchen wird man sich wiederum einer besonderen Fräsmaschine bedienen. Das Kopierfräsen mit der Radialbohrmaschine wird also auf Ausnahmefälle beschränkt bleiben.

Ringnuten lassen sich mit Hilfe eines Drehtisches einfräsen.

Ein Werkstück aus Gußeisen, das — allerdings nur des Interesses wegen — von allen Seiten durch Fräsen mit der Radialbohrmaschine bearbeitet wurde und an dem alle erwähnten Fräsarbeiten sichtbar sind, zeigt Bild 521.

Bild 521: Beispiel für das Fräsen mit der Radialbohrmaschine

RABOMA | **Fräsen mit der Radialbohrmaschine.** | Tafel 520

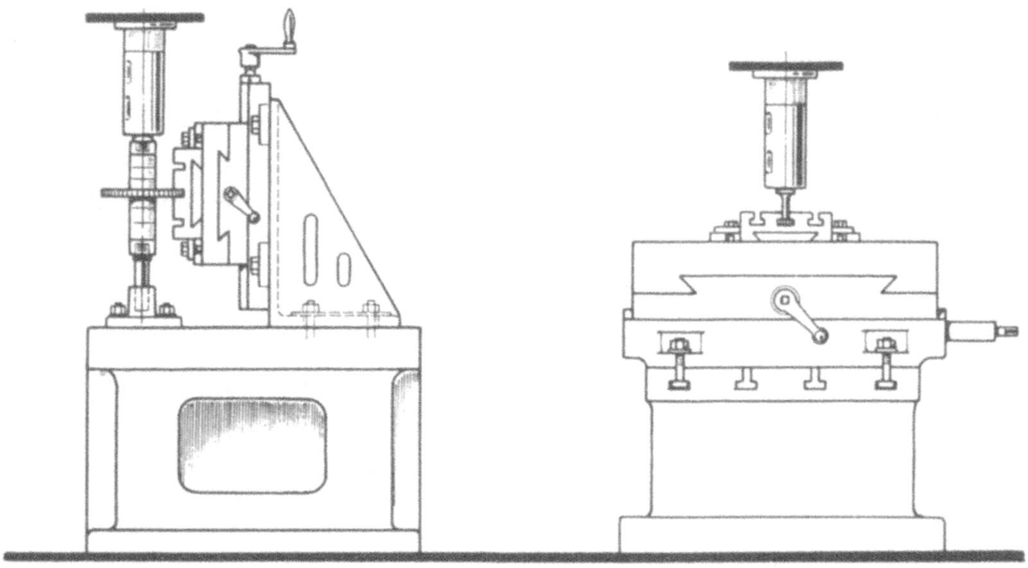

1. Der Fräsdorn ist unten in einem besonderen Lager geführt. Das Werkstück wird gegen den Fräser vorgeschoben

2. Der Fräser arbeitet fliegend. Das Werkstück wird gegen den Fräser vorgeschoben oder umgekehrt

3. Das Verhalten des Fräsers beim Fräsen ins Volle.

Der Fräser schneidet am halben Umfang, auf der anderen Hälfte ist er unbelastet. Durch den einseitigen Schnittwiderstand schwenkt er in Pfeilrichtung ab. Die Vorschubrichtung wird also immer quer zum Auslegerprisma eingestellt, damit nicht durch das Abdrücken des Fräsers der Ausleger beiseite geschwenkt wird.

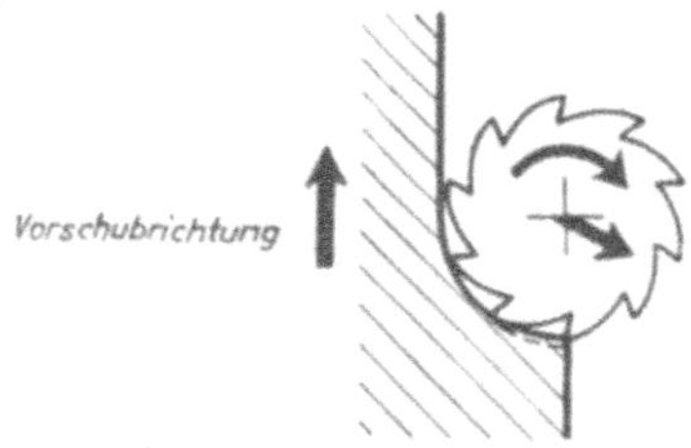

4. Gleichläufiges Fräsen.

Der Fräser klettert auf den Span auf. Hierdurch verschiebt er den Bohrschlitten aus seiner Stellung und schwenkt den Ausleger beiseite. Gleichläufiges Fräsen ist also mit der Radialbohrmaschine nicht zu empfehlen.

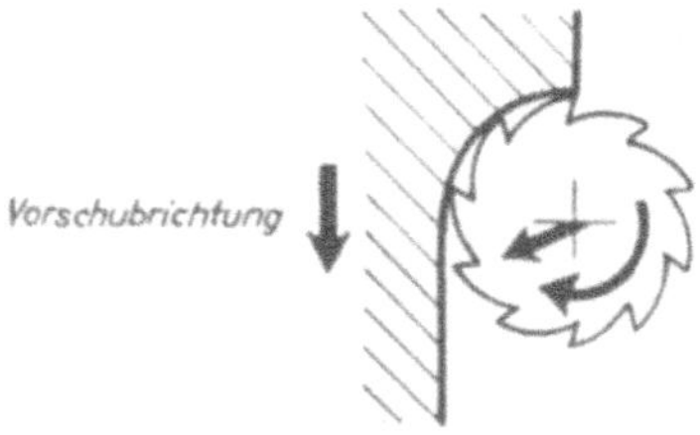

5. Gegenläufiges Fräsen

Der Fräser hat das Bestreben sich in den Werkstoff hineinzuziehen. Dem wirkt der Schnittwiderstand entgegen, sodaß der Fräser nur unwesentlich aus seiner Stellung federnd ausweicht.

Raboma-Maschinenfabrik Hermann Schoening **Berlin-Borsigwalde**

ABSCHNITT 53

DAS FEINBOHREN MIT DER RADIALBOHRMASCHINE

Zweck und Arbeitsweise • Die Werkzeugführung
Schnittgeschwindigkeit und Vorschub
Maßhaltigkeit der Bohrung und Einstellung des Stahles

Das Feinbohren dient dem Zweck, Bohrungen mit bestmöglicher Oberflächenbeschaffenheit der Lochwand durch Ausbohren allein zu erzielen, wobei aber Lehrenhaltigkeit nicht in allen Fällen Bedingung ist; häufig wird nur eine riefenfreie Lochwand verlangt. Das Verfahren ist gekennzeichnet durch eine sehr geringe Spanabnahme mit hoher Schnittgeschwindigkeit, weshalb die Werkzeuge der längeren Schnitthaltigkeit wegen vorzugsweise Schneiden aus Hartmetall haben.

Voraussetzung ist ein schwingungsfreier Schnitt, damit die gewünschte Oberflächenbeschaffenheit der Lochwand gewonnen und die Werkzeugschneide geschont wird. Sodann darf, um eine zylindrische Form der Bohrungen zu erreichen, die freitragende Länge des Werkzeuges auf dem Vorschubweg nicht verändert werden.

Bei den von oben nach unten arbeitenden Feinbohrwerken ist deshalb entweder die Bohrspindel in einem am Maschinenständer geführten Kopf gelagert und wird mitsamt diesem nach unten bewegt, oder aber der Tisch wird mit dem Werkstück gegen die Bohrspindel verschoben. Für eine gute Führung und eine gleichbleibende freitragende Länge der Bohrspindel ist also in beiden Fällen gesorgt.

Bei Radialbohrmaschinen führt im Gegensatz dazu die Bohrspindel allein die Vorschubbewegung aus, so daß sich ihre freitragende Länge auf dem Vorschubweg ständig vergrößert.

Wenn nun auch der Radialbohrmaschine wichtige Kennzeichen des Feinbohrwerkes fehlen und sie mit einem solchen nicht verglichen werden kann, so lassen sich mit ihr doch bis zu einem gewissen Grad Feinbohrarbeiten ausführen, wenn hinsichtlich der Werkzeugführung und der Schnittbedingungen die übrigen Voraussetzungen dafür gegeben sind oder geschaffen werden können.

Werkzeugführung

Mit Werkzeugen ohne besondere Führung, also „fliegend“, können Bohrungen in derselben Weise ausgebohrt oder ausgeschlagen werden, wie dies auch vom Waagerechtbohrwerk her bekannt ist. Die Schneidenbelastung des Bohrstahles darf dabei nur so groß sein, daß die Bohrspindel nicht oder nicht nennenswert elastisch abgebogen wird. Dies ist deshalb wesentlich, weil sonst die Bohrung mit zunehmender Tiefe unten enger, also kegelig wird. Beim Feinbohren ist aber die Spanabnahme so gering, daß eine solche Gefahr in der Regel nicht besteht. Trotzdem empfiehlt es sich, die Werkzeuge zu führen, und zwar möglichst doppelseitig. Meist werden sowieso Bohrvorrichtungen verwendet, so daß dadurch kein zusätzlicher Aufwand nötig ist. Eine gute Führung in langen Büchsen ergibt gleichzeitig auch ein schwingungsfreies Arbeiten der Bohrstangen, da das Ölpolster in den Lagern dämpfend wirkt. Die Bohrspindel selbst läuft so gut wie spielfrei, da in deren Kugellagern jedes Spiel selbsttätig ausgeschaltet wird.

Schnittgeschwindigkeit und Vorschub

Eine wichtige Voraussetzung sind hohe Schnittgeschwindigkeiten, damit auch härtere Gefügebestandteile des Werkstoffes glatt durchschnitten und nicht aus der Grundmasse herausgerissen werden (Gefügeerhaltende Zerspanung). Besondere Vorkehrungen sind an den Radialbohrmaschinen dafür nicht nötig, da es sich meist um Bohrungen von mittleren und größeren Durchmessern handelt, wofür die normalen Bohrspindeldrehzahlen ausreichen.

Aber auch die notwendigen Feinvorschübe von wenigen hundertstel Millimetern sind bei den Raboma-Radialen in der normalen Vorschubreihe enthalten; ihre Größe ist nach unten hin dadurch begrenzt, daß in Rücksicht auf die zum Reiben notwendigen Vorschübe die Reihe keine größere Ausdehnung erhalten kann, als mit einfachen Mitteln und ohne die Maschine zu komplizieren, erreichbar ist.

Maßhaltigkeit der Bohrung und Einstellen des Stahles

Die erreichbare Durchmessergenauigkeit und die Sauberkeit der gebohrten Wandungen hängen von der Schnitthaltigkeit des Stahles ab. Auch bei Hartmetallschneiden führen harte Stellen im Werkstück zu kleinen Abplattungen der Schneide und damit zu einer Verkleinerung des Bohrungsdurchmessers und einer Veränderung der Oberflächenbeschaffenheit. Wenn auch diese Werkzeugabnutzung sehr gering ist, so stört sie doch, sobald es sich, wie in diesem Fall, um kleinste Toleranzen handelt. Durch entsprechende Wahl des Einstellwinkels (kleiner als 90°) läßt sich aber erreichen, daß ein genügend großer Teil der Schneide in Eingriff steht, und daß die spezifische Beanspruchung herabgesetzt wird.

Die Einstellung des Stahles auf den Durchmesser erfordert in der Reihenfertigung einige Aufmerksamkeit, weil das genaue Maß nicht, wie sonst bei der Radialbohrmaschine üblich, erst nach dem Ausbohren durch Reiben, sondern schon mit dem Bohren selbst erreicht werden soll.

VERSCHIEDENE ARBEITSBEISPIELE

Bohren des Gehäuses einer Zahnräderpumpe

Das Gehäuse besteht aus 3 durch Zylinderkopfschrauben zusammengehaltenen Teilen: einem Mittelstück aus Stahl sowie je einem oberen und unteren Lagerdeckel aus Gußeisen (Tafel 540). Die sonst üblicherweise beim Zusammenbau verwendeten Kegelpaßstifte sind durch zylindrische Stifte ersetzt, deren Paßlöcher in der Vorrichtung nicht nur gebohrt, sondern auch schon fertiggerieben werden, so daß der Zusammenbau keine Nacharbeit erfordert.

Bild 541: Bohren des Gehäuses einer Zahnräderpumpe

Arbeitsgänge

Oberer und unterer Lagerdeckel.

Vorbohren der beiden Räderzapfenlöcher mit einem Spiralbohrer von 16 mm Durchmesser. Ausbohren mit dem doppelseitig schneidenden Bohrstahl auf 17,7 mm Durchmesser, eindrehen der Ölnuten und fertigreiben auf 18 mm Durchmesser.

Vorbohren der beiden Paßstiftlöcher mit einem Spiralbohrer von 10 mm Durchmesser, ausbohren mit dem doppelseitig schneidenden Bohrstahl auf 11,7 mm Durchmesser und fertigreiben auf 12 mm Durchmesser.

Bohren der beiden Durchgangslöcher von 8,4 mm Durchmesser im oberen Deckel und einseitiges Einsenken für die Schraubenköpfe.

Vorbohren der beiden Gewindelöcher von 6,7 mm Durchmesser im unteren Deckel und schneiden der Gewinde M8.

Mittelstück (Brille).

Vorbohren der beiden Räderlöcher mit einem Spiralbohrer von 32 mm Durchmesser, ausbohren mit dem doppelseitig schneidenden Bohrstahl auf 37,7 mm Durchmesser und fertigbohren mit einem ebensolchen Bohrstahl auf 38 mm Durchmesser. Da die Räder in der Brille mit 0,05 mm Luft an ihrem Außendurchmesser laufen, brauchen die Löcher nicht gerieben zu werden.

Vorbohren der beiden Paßstiftlöcher wie in den Deckeln.

Bohren der beiden Durchgangslöcher von 8,4 mm Durchmesser für die Befestigungsschrauben.

Arbeitsfolge

Alle Löcher eines Teiles werden erst vorgebohrt, dann jedes einzelne aufgebohrt und in derselben Bohrspindelstellung fertiggerieben, um höchste Genauigkeit zu erreichen.

Arbeitszeiten

Oberer Deckel	11,95 Min.
Mittelstück (Brille)	12,60 Min.
unterer Deckel	11,95 Min.
alle 3 Teile zusammen:	36,50 Min.

Vorrichtungen und Werkzeuge

Die für alle 3 Teile passende Bohrvorrichtung ist aus Tafel 540 sowie Bild 541 ersichtlich. Nur die Spiralbohrer sowie die Bohrstange sind in Führungsbüchsen geführt, nicht aber die Reibahlen. Die Führung ist einseitig. Das Sonderwerkzeug zum Eindrehen der Ölnuten zeigt Tafel 603/14.

Bohren von Löchern in trichterförmige Kesselwände

Beim Bohren von Rohrlöchern in stark gewölbte oder trichterförmige Kesselböden muß, wenn die Lochachsen nicht rechtwinklig zur Werkstückoberfläche stehen, erst angesenkt werden, damit der Spiralbohrer beim Vorbohren des Führungsloches für das Aufbohrwerkzeug richtig zum Schnitt ansetzen kann (Tafel 542). Zum Ansenken dient am besten ein kurzer Bohrer mit abgeschliffener Spitze. Der Vorschub ist bei diesem Arbeitsgang ganz vorsichtig von Hand zuzustellen, damit das Werkzeug nicht zu stark abgebogen oder gar beim Einhaken der Ausleger beiseitegeschwenkt wird.

Ob einmaliges Aufbohren genügt oder ob, wie in dem gezeichneten Beispiel, zwei Arbeitsgänge dafür nötig sind, hängt nicht allein vom Durchmesser des Loches, sondern auch von der Leistungsfähigkeit der verwendeten Radialbohrmaschine ab.

Als Aufbohrwerkzeug eignet sich vorzüglich ein Spiralbohrmesser mit Führungszapfen. Der Vorschub soll 0,2 mm/Uml. nicht überschreiten.

RABOMA

Arbeitsbeispiel: Dreiteiliges Räderpumpengehäuse

Tafel **540**

Gesamtansicht.

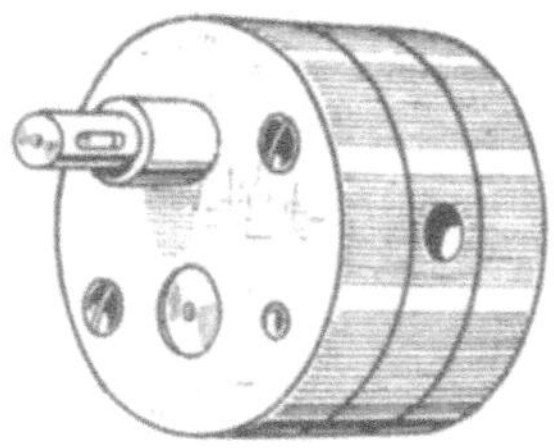

Oberer Deckel	Mittelstück	Unterer Deckel
Ge. 22.91	(Brille) St. 60.11	Ge. 22.91

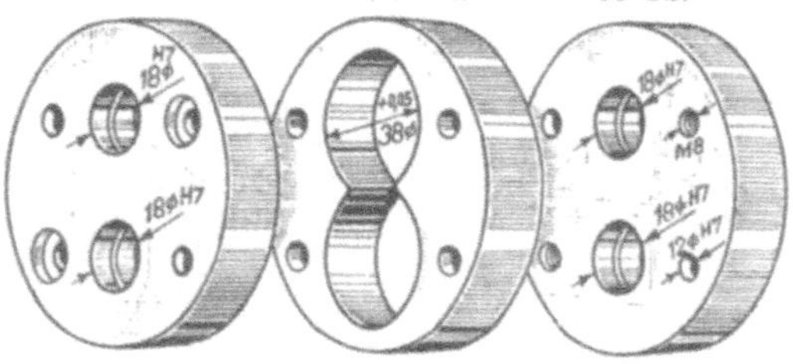

Auch die beiden Löcher für die zyl. Haltestifte werden in der Vorrichtung gebohrt und gerieben, um Nacharbeit beim Zusammenbau zu sparen.

Schwenkvorrichtung

für verschiedene, auswechselbare Aufnahmekörper.

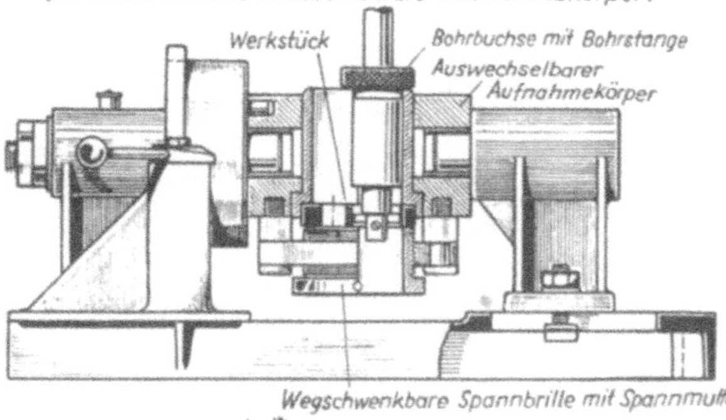

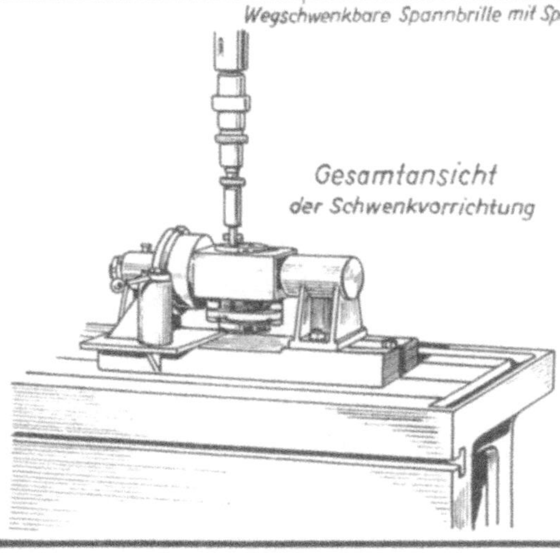

Gesamtansicht der Schwenkvorrichtung

Arbeitsgänge.

Oberer und unterer Deckel:

Je 2 Räderzapfenlöcher mit Spiralbohrer 16 mm Ø vorbohren.
Mit doppelseitig schneidendem Bohrstahl auf 17,7 mm Ø ausbohren.
Oelnute eindrehen.
Fertigreiben auf 18 mm Ø (H7)
2 Paßstiftlöcher mit Spiralbohrer auf 10 mm Ø vorbohren, mit doppelseitig schneidendem Bohrstahl auf 11,7 mm Ø ausbohren.
Fertigreiben auf 12 mm Ø (H7)

Im oberen Deckel:

2 Durchgangslöcher 8,4 mm Ø bohren und einseitig für zyl. Schraubenkopf einsenken.

Im unteren Deckel:

2 Gewindelöcher 6,7 mm Ø mit Spiralbohrer bohren, Gewinde M8 schneiden.

Mittelstück (Brille)

2 Bohrungen für die Räder mit Spiralbohrer 32 mm Ø vorbohren.
Mit doppelseitig schneidendem Bohrstahl auf 37,7 mm Ø ausbohren.
Mit doppelseitig schneidendem Bohrstahl auf 38 mm Ø fertigbohren.
2 Paßstiftlöcher (wie oben)
2 Durchgangslöcher 8,4 mm Ø mit Spiralbohrer bohren.

Arbeitsfolge.

Alle Löcher werden erst vorgebohrt, dann einzeln ausgebohrt und in derselben Bohrspindelstellung fertiggerieben.

Vorrichtung und Werkzeuge.

Bohrvorrichtung für alle 3 Teile passend mit Führungsbuchsen für die Spiralbohrer und Bohrstangen.
Sonderwerkzeug zum Eindrehen d. Oelnuten.
Bohrstangen mit doppelseitig schneidenden Bohrstählen.

Arbeitszeiten:

Oberer und unterer Deckel	je 11,95 Min.
Mittelstück (Brille)	12,6 "
Alle 3 Teile zusammen	36.5 Min.

Raboma-Maschinenfabrik Hermann Schoening **Berlin-Borsigwalde**

RABOMA | Bohren von Löchern 101 m/m Ø mit Spiralbohrmessern in gewölbte oder trichterförmige Kesselböden | Tafel 542

Arbeitsfolge 1

Bohrspindel mittels Körnerspitze auf Lochmitte einstellen. Maschine allseitig festspannen.

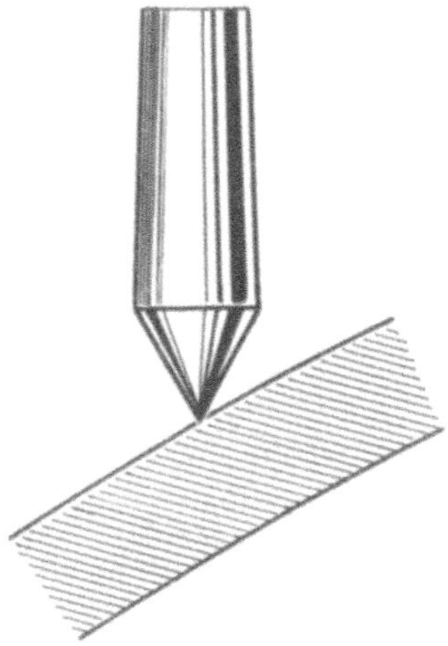

Arbeitsfolge 2

Aussenken mit gerade geschliffenem Spiralbohrer 30 mm Ø. Vorschub vorsichtig von Hand betätigen, damit der Ausleger nicht beiseite geschwenkt wird.

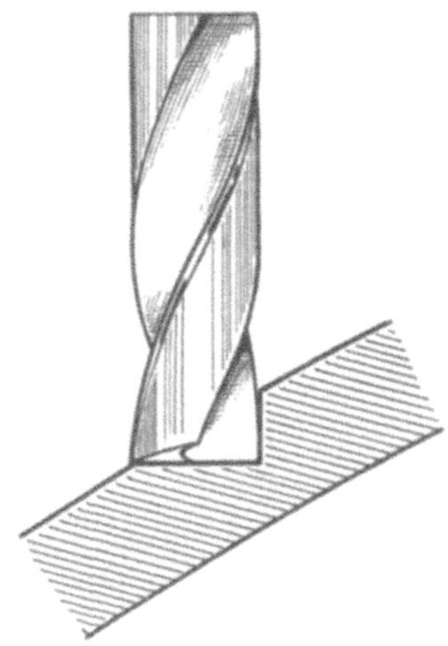

Arbeitsfolge 3

Vorbohren mit Spiralbohrer 25 mm Ø

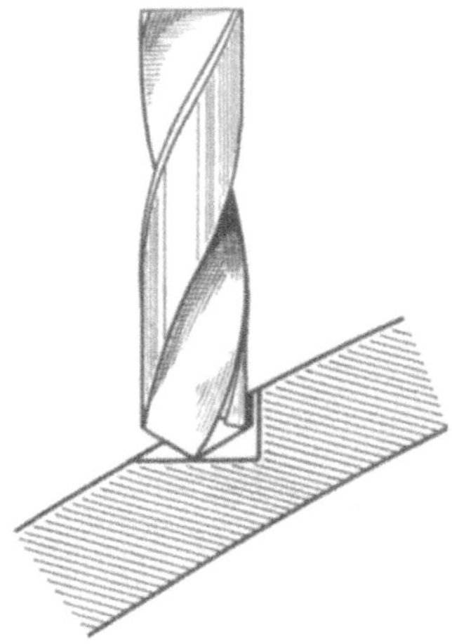

Arbeitsfolge 4

Aufbohren mit Spiralbohrmesser 45 m/m Ø
Führungszapfen 25 m/m Ø

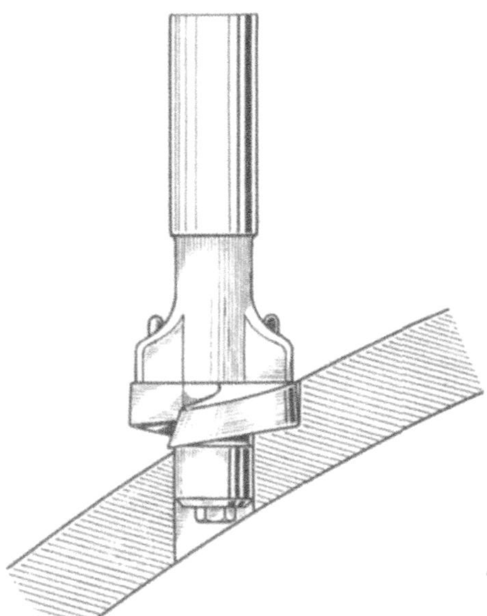

Arbeitsfolge 5

Aufbohren mit Spiralbohrmesser 101 m/m Ø
Führungszapfen 45 m/m Ø

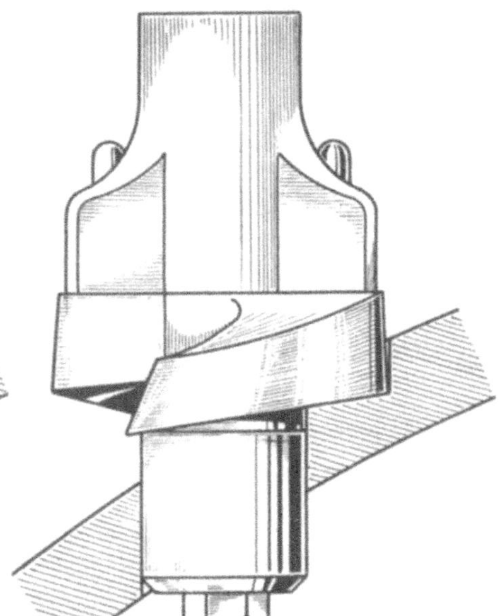

Raboma-Maschinenfabrik Hermann Schoening Berlin-Borsigwalde

ABSCHNITT 60

WERKZEUGE ZUM NUTENEINSTECHEN, FREISPAREN UND ABFASEN

Häufig sind in Bohrungen Ringnuten einzustechen, beispielsweise zur Schmierung oder zur Aufnahme von Filzringen oder Seegerringen, sodann aber auch, um längere Bohrungen teilweise freizusparen oder um das Gewindeschneiden in Grundlöchern zu erleichtern.

Die Tafeln 600 bis 604 zeigen eine Sammlung verschiedener Einstechwerkzeuge, deren jedes bestimmte Vorteile hat. Im Bedarfsfall muß das geeignetste Werkzeug ausgesucht und auch im eigenen Betrieb angefertigt werden, mit Ausnahme eines Sonderwerkzeuges für Seegerringnuten, das im Handel erhältlich ist. Die Schwierigkeiten, eine für den jeweiligen Zweck brauchbare und genügend steife Bauart zu finden, wachsen im allgemeinen mit kleiner werdendem Bohrungsdurchmesser.

Das Wegschaffen der Späne erfordert bei allen Einstecharbeiten die größte Aufmerksamkeit. Die Gefahr, daß sich die Späne stauen und daß die Stähle oder gar die Werkzeuge abgerissen werden, ist besonders bei kleinen Durchmessern und Grundlöchern sehr groß.

Der Einstechstahl wird zur Schnittzustellung entweder in der Längsebene auf einem Kreisbogen aus dem Werkzeugkörper herausgeschwenkt oder rechtwinklig zur Drehachse herausgeschoben. Der Nutenquerschnitt wird im einen Fall durch die Schwenkbewegung mitbestimmt, während er im andern beliebig, vor allem also auch rechteckig sein kann. Ein weiteres Kennzeichen ist ferner die Art der Aufnahme der Vorschubkraft. Wird sie im Werkzeug selbst aufgenommen (Tafel 600 und 601), dann muß man den Stahl am laufenden Werkzeug durch Anziehen einer Mutter o. ä. von Hand zustellen. Abgesehen davon, daß dies sehr schwierig ist, wird das Werkzeug dabei elastisch abgebogen, um die notwendige Vorschubkraft zu erreichen. Bei den Werkzeugen der Tafeln 602 bis 604 stellt sich der Stahl durch die Vorschubbewegung der Bohrspindel selbsttätig zu, und zwar bei der einfachsten Ausführung dadurch, daß der Werkzeugkörper oder auch nur der Stahl bzw. das Messer im Lochgrund aufsitzen und durch die Abwärtsbewegung der Bohrspindel vorgeschoben werden (Tafel 602/9—11). Voraussetzung ist demnach, daß es sich um Grundlöcher und nicht um Durchgangslöcher handelt.

Für die Reihenfertigung sind jene Werkzeuge die zweckmäßigsten, bei denen der Werkzeugkörper zum Zustellen des Stahles über ein Kugellager auf dem Werkstück oder der Vorrichtung abgestützt ist, so daß die Bohrspindel nur bis zu einem der Nutentiefe entsprechenden Anschlag nach abwärts geschoben zu werden braucht (Tafel 603 und 604). Durch Unterlegen verschieden hoher Paßstücke oder Endmaße zwischen Werkstück und Werkzeug läßt sich ein und dasselbe Werkzeug ohne Änderung auch zum Einstechen mehrerer im Abstand voneinander sitzenden Nuten verwenden.

Für das teilweise Freisparen längerer Bohrungen eignen sich vorzugsweise die Werkzeuge nach Tafel 600/2 und 4, Tafel 601/6 und Tafel 603/15, während dasjenige nach Tafel 601/8 nur für weniger tiefe Nuten oder Freisparungen brauchbar ist, weil der Stahl beim Zurückklappen sofort auf die volle Tiefe schneidet.

Zum Abfasen der Bohrungsränder dagegen sind alle Werkzeuge zu gebrauchen, soweit sie sich nicht auf dem Lochgrund abstützen. Auch Tafel 605 zeigt einige dafür geeignete Werkzeuge.

RABOMA

Einstechwerkzeuge

mit Handzustellung des Stahles am Werkzeug.

Werkzeug auf Kreisbogen schwenkend.

Tafel 600

1

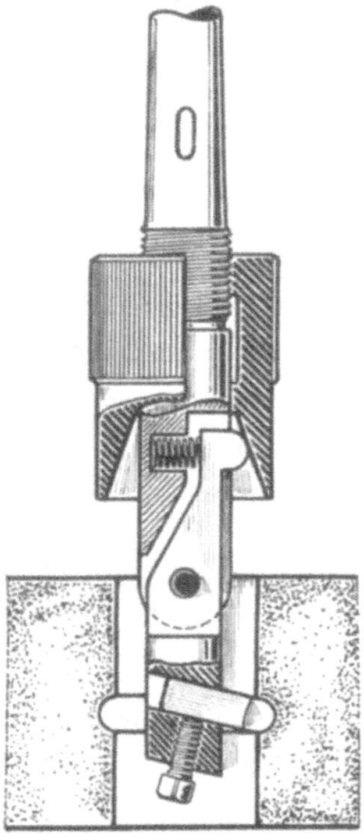

2

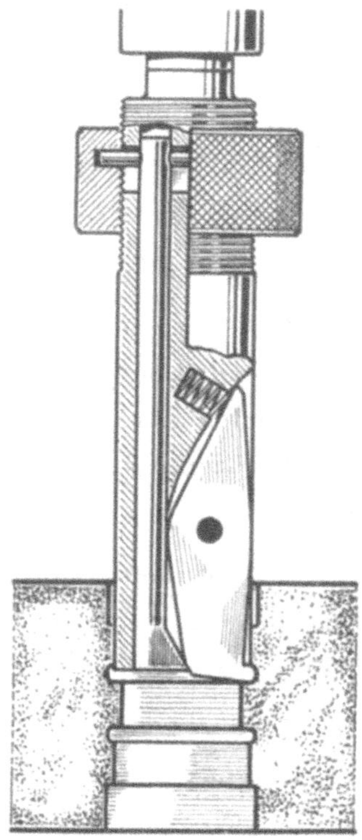

3

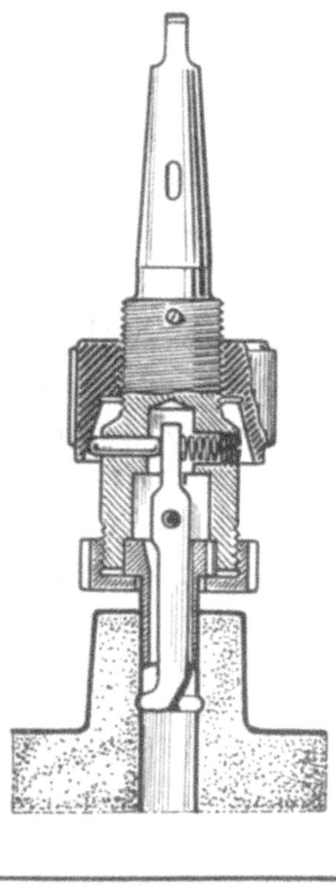

4

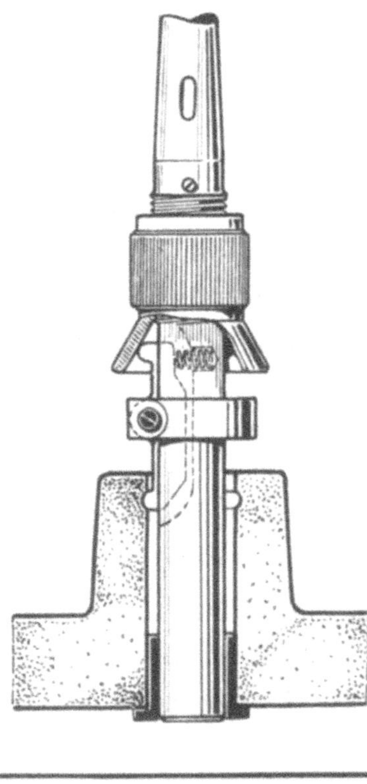

Raboma-Maschinenfabrik Hermann Schoening **Berlin-Borsigwalde**

RABOMA

Einstechwerkzeuge

mit Handzustellung des Stahles am Werkzeug.

Werkzeug rechtwinklig zur Lochachse vorschiebend.

Tafel **601**

5

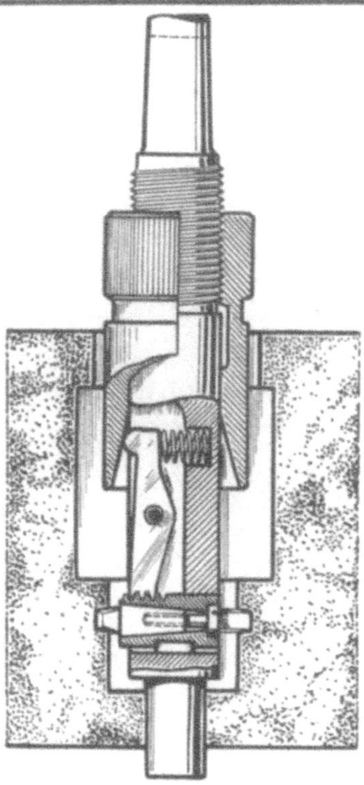

6

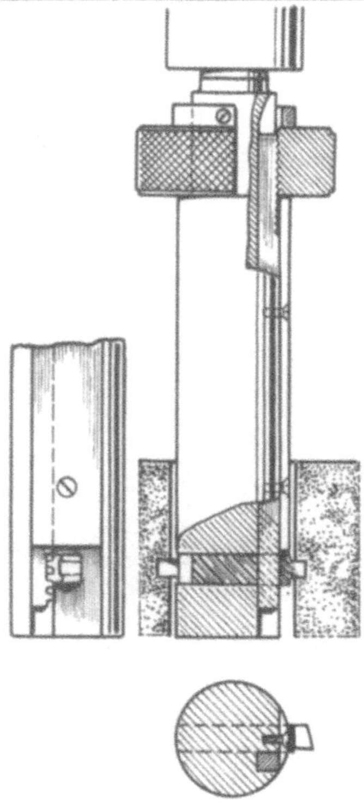

7

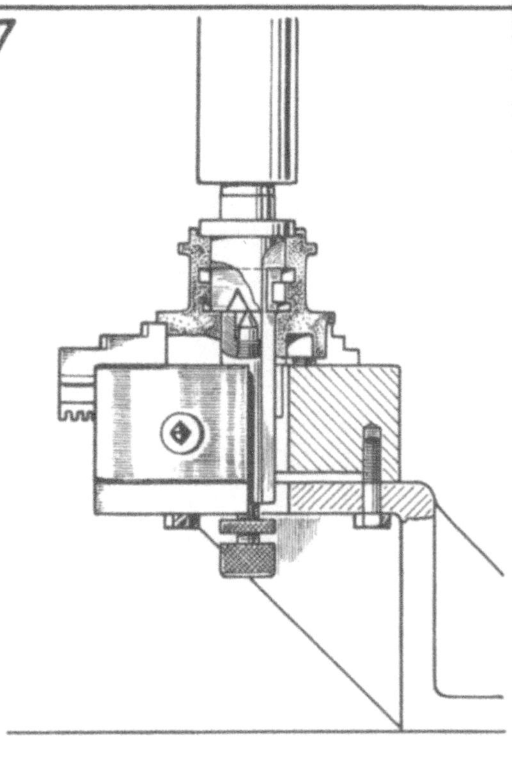

8

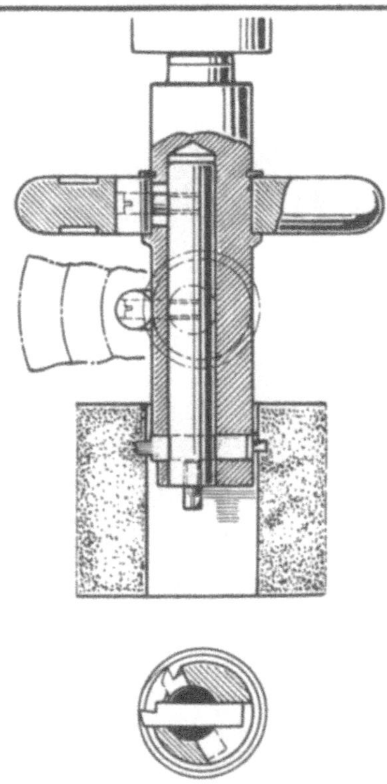

Raboma-Maschinenfabrik Hermann Schoening **Berlin-Borsigwalde**

Einstechwerkzeuge
mit selbsttätiger Stahlzustellung.
Werkzeug auf Kreisbogen schwenkend.

Tafel **602**

9

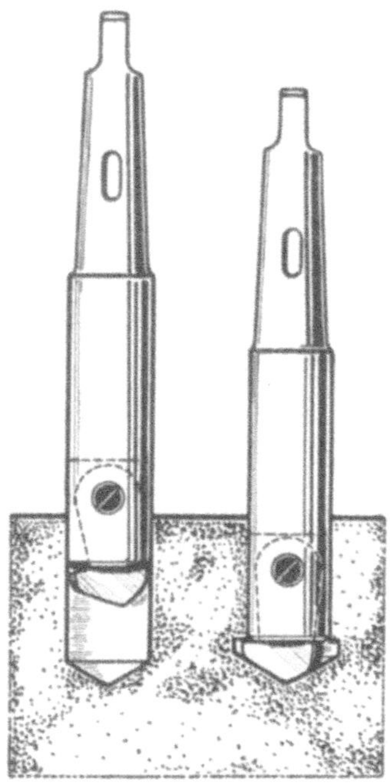

10

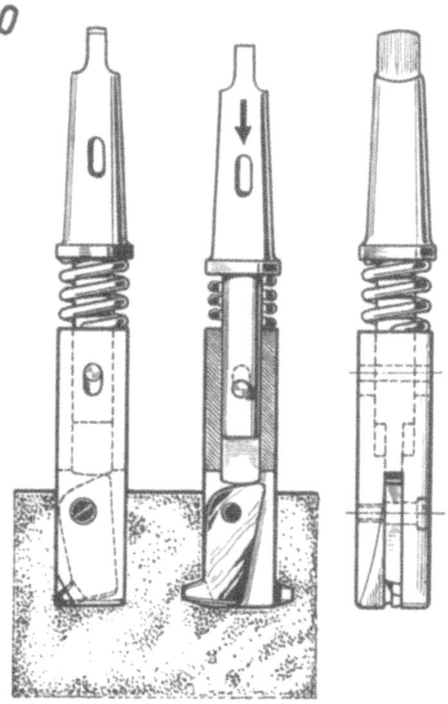

11

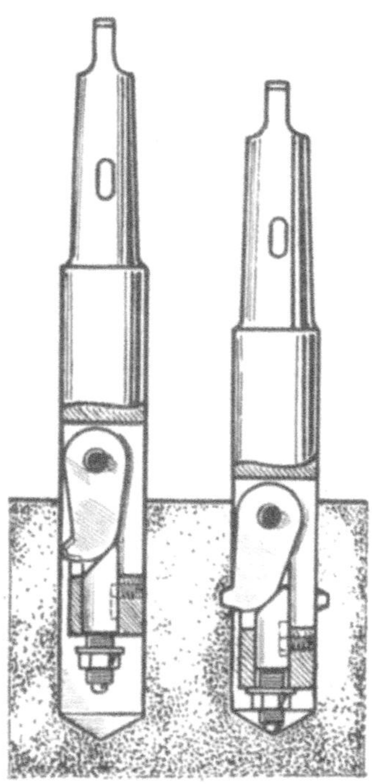

12

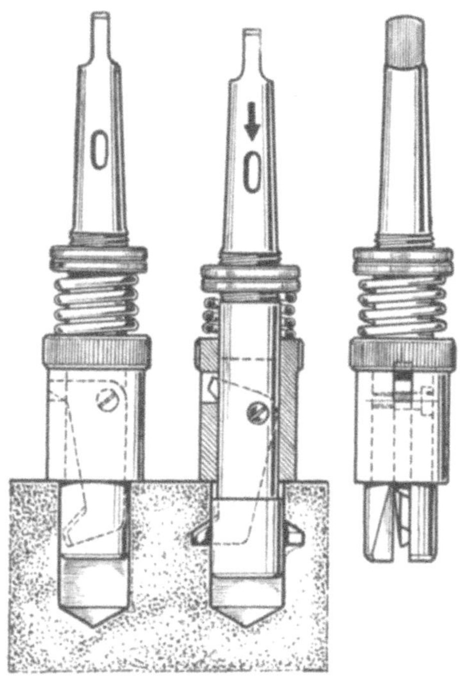

Raboma-Maschinenfabrik Hermann Schoening **Berlin-Borsigwalde**

RABOMA

Einstechwerkzeuge

mit selbsttätiger Stahlzustellung.

Werkzeug auf Kreisbogen schwenkend.

Tafel 603

13

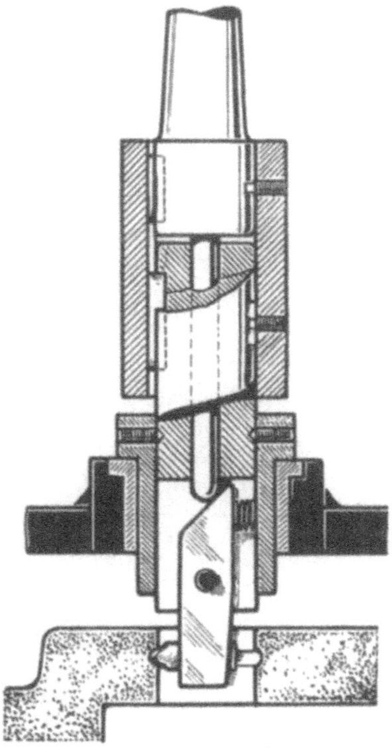

14

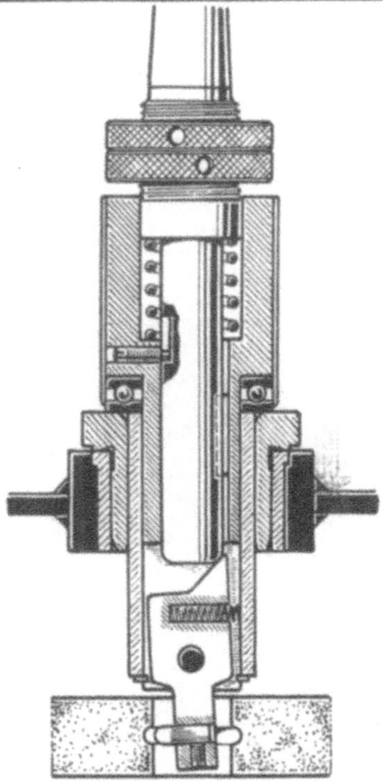

15

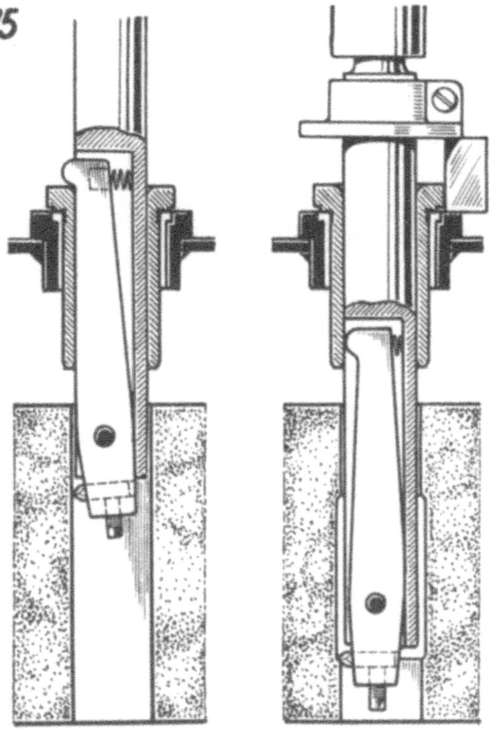

16

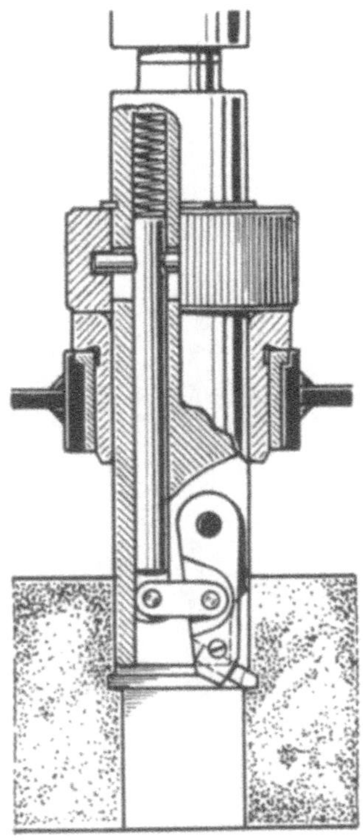

Raboma-Maschinenfabrik Hermann Schoening **Berlin-Borsigwalde**

Einstechwerkzeuge
mit selbsttätiger Stahlzustellung.
Werkzeug rechtwinklig zur Drehachse vorschiebend.

Tafel 604

17

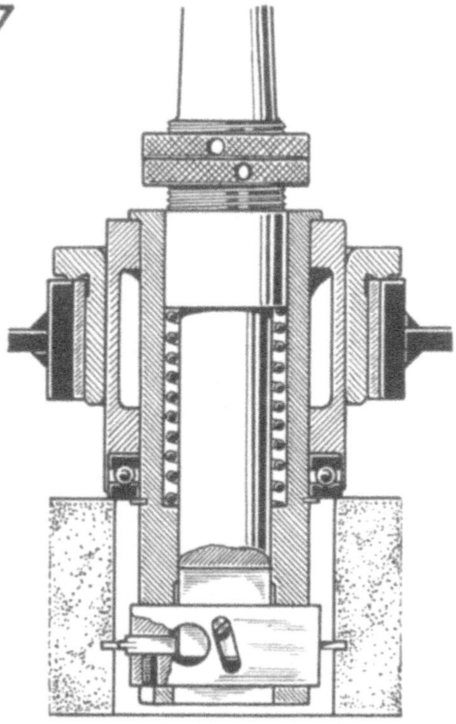

18

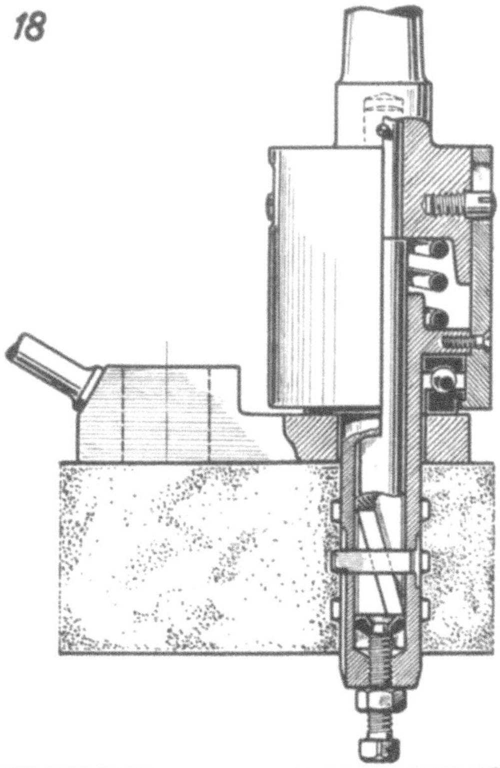

19

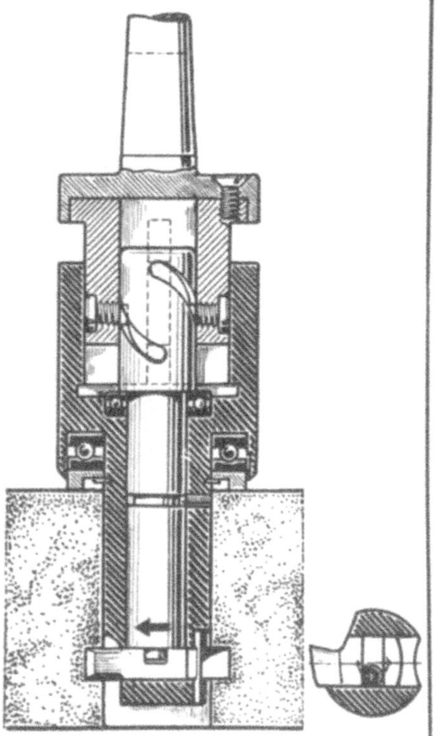

20

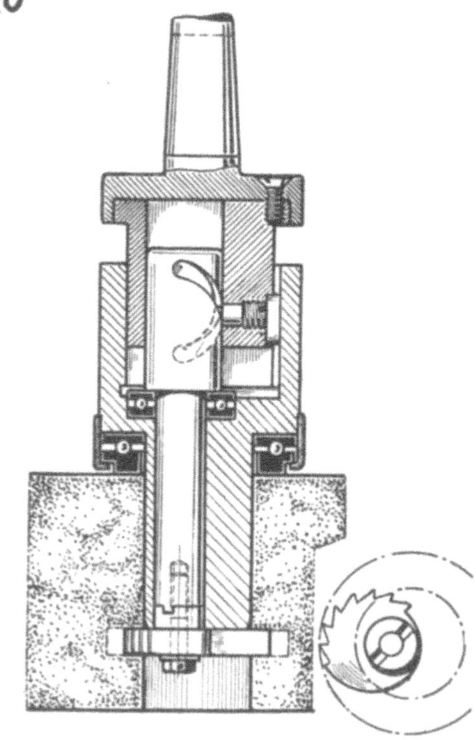

Raboma-Maschinenfabrik Hermann Schoening **Berlin-Borsigwalde**

RABOMA

Kantenbrechwerkzeuge

Tafel 605

1

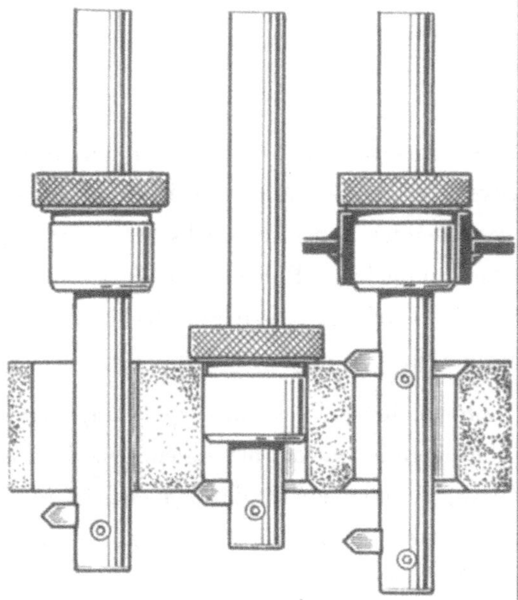

Werkzeugführung im Loch | Werkzeugführung in einer Vorrichtung

2

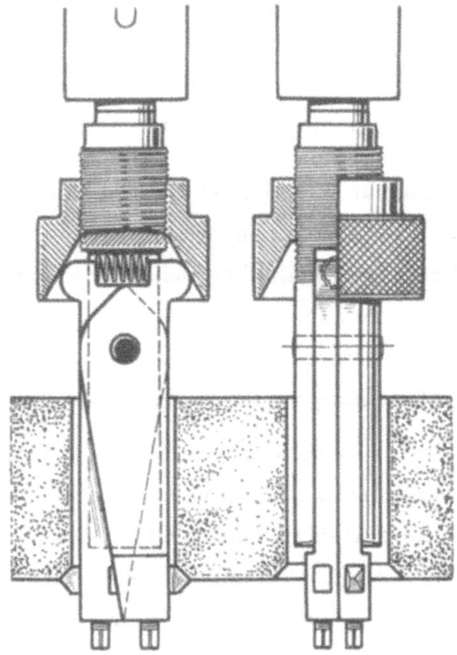

3

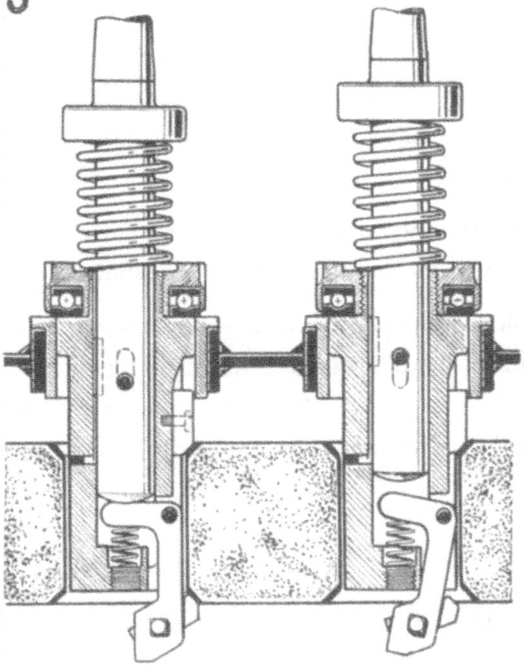

4

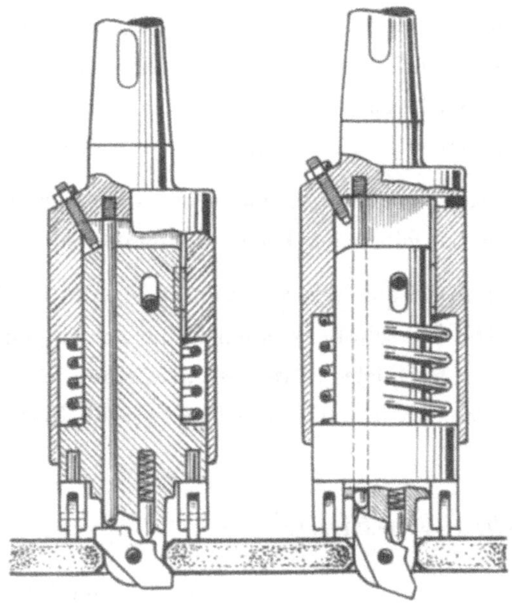

Raboma-Maschinenfabrik Hermann Schoening Berlin-Borsigwalde

ABSCHNITT 61

VERSCHIEDENE WERKZEUGE UND HILFSEINRICHTUNGEN

Werkzeug zum Andrehen von Zapfen

Gelegentlich kann es notwendig sein, an Werkstücken Ansätze oder Lagerzapfen mit der Radialbohrmaschine anzudrehen, weil bei einer verhältnismäßig kurzen Länge der Drehdurchmesser der vorhandenen Drehbänke beispielsweise wegen weit ausladender Arme am Werkstück nicht ausreicht. Wichtiger ist es aber oft, solche Zapfen oder Ansätze schon beim Bohren des Werkstückes in der Vorrichtung andrehen zu können, um eine anschließende Bearbeitung auf der Drehbank sowie eine gegebenenfalls nötige weitere Spannvorrichtung zu sparen.

Ein geeignetes Werkzeug zeigt Tafel 610/1. Der hohlgebohrte Werkzeugkörper trägt an seinem unteren Ende zwei nach innen gerichtete Stähle, die einander gegenüberstehen. Die Bohrung des Körpers muß sowohl im Durchmesser als auch in der Länge größer sein als der zu bearbeitende Zapfen. Da das Werkzeug sich demnach nicht selbst auf dem Werkstück zu führen vermag, muß es außen in einer Büchse geführt werden, damit es ruhig schneidet (Tafel 610/3).

Der gewünschte Durchmesser wird durch probeweises Einstellen der Stähle erreicht. Beide Stähle brauchen aber durchaus nicht genau gleich weit nach innen hervorzustehen, da sich das Wegschwenken des Werkzeuges bei ungleichem Schnitt in ebenso unbedeutendem Maße auswirkt wie bei der Bohrstange mit doppelseitig schneidendem Stahl. Das Einstellen der Stähle macht also keine große Mühe. Es kann aber wenigstens für das Fertigschlichten wesentlich vereinfacht werden, wenn nur ein Stahl verwendet und dieser in einem besonderen, außermittig am Werkzeugkörper sitzenden Ring befestigt wird (Tafel 610/2). Mit einer Außermittigkeit von beispielsweise 0,5 mm läßt sich so eine bequeme Zustellung von 0,01 mm je Teilstrich erreichen.

Bei Zapfen von der Länge etwa gleich dem vierfachen Durchmesser sind die üblichen Toleranzen, z. B. für einen Laufsitz nach Isa f7 bei feingeschlichteter Oberfläche ohne weiteres einzuhalten.

Eine Schnittgeschwindigkeit von 20 m/min. bei Gußeisen entspricht der beim Ausbohren gebräuchlichen. Die Vorschübe können beim Schruppen größer gewählt werden als beim Schlichten. Die Zapfen des Beispieles (Tafel 610/3) wurden mit einem Vorschub von 0,25 mm/Uml. geschruppt und einem solchen von 0,075 mm/Uml. geschlichtet. (Gußeisen 40 mm Durchmesser.)

Stiftschrauben-Einzieher

Zum Einziehen von Stiftschrauben mit der Bohrmaschine sind im Handel verschiedene Werkzeuge erhältlich. Ihre Wirkungsweise ist folgende:

Die Stiftschraube wird in einer Innengewindebüchse aufgenommen und mit rechtslaufender Bohrspindel in das Gewindeloch eingezogen. Durch Umschalten auf Linkslauf schraubt sich die Aufnahmebüchse selbsttätig vom freien Stiftschraubenende ab.

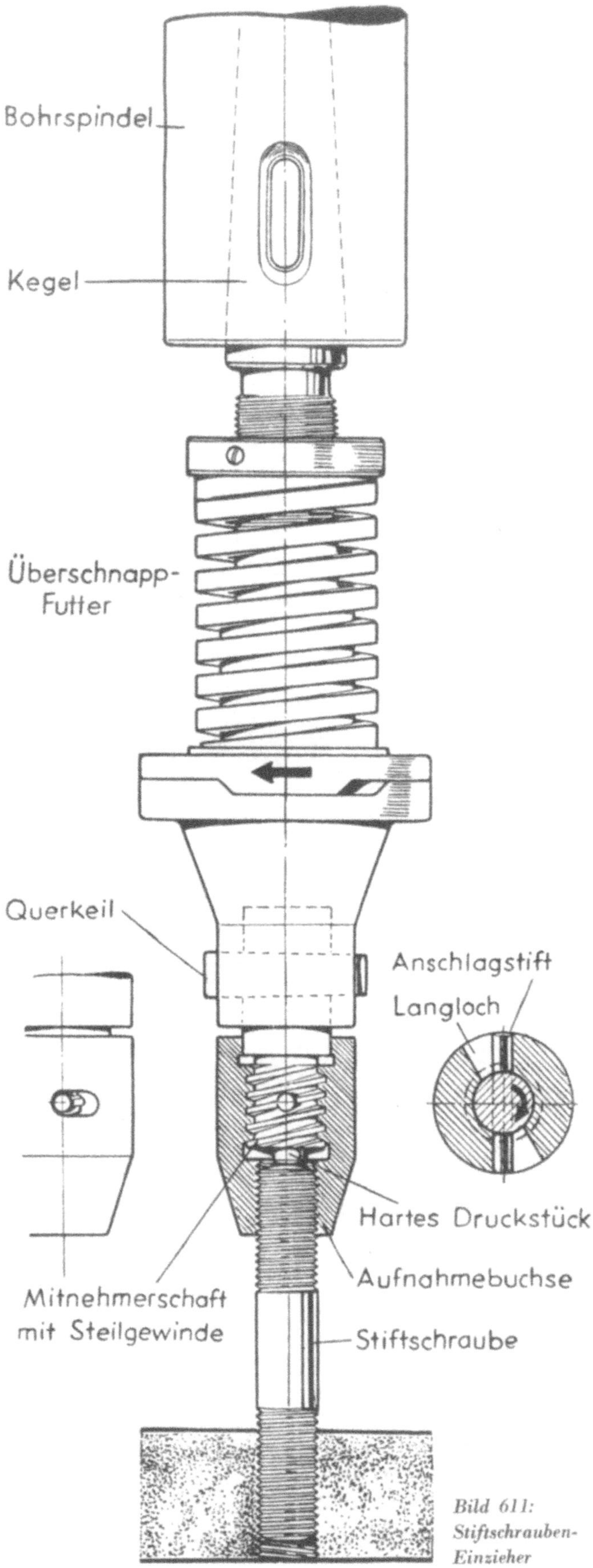

Bild 611: Stiftschrauben-Einzieher

Unterschiede bestehen hauptsächlich in der Art, wie die Stiftschraube beim Eindrehen von der Aufnahmebüchse mitgenommen wird. Wesentlich ist dabei, daß das Gewinde keine Beschädigung erleidet und daß sich die Aufnahmebüchse nach Beendigung des Einziehens leicht von der Stiftschraube herunterdreht, ohne sie aus ihrem festen Schraubsitz wieder zu lockern.

Als Beispiel zeigt Bild 611 ein solches Werkzeug. Es ist gekennzeichnet durch ein Steilgewinde, mit dem Aufnahmebüchse und Mitnehmerschaft miteinander verbunden sind. Ein Anschlagstift im Schaft und ein Langloch in der Büchse erlauben letzterer eine Drehung um einige Winkelgrade. Die Stiftschraube wird beim Einziehen durch die gegenseitige axiale Verschiebung beider Teile mit Flankenpressung im Gewinde der Aufnahmebüchse festgehalten, indem sie stirnseitig an einem gehärteten Druckstück anliegt. Beim Wenden des Drehsinnes der Bohrspindel schraubt sich infolge des Steilgewindes zuerst der Mitnehmerschaft in der Aufnahmebüchse los, so daß der stirnseitige Schluß zwischen Schraube und Druckstück und damit auch die Flankenpressung im Gewinde fortfällt. Das Werkzeug ist mit einem der bekannten Überschnappfutter verbunden, damit die festgezogene Stiftschraube nicht überdreht oder abgerissen wird.

Als Einziehgeschwindigkeit haben sich etwa 12 m/min. bewährt. Das Einziehen einer Stiftschraube von $^3/_4$″ dauert etwa 10 bis 15 Sekunden.

Gewindeschneidfutter

Beim Schneiden kleiner Gewinde in Leichtmetall treten mitunter Schwierigkeiten auf.

Die Reibung an den Keilen der Bohrspindel und in ihrer Führung kann so groß sein, daß die Spindel dem Gewindebohrer nicht folgt, weil der Werkstoff den axialen Kräften zu wenig Widerstand bietet. Verfräste Gewindegänge oder magere Gewindeflanken sind dann die Folge.

Durch das in Bild 612 gezeigte Futter mit axial beweglichem Bohrer werden derartige Störungen vermieden. Der Schaft, in dem der Gewindebohrer festgeklemmt ist und der allein seine axiale Bewegung entsprechend der Gewindesteigung mitmacht, wird vom Futterkörper über 2 Wälzlager mitgenommen, so daß also zwischen beiden nur rollende Reibung auftritt. Die Bohrspindel selbst braucht in der Achsenrichtung nicht verschoben zu werden.

Die Arbeitsweise ist folgende: Der linksherum laufende Gewindebohrer wird auf das vorgebohrte Loch eingestellt und die Bohrspindel soweit nach abwärts geschoben, daß der Schaft mit dem Gewindebohrer entgegen einer Druckfeder bis zu einer Strichmarke in das Futter zurückgedrückt ist. Die Strichmarke entspricht dabei der Gewindetiefe. Beim Umschalten des Drehsinnes der Bohrspindel auf Rechtslauf zieht sich der Gewindebohrer unter der Einwirkung der Druckfeder selbsttätig in das vorgebohrte Gewindeloch ein, ohne daß die Gewindespindel in ihrer Höhenstellung verändert wird.

Sobald die erforderliche Tiefe erreicht ist, wird der Drehsinn der Bohrspindel wieder umgekehrt, worauf sich der Bohrer aus dem geschnittenen Gewinde herausschraubt. Die Bohrspindel muß dabei von Hand mitgenommen werden, damit der Bohrer zum Schluß schnell vom Werkstück freikommt.

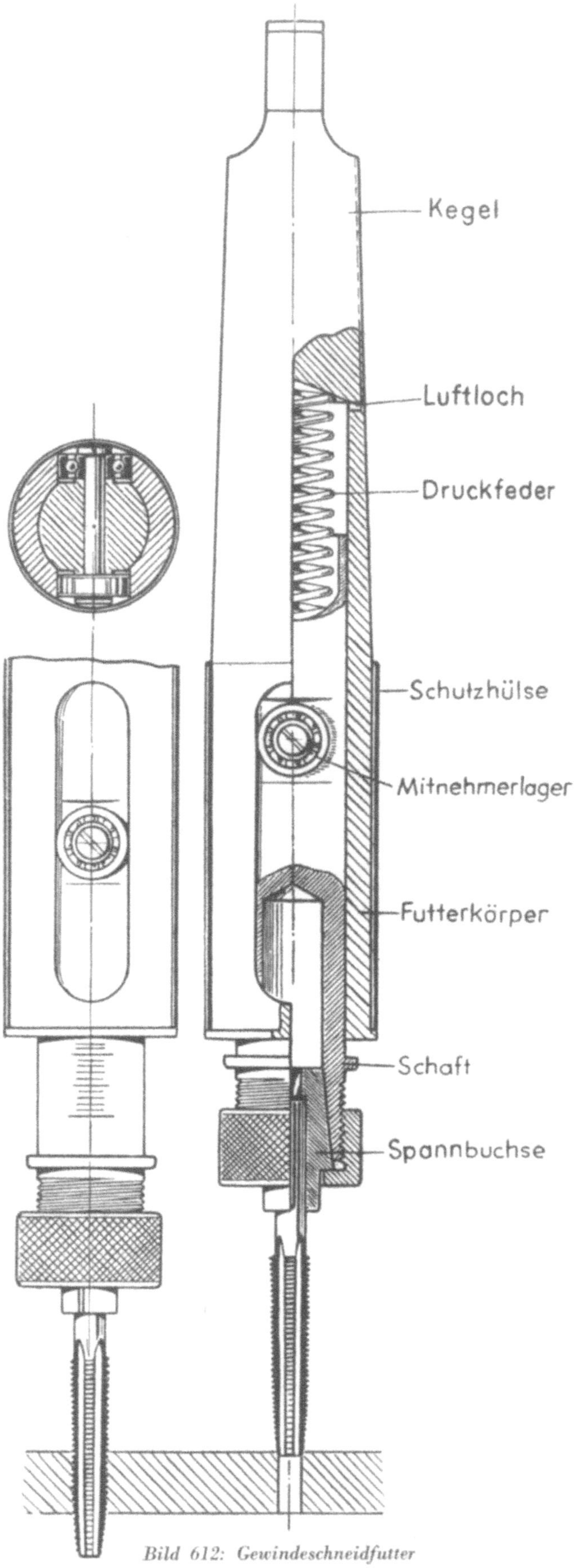

Bild 612: Gewindeschneidfutter

RABOMA

Zapfenandrehwerkzeug für Radialbohrmaschinen

Tafel 610

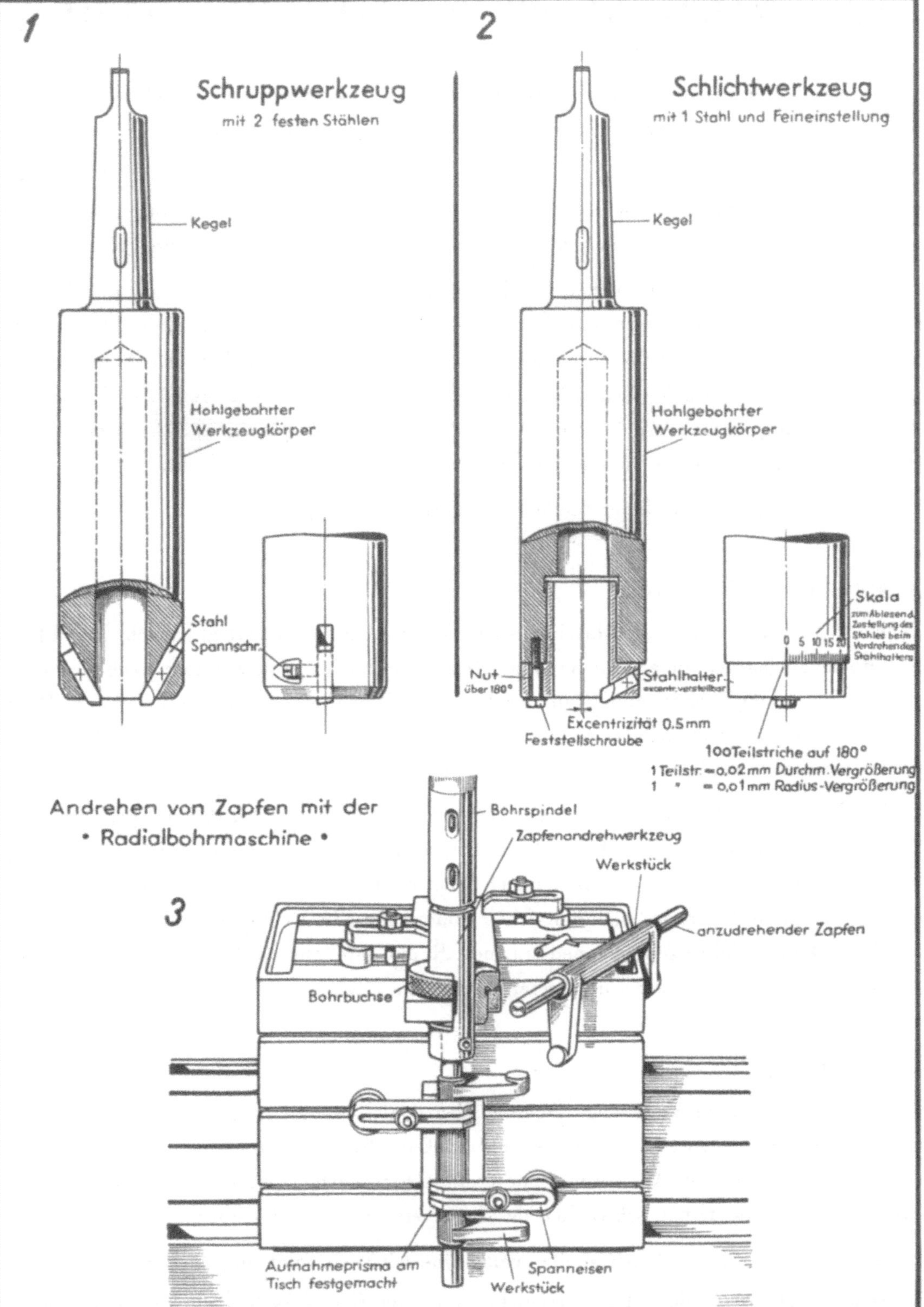

Raboma-Maschinenfabrik *Hermann Schoening* **Berlin-Borsigwalde**

DIE AUFSTELLUNG, INBETRIEBSETZUNG UND WARTUNG DER RADIALBOHRMASCHINE

Die mitgegebenen Betriebsanweisungen • Das Abladen der Maschine
Die Aufstellung • Die Inbetriebsetzung • Die Wartung

Jeder Raboma-Radialbohrmaschine werden ausführliche Betriebsanweisungen mitgegeben, in denen das Notwendige über die Aufstellung, Inbetriebsetzung und Wartung gesagt ist.

Zwar ist wohl bei jeder neuzeitlichen Werkzeugmaschine, ganz besonders aber bei der Raboma-Radialen dafür gesorgt, daß sie nur ein Geringstmaß an Pflege erfordert; auf dieses Wenige kann aber nicht verzichtet werden. Deshalb empfehlen wir die betreffenden Abschnitte der Anweisungen schon vor der Aufstellung einer gründlichen Durchsprache mit den Beteiligten. Beim Ausrichten gemachte Fehler beeinträchtigen die Güte der geleisteten Arbeit, und ihre nachträgliche Beseitigung verursacht regelmäßig erhebliche Kosten, ganz abgesehen von dem Zeitverlust und Ärger.

Aus den Anweisungen sei an dieser Stelle das wichtigste herausgegriffen.

Das Abladen der Maschine

Je nach ihrer Größe werden die Maschinen zusammengebaut oder zerlegt verschickt. Mitgegebene Darstellungen zeigen, wie sie an den Kran zu hängen und auch wie sie zusammenzubauen sind. Beim Transport müssen die bearbeiteten Teile der Maschine unbedingt vor der unmittelbaren Berührung mit Drahtseilen geschützt werden, besonders das geschliffene Säulenrohr und das Auslegerprisma. Möglichst verwende man, um die Maschine zu schonen, nur Taue.

Wird eine Maschine nicht sofort nach ihrem Eintreffen aufgestellt und in Betrieb genommen, so sind alle Stellen, an denen der Rostschutz absichtlich oder unabsichtlich abgerieben wurde, sorgfältig einzufetten. Schon nach kurzer Zeit bilden sich sonst häßliche Rostflecke, die sich nicht mehr restlos entfernen lassen und dauernde Schönheitsfehler bilden. Dieselbe Gefahr besteht, wenn eine Maschine während der kalten Jahreszeit in einen warmen Raum gebracht wird. Sie muß dann sofort vom Schwitzwasser gesäubert und frisch eingefettet werden.

Die Aufstellung

Im Gegensatz zu anderen Werkzeugmaschinen, bei denen eine Befestigung auf einem Fundament nicht unbedingt nötig ist, weil sie standfest sind, muß die Radialbohrmaschine in jedem Fall fest mit dem Boden verbunden sein. Auch wenn eine große Grundplatte vorhanden ist, besteht die Gefahr, daß die Maschine beim Hinausschwenken des Auslegers über die Platte umfällt.

Die gebräuchlichste Rundsäulen-Radialbohrmaschine wird wie folgt aufgestellt:

Die Maschine, oder wenn sie zerlegt verschickt wurde, die Grundplatte allein wird mit eingehängten Ankerschrauben und Dübeln auf das Fundament gesetzt und mit flachen Eisenkeilen (nicht Holzkeilen!) unterkeilt. Zuerst muß das Keilpaar 1 beiderseits der Säule untergeschlagen oder untergelegt

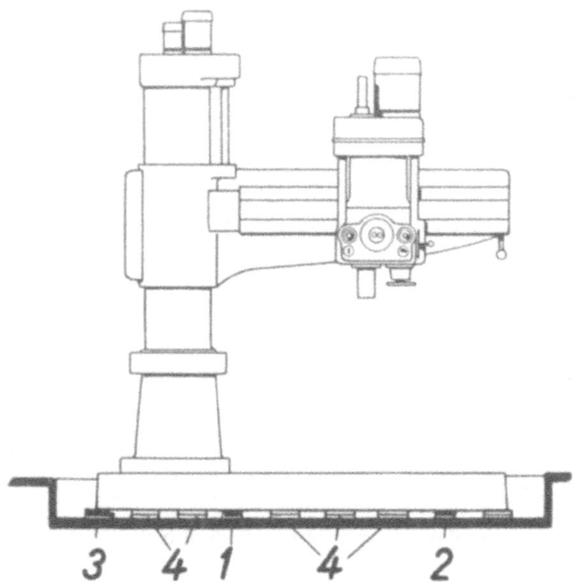

Bild 700: Unterkeilen der Maschine beim Ausrichten

werden, so daß die Maschine auf diesen beiden Keilen schaukelt (Bild 700). Sobald dann die Grundplatte in der Querrichtung mit Hilfe einer Wasserwaage und eines Lineals ausgerichtet ist, wird sie an ihrem vorderen Ende durch das Keilpaar 2 angehoben und nun auch längs ausgerichtet. Mit den Keilen Nr. 3 wird zum Schluß noch das hintere Grundplattenende abgefangen, wobei die waagerechte Lage dieses Plattenteiles ebenfalls mit der Wasserwaage zu prüfen ist.

Zwischen den genannten drei Keilpaaren, vor allem dicht bei den Fundamentschrauben, werden passende Futterbleche Nr. 4 untergeschoben, die ein Verspannen der Grundplatte beim späteren Anziehen der Fundamentschrauben verhindern sollen. Bei längeren und größeren Platten sind, um das Durchhängen zu verhüten, auch noch zwischen den Ankerschrauben und unter der Mitte der Grundplatte Futterbleche unterzulegen. Zum Schluß muß durch unmittelbares Aufsetzen der Wasserwaage, also ohne Lineal, an verschiedenen Stellen die Ebenheit geprüft werden (s. Abschn. 71: Die Abnahmeprüfung einer Radialbohrmaschine). Nunmehr gießt man die Fundamentdübel mit Zement ein. Nach dem Abbinden sind die Fundamentschrauben unter Beobachtung der Wasserwaage zum endgültigen Ausrichten gleichmäßig anzuziehen, worauf die ganze Platte untergossen werden kann.

Fälschlicherweise wird häufig die Maschine nur lose auf Keile gesetzt und noch dazu auf solche mit starkem Anzug, ohne daß die Ankerdübel vorher eingegossen wurden. Liegt dann zwischen dem Ausrichten und dem Eingießen zeitlich ein Zwischenraum, so rutscht die Maschine fast regelmäßig infolge von irgendwelchen Erschütterungen von den Keilen. **Deshalb ist die waagerechte Lage der Platte auf alle Fälle kurz vor dem Untergießen noch einmal zu prüfen.**

Damit die Bedienungshebel nicht unnötig hoch liegen, kann die Grundplatte bis auf etwa $^3/_4$ ihrer Höhe in den Boden eingelassen werden. Sonst sollte ein Holzpodest von Grundplattenhöhe vor der Maschine angeordnet werden.

Daß die Grundplatten trotz reichlicher Versteifung nachgiebig sind und verspannt werden können, ist eine Selbstverständlichkeit, die berücksichtigt werden muß. Häufig begnügt man sich aber unter Außerachtlassung der Vorschriften damit, beim Ausrichten irgendwo in der Mitte der Platte eine Wasserwaage aufzusetzen und wundert sich nachher, daß die Toleranzen überschritten sind. Alle Messungen der Abnahmeprüfung beziehen sich auf die Grundplatte als dem Werkstückträger und werden infolgedessen von den beim Ausrichten gemachten Fehlern beeinflußt. Deshalb ist nachdrücklich zu verlangen, daß eine Wasserwaage mit einem Skalenwert von 0,03 bis 0,05 mm auf 1 m verwendet und daß die Grundplatte erst dann untergossen wird, wenn sie gut ausgerichtet und eben ist. Vor allen Dingen darf der hintere Teil der Platte, auf dem die Säule steht, nicht hochgekeilt oder heruntergezogen werden, weil sonst die Säule schief steht. Auch muß das Keilpaar 1 an der richtigen Stelle, beiderseits der Vorderkante des Säulenfußes sitzen.

Die Inbetriebsetzung und Wartung

In den Bohrschlitten und die übrigen besonders benannten Stellen muß Öl in der vorgeschriebenen Menge und Güte eingefüllt werden. Die Verwendung der richtigen Ölsorte ist besonders bei den Bohrschlitten mit hydraulischer Schaltung wichtig.

Beim Anschluß an das Stromnetz ist auf den richtigen Drehsinn der Motoren zu achten und auch darauf, daß die Maschine geerdet ist. Einer der am häufigsten wiederkehrenden Fehler ist verkehrter Drehsinn der Motoren durch falschen Anschluß an das Netz.

Die Wartung der Maschine beschränkt sich auf die Beobachtung des Ölumlaufes im Schauglas, die Erneuerung der verschiedenen Ölfüllungen, das gelegentliche Abschmieren der sonstigen Bewegungsstellen, Gelenke und Führungen, die in den Betriebsanweisungen gekennzeichnet sind, sowie auf das Sauberhalten der Kontakte in den Schaltgeräten. Dabei dürfen auch diejenigen der Schalter an der Schalttafel nicht vergessen werden. Häufig setzen nämlich die Bedienungsleute die Maschine in den Arbeitspausen bei laufendem Bohrmotor durch Ausschalten des Hauptschalters der Schalttafel still, so daß dessen Kontakte durch den entstehenden Lichtbogen verschmoren.

Jede Woche sollte eine viertel oder halbe Stunde dafür verwendet werden, das gesamte Äußere der Maschine zu reinigen und dabei auch die nur gelegentlich zu schmierenden Stellen mit Öl zu versorgen. Steht die Maschine vor einer Galerie, von der Späne herabfallen, so muß sie auch von oben gesäubert werden.

Jedes Jahr ist an Hand der Bedienungsanweisungen zu prüfen, ob die Windwerksmutter nicht verschlissen ist. Sie wird zwar erst nach etwa zehnjähriger Betriebsdauer in einschichtigem Betrieb ersatzbedürftig, und alle Raboma-Radialen haben seit Jahren Sicherheitsmuttern; eine Prüfung in gewissen Zeitabständen ist aber trotzdem angebracht.

Auch die Läufer und die Wicklungen der Motoren sind wenigstens einmal jährlich vom Schmutz zu säubern.

Die Sorgfalt in der Pflege der Maschinen macht sich immer bezahlt.

ABSCHNITT 71

DIE ABNAHMEPRÜFUNG EINER RADIALBOHRMASCHINE

Der Zweck der Abnahmeprüfung
Die verlangten Genauigkeitseigenschaften und der Umfang der Messungen
Die Meßgeräte • Der Zweck der einzelnen Messungen und die erfaßten Fehler

Zweck der Abnahmeprüfung

Eine hochwertige Werkzeugmaschine soll genaue Arbeit leisten, und demnach muß ihre eigene Genauigkeit größer sein als sie von den mit ihr hergestellten Arbeitsstücken verlangt wird. Um sie zu gewährleisten, sind bei der Abnahmeprüfung an der Maschine bestimmte Genauigkeitseigenschaften nachzuweisen, wofür in der DIN 8625 (Vornorm) entsprechende Bedingungen festgelegt sind. Sie beschränken sich nicht auf die Angabe der Toleranzen, d. h. der Grenzen, innerhalb welcher ein Fehler bleiben muß, sondern enthalten auch Anleitungen, wie zu messen ist, und ferner Vorschriften über die zu verwendenden Meßgeräte, um willkürliche Auslegungen zu vermeiden.

Der Zweck der Abnahmeprüfung einer Werkzeugmaschine ist also nicht die Feststellung der Genauigkeit, mit der die Maschine oder ihre einzelnen Teile hergestellt sind, sondern derjenigen, mit der die Maschine zu arbeiten imstande ist. Die in den einzelnen Messungen zugelassenen Abweichungen stellen die Grenzen der Genauigkeit dar, die bei der Arbeit mit der Radialbohrmaschine im Regelfall erwartet werden kann. Dies schließt natürlich nicht aus, daß die Maschinen genauere Arbeit zu leisten imstande sind, weil nicht immer alle Toleranzen ganz in Anspruch genommen werden.

Die verlangten Genauigkeitseigenschaften und der Umfang der Messungen

Mit der Radialbohrmaschine müssen genaue Bohrungen hergestellt werden können, die rechtwinklig zum Tisch bzw. zur Grundplatte stehen und rund, zylindrisch und lehrenhaltig sind. Da die Lochform nur eine Werkzeugfrage ist, bleibt für die Maschine als wichtigster Nachweis, daß die Bohrspindel rechtwinklig zum Tisch bzw. zur Grundplatte steht und auch so vorgeschoben wird.

Der Nachprüfung, daß diese Bedingung innerhalb der zugelassenen Grenzen möglichst in allen Arbeitsstellungen der Maschine erfüllt wird, und daß auch die Voraussetzungen dafür gegeben sind, dienen die Messungen der Vorschriften. Sie werden in einer oberen und einer unteren Auslegerstellung vorgenommen, und zwar mit zuerst dicht an der Säule stehendem und dann auf $^2/_3$ seines Verschiebeweges ausgefahrenem Bohrschlitten, so daß mit diesen vier Grenzprüfungen die am meisten gebrauchten Arbeitsstellungen der Maschine unmittelbar erfaßt sind und nicht mittelbar, wie dies früher im „Prüfbuch für Werkzeugmaschinen" der Fall war. Dort wurde nur in einer Stellung, nämlich „Ausleger in halber Höhe und Bohrschlitten in halber Ausladung" geprüft. Die weiteren Prüfungen der senkrechten Stellung der Säule und der waagerechten Lage des Auslegers dienten zur mittelbaren Feststellung der verlangten Genauigkeit, ohne daß sie diesen Zweck erfüllten.

Bei der Abnahme im Werk steht die Maschine lose auf Keilen, während sie beim Abnehmer fest mit ihrem Fundament oder wenigstens mit dem Fußboden verbunden ist, so daß verbiegende Kräfte von der Grundplatte ferngehalten sind. Wird also schon bei loser Aufstellung die verlangte Genauigkeit erreicht, so ist die Gewähr dafür gegeben, daß bei fest fundamentierten Maschinen die Genauigkeit größer ist. Keine Raboma-Maschine verläßt das Werk, deren Fehler bei loser Aufstellung nicht innerhalb der festgesetzten Toleranzen liegen. Dies besonders zu betonen, ist zwar nicht nötig, aber in Hinsicht auf die vielfach oberflächlichen Messungen ungeübter Kräfte beim Verbraucher auch nicht ganz überflüssig.

Die Meßgeräte und die Messungen

Fast alle Messungen werden mit der Meßuhr durchgeführt. Nur die Ebene, auf die sie sich beziehen, also die Grundplatte, ist mit der Wasserwaage auszurichten.

Welchem Zweck die einzelnen Messungen dienen, ist in den Abnahmebedingungen verzeichnet.

Im nachstehenden beschränken wir uns infolgedessen darauf, die Gründe zu zeigen, die für die Aufnahme der einzelnen Messungen in die Vorschriften bestimmend waren und ferner, welche Fehler dabei erfaßt werden. Es soll damit ein Einblick in die Zusammenhänge zwischen den auftretenden Fehlern und ihrem Einfluß auf die Genauigkeit der Maschine und ihre Arbeit gegeben werden.

1. **Ausrichten.**

   Allen Messungen dient, wie schon erwähnt, die Aufspannfläche der Grundplatte bzw. des Tisches als Bezugsebene. Diese Ebene muß durch genaues Ausrichten der Grundplatte mit der Wasserwaage hergestellt werden. Am zweckmäßigsten wird dabei so vorgegangen, wie es im Abschnitt 70: „Aufstellung und Inbetriebsetzung" angegeben ist. Beim Ausrichten gemachte Fehler beeinflussen die Arbeitsgenauigkeit und erfordern zu ihrer Beseitigung ein nochmaliges Abheben der Maschine vom Fundament.

2. **Ebenheit.**

   Anschließend an das Ausrichten der Grundplatte wird ihre Ebenheit gemessen, und zwar ebenfalls mit der Wasserwaage, nicht mit der Meßuhr, wie dies an sich möglich wäre. Die Gründe dafür sind, daß beide Messungen am selben Stück sinngemäß auch mit denselben Meßgeräten durchzuführen sind, und daß die Wasserwaage gerade für diese Messung besser geeignet ist. Sie zeigt jeden Fehler auf 1 m Länge vergrößert, während die Meßuhr die einfachen Werte gibt. „Löcher" in der Grundplattenebene würde die Meßuhr in vielen Fällen gar nicht erfassen, zumal immer nur an einzelnen, mehr oder weniger weit auseinander liegenden Punkten geprüft werden kann.

   Die Ebenheitsmessung läßt sich vom Ausrichten nicht trennen. Beides gehört zusammen. Durch das Ausrichten allein würde beispielsweise der Fehler, daß die Grundplatte durch unsachgemäßes Unterkeilen in der Längsrichtung hohl geworden ist, nicht erfaßt werden, weil das Lineal die hohlen Stellen in der Regel überbrückt.

3. **Rundlauf des Kegels der Bohrspindel.**

   Abgesehen von den Fehlern im Bohrspindelkegel selbst, werden mit dieser Messung diejenigen der Bohrspindellagerung im Schlitten (Verbiegen der Spindel infolge Nichtfluchtens der Lager oder Verspannen infolge von Stirnformfehlern beispielsweise an den Lagereinstellmuttern) erfaßt. Gemessen wird am oberen und unteren Ende des Dornes, um die Verdeckung einer Versetzung durch einen Richtungsfehler oder umgekehrt auszuschließen. Es braucht aber nur in einer einzigen Stellung des Bohrschlittens gemessen zu werden, da der Rundlauf durch die übrigen Verhältnisse an der Maschine nicht beeinflußt wird.

4. **Rechtwinklige Stellung der Bohrspindel zur Grundplatte (Umschlag).**

   Geprüft wird, ob die Bohrspindel rechtwinklig zur Grundplatte steht, in erster Linie also, ob der Bohrschlitten richtig auf dem Ausleger aufgeschabt ist. Durch das wiederholte Messen in zwei verschiedenen Höhenstellungen des Auslegers und zwei verschiedenen Ausladungen des Bohrschlittens wird aber auch die elastische Abbiegung der Säule und des Mantelrohres durch das Gewicht des Auslegers und des Bohrschlittens geprüft, ebenso die Abbiegung des Auslegers in sich. Der Einfluß der Nachgiebigkeit dieser Teile ist demnach in den Messungen enthalten. Da anzustreben ist, daß die Bohrspindel bei Mittelstellung des Bohrschlittens senkrecht, in seinen beiden Endstellungen dagegen unten gleichmäßig nach der Senkrechten geneigt steht, hat die Toleranz das Vorzeichen Plus und Minus.

5. **Gleichheit des Abstandes zwischen Bohrspindel und Grundplatte beim Verschieben des Bohrschlittens (Abstandsänderung).**

   Eine häufig vorkommende Arbeit ist das Einsenken auf bestimmte Tiefe. Solche Einsenkungen müssen die gleiche Tiefe, genauer gesagt, denselben Abstand von der Tischfläche haben, gleichgültig ob der Bohrschlitten dicht an der Säule oder näher der Auslegerspitze zu steht. Das setzt aber voraus, daß sich der Abstand der Bohrspindel vom Tisch oder der Grundplatte beim Verschieben des Bohrschlittens entlang dem Ausleger nur innerhalb bestimmter, als zulässig anzusehender Grenzen ändert. Wieweit dies der Fall ist, wird durch die unmittelbare Messung des Abstandes über den vollen Bohrschlitten-Verschiebeweg festgestellt. Da bei Genauigkeitsarbeiten die axiale Vorschubkraft und damit auch die Aufbäumung sehr gering sind, so bleiben die dabei auftretenden Abweichungen auch noch innerhalb der Toleranzen. Das elastische Verhalten der Maschine beim Verschieben des Bohrschlittens bedingt im übrigen, daß die Abstandsänderung nur als Ganzes zu betrachten ist und bei Teilverschiebungen nicht anteilig gerechnet werden darf.

6. **Rechtwinkligkeit des Vorschubes der Bohrspindel zur Grundplatte.**

   Selbstverständlich soll die Bohrspindel nicht nur rechtwinklig zur Grundplatte stehen, sondern sie muß auch rechtwinklig zu ihr vorgeschoben werden. In der Vorschubmessung sind von vornherein die schon bei der Umschlagmessung (Messung 4) festgestellten Abweichungen enthalten. Hinzu kommen die Fehler der Bohrspindellagerung im Bohrschlitten, Vorschubzahnstangenfehler und Verspannungsfehler der Bohrspindel. **Die Vorschubmessung ist deshalb die für das genaue Arbeiten der Maschine maßgebende Messung.**

   Sie muß in zwei Stellungen des Bohrschlittens vorgenommen werden, weil sie die Fehler der Bohrspindelstellung einbegreift. Es könnte sonst der Fall eintreten, daß auch mit einer schiefstehenden Spindel gute Meßergebnisse erzielt werden, wenn sie nämlich in der entgegengesetzten Richtung schief vorgeschoben wird, so daß sich beide Fehler ganz oder teilweise aufheben. Der zur Messung 4 zusätzlich zugelassene Fehler ist sehr gering.

7. **Aufbäumungsmessung.**

   Die Messung der Aufbäumung dient zur Feststellung der Steifheit der Maschine. Da einstweilen die Möglichkeit fehlt, die Vorschubkraft wenigstens einigermaßen genau zu errechnen, ist der Prüfung die in der Leistungstabelle der Maschine festgelegte Vorschubkraft zugrunde zu legen. Mit aller Deutlichkeit muß aber darauf hingewiesen werden, daß diese Aufbäumungsmessung keine Rückschlüsse auf die Genauigkeit der mit der Radialbohrmaschine geleisteten Arbeit zuläßt. Die in den Leistungstabellen verzeichnete höchstzulässige Vorschubkraft wird nur beim Schruppbohren mit dem größten Bohrerdurchmesser und dem dazugehörigen Vorschub erreicht. Mit so hohen Vorschubkräften zu arbeiten, verbietet sich aber bei Genauigkeitsbohrungen von selbst, außerdem muß aufgesenkt oder aufgebohrt werden, wobei die Vorschubkraft auf eine kaum nennenswerte Größe sinkt. Obwohl also diese Messung für Genauigkeitsmaschinen keinen großen Wert mehr hat, wurde sie doch beibehalten, weil sie in den früheren Vorschriften enthalten ist.

	Abnahme-Bedingungen für Werkzeugmaschinen **Radialbohrmaschinen** Werkzeugmaschinen	**DIN VORNORM** **8625**

Type	**Empfänger**	**Auftr. Nr.**
Fabr. Nr.	**Abnahmebeamter**	**Tag**

Nr.	Gegenstand der Messung	Bild	Meßgeräte	Zulässige Fehler	Gemessene Fehler	Meßanleitung
1	Ausrichten der Grundplatte	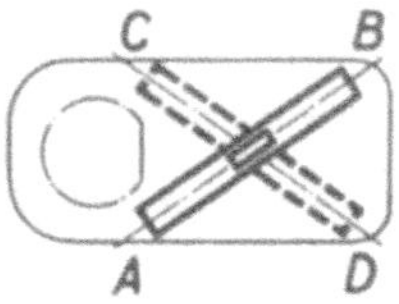	Lineal, 1 m lang Wasserwaage, Skalenwert 0,03 bis 0,05 mm/m	0,05 mm/m		Ausleger und Bohrschlitten in Mittelstellung (= halbe Verschiebung). Lineal in den beiden Diagonalrichtungen AB und CD auf die Grundplatte legen. — Aufsetzen der Wasserwaage in der Mitte des Lineals Die Grundplatte darf im Ganzen nicht ballig sein.
2	Ebenheit der Grundplatte	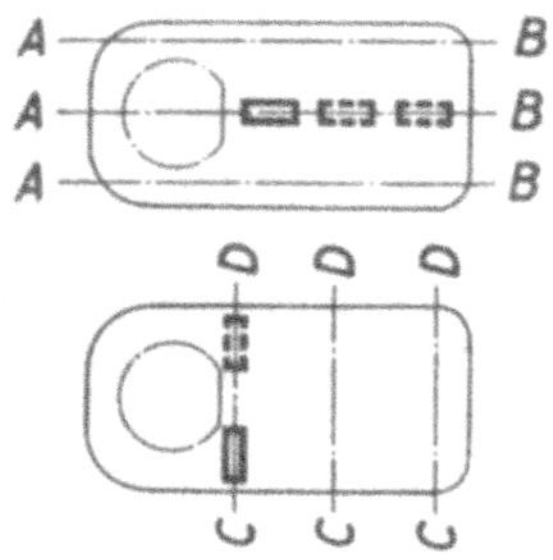	Wasserwaage, 200 bis 300 mm lang Skalenwert 0,03 bis 0,05 mm/m	A B: ± 0,05 mm/m C D: ± 0,05 mm/m		Ausleger und Bohrschlitten in Mittelstellung (= halbe Verschiebung). Wasserwaage in je 3 parallelen Richtungen AB und CD auf die Grundplatte legen. Abstand der Meßstellen je nach Größe der Grundplatte 300 bis 500 mm.
3	Rundlauf des Kegels der Bohrspindel	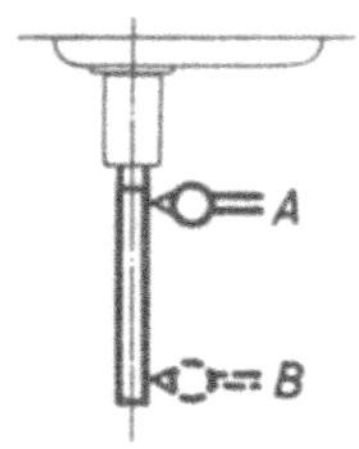	Meßdorn mit kegeligem Aufnahmeschaft und zylindrischem, 300 mm langem Meßteil Meßuhr	Stellung A: 0,02 mm Stellung B: 0,03 mm		Meßdorn in der Bohrspindel, Anstellen der Meßuhr an den Umfang des Meßdorns; Bohrspindel drehen, dabei Anzeige der Meßuhr ablesen. Messung bei A, dann bei B
4	Rechtwinkligkeit der Bohrspindel zur Grundplatte. AB: in der Längsrichtung der Grundplatte CD: in der Querrichtung der Grundplatte	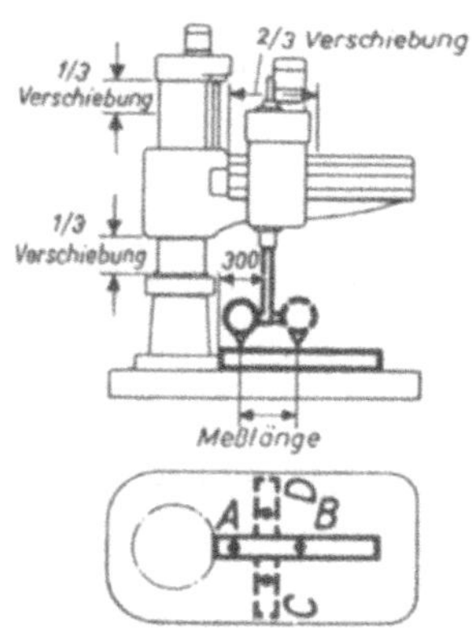	Lineal, 1 m lang Meßuhr und Umschlagarm 250 mm lang	bei 500 mm Meßlänge A B: ± 0,1 mm C D: ± 0,05 mm		Ausleger auf 1/3 Höhenverschiebung. Bohrspindel 300 mm vom Säulenflansch entfernt. Umschlagarm und Meßuhr in der Bohrspindel. Lineal auf Grundplatte in Stellung AB bzw. CD. Taststift bei A bzw. C auf Lineal setzen. Umschlag: Bohrspindel um 180° drehen, Taststift bei B bzw. D. Anzeige der Meßuhr vor und nach dem Umschlag ablesen. Bohrschlitten auf 2/3 seiner gesamten Verschiebung nach außen verfahren; Umschlag AB bzw. CD wiederholen. Ausleger auf 2/3 Höhenverschiebung. Umschlagmessungen AB und CD in den beiden Bohrschlittenstellungen wie oben durchführen.

Fachnormenausschuß für Werkzeugmaschinen Fortsetzung Seite 2

Abnahme-Bedingungen für Werkzeugmaschinen

Radialbohrmaschinen

Werkzeugmaschinen

DIN Vornorm 8625

Nr.	Gegenstand der Messung	Bild	Meßgeräte	Zulässige Fehler	Gemessene Fehler	Meßanleitung
5	Gleichheit des Abstandes zwischen Bohrspindel und Grundplatte beim Verschieben des Bohrschlittens	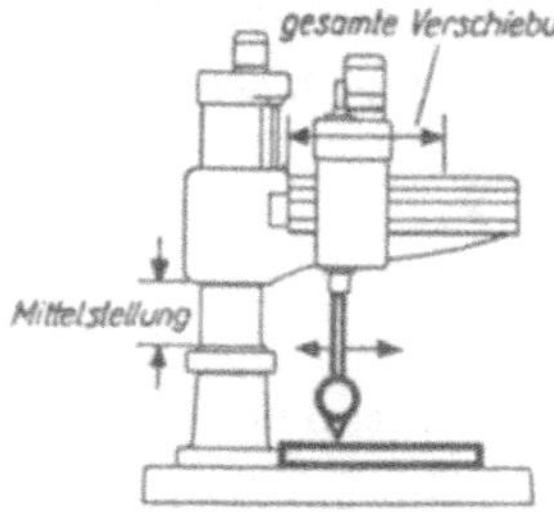	Lineal, 1 m lang Meßuhr	bis 1 m Gesamtverschiebung 0,2 mm bis 1,5 m Gesamtverschiebung 0,3 mm bis 2 m Gesamtverschiebung 0,4 mm über 2 m Gesamtverschiebung 0,5 mm		Ausleger in Mittelstellung. Lineal in Längsrichtung auf Grundplatte. Meßuhr an der Bohrspindel befestigt; Taststift auf Lineal. Bohrschlitten auf dem Ausleger über gesamte Verschiebung verfahren, dabei Anzeige der Meßuhr ablesen. Der zulässige Fehler gilt für die ganze Verschiebung; bei Teilverschiebungen sind Umrechnungen unzulässig.
6	Rechtwinkligkeit des Vorschubs der Bohrspindel zur Grundplatte	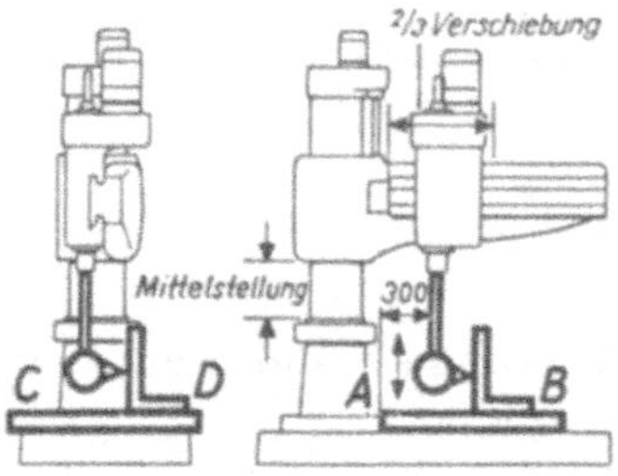	Lineal, 1 m lang Winkel, Länge des Meßschenkels der größten Bohrtiefe entsprechend Meßuhr	Maschinen bis 150 mm größteBohrtiefe AB: ± 0,05 mm CD: ± 0,025 mm Maschinen bis 300 mm größteBohrtiefe AB: ± 0,1 mm CD: ± 0,05 mm Maschinen über 300 mm größteBohrtiefe AB: ± 0,15 mm CD: ± 0,075 mm		Ausleger in Mittelstellung, Bohrspindel 300 mm vom Säulenflansch entfernt. Lineal und Winkel in Stellungen AB und CD auf der Grundplatte. Meßuhr an der Bohrspindel befestigt; Taststift am Winkel. Bohrspindel und Meßuhr am Winkel entlang auf- und niederführen, dabei Anzeige der Meßuhr ablesen. Bohrschlitten auf 2/3 seiner gesamten Verschiebung nach außen verfahren und Messungen in Richtungen AB und CD wiederholen.
7	Aufbäumung des Auslegers unter einer vereinbarten Kraft (im Stillstand)	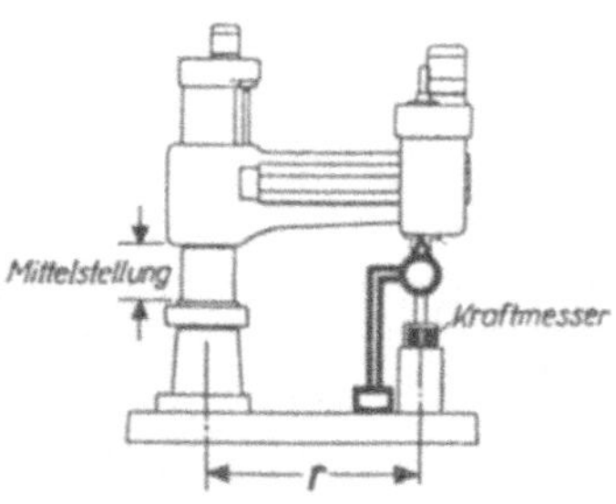	Meßuhr, Kraftmesser (Bauart freigestellt)	zulässiger Fehler in mm = 1,5 × r, wenn r der größte Bohrradius in m ist		Ausleger in Mittelstellung; Bohrschlitten in äußerster Stellung (= ganze Verschiebung). Kraftmesser zwischen Grundplatte (Tisch) und Bohrspindel. Meßuhr mit Stativ auf Grundplatte (Tisch); Taststift nahe der Bohrspindel an einer bearbeiteten Stelle, die dem Vorschub nicht unterliegt. Vorschub von Hand betätigen bis zur Anzeige der vereinbarten Kraft; dann Anzeige der Meßuhr ablesen.

Bei Maschinen mit mehreren Grundplatten sind die Messungen 1, 2, 4 und 5 über jeder Platte auszuführen.

Nähere Bestimmungen über Meßgeräte und Meßverfahren siehe DIN Vornorm 8602 und 8603 (in Vorbereitung).

Kegel der Bohrspindel nach DIN 228

ABSCHNITT 72

DER ARBEITSPLATZ

Die Unterbringung der Werkzeuge und des Spannzeuges
Der Arbeitsstand • Die Spänebeseitigung • Die Beleuchtung
Vorrichtungen und Meßgeräte

Die Arbeitsweise und der Arbeitsbereich der Radialbohrmaschinen bringen es mit sich, daß namentlich in der Reihenfertigung viele Werkzeuge (Spiralbohrer, Senker, Bohrstangen, Reibahlen, Gewindebohrer, Bohrbüchsen usw.) sowie Teile zum Spannen gebraucht werden. Sie müssen griffbereit am Arbeitsplatz liegen und entsprechend untergebracht werden.

Nicht weniger wichtig ist aber auch die Ausgestaltung des Arbeitsstandes. Der Arbeiter muß auch beim Bohren sperriger Werkstücke unter günstigen Bedingungen arbeiten können.

Unterbringung der Werkzeuge und des Spannzeuges

Es sollte verhütet werden, daß die meist wertvollen Werkzeuge wahllos auf dem Werkstück, dem Bohrtisch oder der Grundplatte herumliegen und beschädigt werden. Sie müssen griffbereit und in der richtigen Ordnung am Arbeitsplatz liegen, um eine planmäßig festgelegte Arbeitsfolge einhalten zu können und dabei Ausschuß zu vermeiden, selbstverständlich aber auch, um die Nebenzeiten möglichst niedrig zu halten. Dieser Zwang zur ordentlichen Bereitlegung wirkt auch in anderen Fällen erzieherisch, was nicht zu unterschätzen ist.

Sofern für allgemeine Bohrarbeiten jeweils nur wenige Werkzeuge gebraucht werden, beispielsweise nur diejenigen, die der Mann dauernd bei sich behält, lassen sie sich auf dem Werkzeugschrank (Bild 720 u. 721) unterbringen. Werkzeugständer (Bild 722) erhöhen noch die Übersicht und erleichtern die planmäßige Verwendung. In der Reihenfertigung ist aber die Zahl der für die verschiedenen Arbeitsgänge benötigten Werkzeuge meist so groß, daß es sich lohnt, größere Werkzeugständer zu bauen, auf denen auch die Bohrbüchsen und die Meßgeräte ihren Platz finden, ebenso ein Topf mit dem Schmiermittel zum Gewindeschneiden u. a. Auch der Arbeitsplan läßt sich in bequemer Sichtweite daran aufhängen.

Bild 720: Werkzeugschrank mit Spannzeug

Bild 721: Werkzeugbrett

Bild 723: An der Wand aufgehängte Bohrstangen

Bohrstangen müssen besonders sorgfältig untergebracht werden (Bild 723). Wenn sie so schwer sind, daß zum Einsetzen in die Bohrvorrichtung ein Hebezeug nötig ist, können sie in einen Schrank mit aufklappbarem Kopfstück gehängt werden (Bild 724).

Ähnliche Gesichtspunkte sind für die Unterbringung des Spannzeuges maßgebend. Viel kostbare Zeit geht sonst mit dem Zusammensuchen der notwendigen Spannschrauben, der dazugehörigen Muttern, Unterlegscheiben, Zwischenbüchsen, Spanneisen usw. verloren!

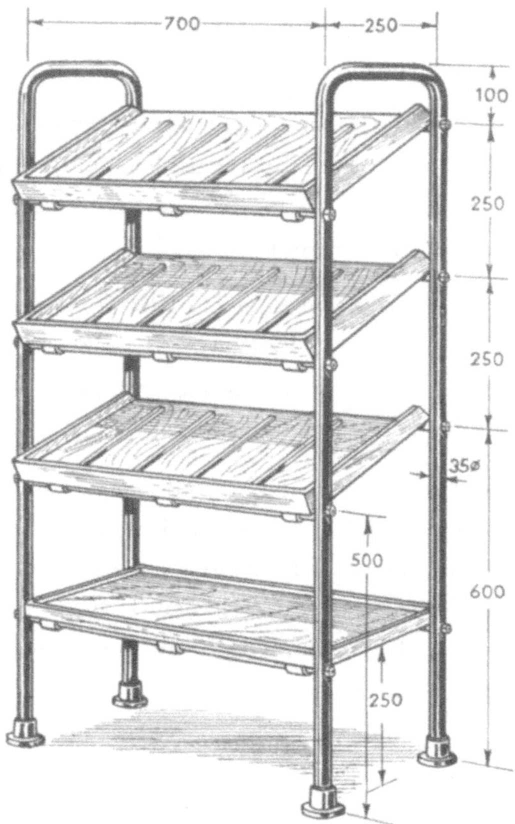

Bild 722: Werkzeugständer

Ein Spannzeugbrett, das diesem Übelstand abhilft, zeigt Bild 720, auf dem auch einige der bekannten Schraubböckchen zu sehen sind, die als verstellbare Unterlage für das Werkstück sowie als Stützen für die Spanneisen gebraucht werden und sich gut bewährt haben. Im Handel sind sie in allen Größen erhältlich.

Der Arbeitsstand

Nicht immer läßt die Art des Werkstückes ein bequemes Arbeiten an der Maschine zu.

Schon der Umstand, daß die Grundplatten häufig nicht im Fußboden eingelassen sind oder vielmehr eingelassen werden können, zwingt dem Arbeiter eine unbequeme Stellung auf. Ein Trittboden von der Höhe der Grundplatte bringt Abhilfe; er muß allerdings groß genug sein, um beim Arbeiten die nötige Bewegungsfreiheit zu lassen.

Seitlich der Grundplatte angeordnete Gruben sollten, um Unfälle zu vermeiden, gut abgedeckt werden, und zwar so, daß die Bohlen mit dem Fußboden eben sind.

Im Kesselbau haben sich in der Höhe verstellbare Böcke mit Laufböden bewährt, auf die sich der Arbeiter stellen oder von denen aus er auf das Werkstück steigen kann (Bild 725).

Die Verhältnisse sind überall verschieden. Stets sollte aber dafür gesorgt werden, daß die Arbeit auf jede erdenkliche Weise erleichtert wird, und daß der Arbeiter sich nicht selbst seinen Arbeitsplatz behelfsmäßig und mit unzulänglichen Mitteln ausbauen muß.

Bild 724: Bohrstangen-Schrank mit aufklappbarem Kopfstück

Die Spänebeseitigung

Die anfallenden Späne, in erster Linie die Gußspäne, sollten immer rechtzeitig entfernt werden, damit nicht beim Hantieren dauernd Gußstaub aufgewirbelt wird. Vor dem Ausblasen der Bohrlöcher oder dem Säubern der Spannuten mit Preßluft ist zu warnen, weil sehr bald Schäden an der Maschine durch Zusetzen der Schmierlöcher und Eindringen von Gußstaub in die Lager entstehen. Wenn keine Spänesauger vorhanden sind, muß wenigstens durch Vorhalten geeigneter Staubfänger (lose Putzwolle o. dgl.) vor das Bohrloch das Hochblasen des Gußstaubes verhindert werden. Beim Bohren von

Bild 725: Arbeitsstand beim Kesselbohren

Sacklöchern in Stahl erleichtert ein Magnetstab die Späneentfernung wesentlich.

Die Beleuchtung

Für die Beleuchtung des Arbeitsplatzes bei Dunkelheit können wegen der Vielgestaltigkeit der Arbeit keine allgemein gültigen Richtlinien gegeben werden. Zur Sichtbarmachung der Bedienungselemente an der Maschine reicht die Allgemein-Beleuchtung des Arbeitsraumes in der Regel aus, nicht aber für den Werkplatz, d. h. das Arbeitsstück und das arbeitende Werkzeug.

Am besten hat sich dafür die Anbringung einer Werkplatzleuchte an der rückwärtigen Unterseite des Bohrschlittens bewährt (Bild 726). Ein Kugelgelenk läßt ein bequemes Einstellen der Leuchte und das Hinlenken des Lichtes auf die gewünschte Stelle zu. Dadurch, daß die Leuchte am Bohrschlitten befestigt ist, macht sie dessen Bewegung mit, behält also ihre Einstellung zum Werkzeug und Werkstück, unabhängig von der Verschiebung des Bohrschlittens, bei.

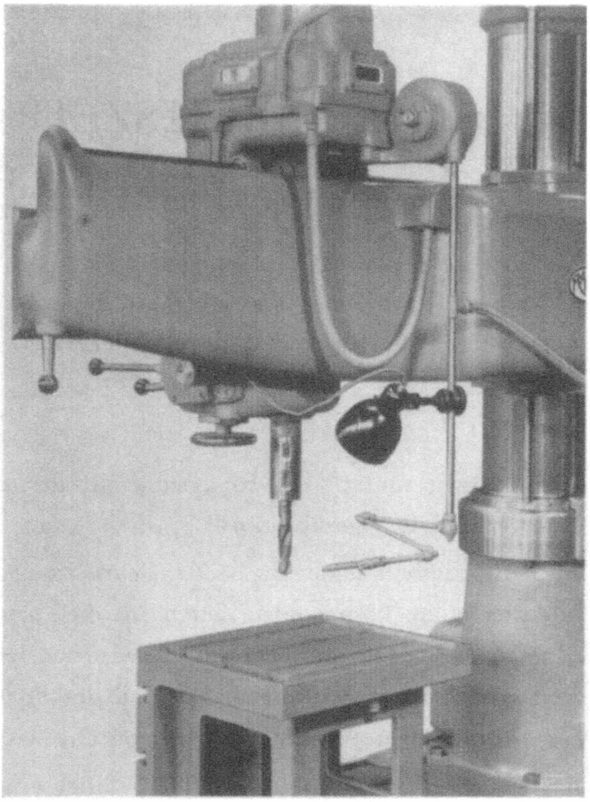

Bild 726: Einstellbare Werkplatzleuchte am Bohrschlitten

In Sonderfällen kann auch eine Leuchte nützlich sein, die an einem seitwärts aufgestellten Ständer angeklemmt ist (Bild 727).

Bild 727: Ständer mit Leuchte

Vorrichtungen und Meßgeräte

Im allgemeinen hat es sich als sehr praktisch erwiesen, Vorrichtungen und Meßgeräte mit ins Auge fallenden Sonderanstrichen zu versehen. Dadurch wird der Überblick, an welchen Stellen noch Vorrichtungen fehlen, wesentlich erleichtert. Die Meßgeräte aber werden schonender behandelt, wenn sie als solche besonders kenntlich gemacht sind.

DIE ARBEITSZEITERMITTLUNG IN DER RADIALBOHREREI

Die zur Bearbeitung eines Werkstückes erforderliche Zeit gliedert sich nach den Richtlinien des Refa in die Rüstzeit und die Stückzeit.

Rüstzeit

Die Rüstzeit umfaßt die Rüstgrundzeit, der ein Anteil für unvermeidliche Zeitverluste als sog. Rüstverlustzeit zugezählt wird.

Als **Rüstgrundzeit** zählen die bei der Bearbeitung aller Werkstücke eines Werkstattauftrages nur einmal in Anrechnung kommenden Zeiten für die Vorbereitung der Maschine und der eigentlichen Arbeit, angefangen vom Heranholen und Lesen der Zeichnung bzw. des Arbeitsplanes (sog. Anfangswert) bis zum Zurechtlegen der Vorrichtung und des Spannzeuges (Vorbereitung des Spannvorganges) sowie der erforderlichen Werkzeuge (Vorbereitung des Bohrvorganges).

Brauchbare Werte lassen sich nur bedingt angeben, da die Rüstgrundzeit vom Werkstück, vom Werkzeug, von der Maschine und von den Betriebseinrichtungen abhängig ist. Die Verhältnisse liegen in den Betrieben verschieden, und es ist auch nicht gleichgültig, ob es sich um das Bohren großer sperriger Stücke wie Kessel, Schiffsplatten u. ä. oder um die Reihenherstellung kleiner Teile handelt.

Rüstgrundzeiten, die auf eine Reihenfertigung zugeschnitten und nach der Größe der Werkzeuge und der Vorrichtungen gestaffelt sind, zeigt Tafel 730. Für genauere Rechnungen müssen in jedem Betrieb eigene, auf die besonderen Verhältnisse zugeschnittene Werte ermittelt werden.

Die **Rüstverlustzeit** kann ebenfalls nur durch sorgfältige Beobachtung und entsprechende Berücksichtigung der Betriebsverhältnisse festgestellt werden.

Stückzeit

Die bei jedem einzelnen Werkstück einer Reihe immer wiederkehrend aufgewendete Zeit, die Stückzeit, setzt sich zusammen aus der Grundzeit, das sind die Haupt- oder Schnittzeiten und die Nebenzeiten, sowie auch hier wieder aus einem Anteil für unvermeidliche Zeitverluste, der sogenannten Stückverlustzeit.

Die **Hauptzeiten,** in denen der Werkstoff zerspant wird, werden an Hand der von den Werkzeugherstellern herausgegebenen Schnittgeschwindigkeits- und Vorschubtafeln errechnet. Unter Voraussetzung gleicher Werkzeuggüte richtet sich dabei die Schnittgeschwindigkeit nach dem Werkstoff, der bearbeitet werden soll, während der Vorschub auch noch nach dem Werkzeugdurchmesser gestaffelt ist. Die Mannigfaltigkeit in der Zusammensetzung der Werkstoffe und die daraus folgende unterschiedliche Bearbeitbarkeit gestatten allerdings nur ungefähre Anhaltspunkte zu geben, so daß für die Auswahl der anzuwendenden Schnittgeschwindigkeit und des Vorschubes ein verhältnismäßig großer Spielraum bleibt (Tafel 731). Die gewählten Werte müssen aber unbedingt daraufhin geprüft werden, ob das Werkstück ausreichend steif ist und vor allem, ob die in den Leistungstafeln der

Radialbohrmaschinen angegebenen Grenzwerte in Hinsicht auf eine mögliche Überlastung der Maschine nicht überschritten werden.

Wird mit mechanischem Vorschub gearbeitet, so rechnet die Hauptzeit als **Maschinenzeit,** bei Handvorschub dagegen als **Handzeit.**

Die **Nebenzeiten** umfassen das Einstellen der Bohrspindel auf die Lochmitte, also Lösen und Wiederfestspannen der Maschine, ferner Heben und Senken der Bohrspindel oder des Auslegers, Schalten bzw. Wechseln der Spindeldrehzahl und des Vorschubes sowie Wechsel des Werkzeuges (Griffe am Werkzeug und an der Maschine). Ferner gehört dazu die Aufnahme und das Weglegen des Werkstückes, das Spannen und Lösen mit bzw. in der Vorrichtung, das Wenden der Vorrichtung und das Messen (Griffe am Werkstück).

Für die Ermittlung der Nebenzeiten werden mit den Maschinen sogenannte Griffzeitentafeln mitgegeben (Tafel 732). In ihnen sind die immer wiederkehrenden und zusammengehörenden Verrichtungen zu Griffgruppen vereinigt, denn einzelne Griffe kommen für sich allein kaum vor. Da nur Durchschnittszahlen gegeben werden können, muß auch hier bei der Auswahl der Werte Rücksicht auf die Größe des Werkstückes, der Vorrichtung und der Maschine genommen werden. Bei einer besonderen Arbeit lassen sich auch die immer wiederkehrenden Griffe zu neuen Gruppen zusammenfassen, die die jeweiligen Verhältnisse vielleicht besser berücksichtigen, als dies bei der Tafel 732 der Fall ist. Häufig kann auch auf eigene Erfahrungswerte zurückgegriffen werden. Die Nebenzeiten sind meistens Handzeiten, können aber auch Leerlaufzeiten sein (z. B. Rücklauf beim Gewindeschneiden).

Am Beispiel einer Lagerplatte sei der Aufbau einer Arbeitszeit-Vorrechnung gezeigt (Tafel 733 und 734). Zwei solcher Platten gehören zusammen. Ihre Bohrungen müssen deshalb parallel zur Kante A verlaufen und genau fluchten.

Das Teil wird in Reihen von 50 Stück in Vorrichtung gebohrt. Die verwendeten Werkzeuge sind größtenteils handelsüblicher Art; die Bohrungen b, c und d werden mit Sonderbohrstangen ausgebohrt, die Bohrung b außerdem mit einer Sonderreibstange gerieben.

Die verwendete Vorrichtung zeigt Bild 735. Weitere Erläuterungen erübrigen sich, da aus der Spalte „Verwendete Kalkulationsunterlagen“ ersichtlich ist, welcher Tafel und welcher Gruppe die eingesetzten Zeiten entnommen sind.

Beachtenswert ist, daß die erwähnten Bohrungen b und c durch Vorbohren, einmaliges Ausbohren mit dem Bohrstahl und anschließendes Reiben fertiggestellt werden, während sonst für Genauigkeitsbohrungen unter Verwendung von Senkern entweder einmaliges Vorbohren aus dem Vollen und zweimaliges Senken oder — bei vorgegossenen Löchern — dreimaliges Senken mit jeweils anschließendem Reiben üblich ist.

Bild 735: Bohren einer Lagerplatte

Rüstgrundzeiten für das Bohren mit der **Radial-Bohrmaschine**	Tafel **730**

Die für jede beliebige Stückzahl nur einmal vorkommende Rüstgrundzeit baut sich auf einem Anfangswert auf, zu dem die Rüstzeiten für die Vorbereitung des Spann- u. Bohrvorganges kommen.

Rüstgruppe	Ziffer	Rüstgegenstand		Zeit in Minuten	Rüstfolge
I. Anfangswert	1	Werkstück aus:	Stahl, Bronze u. Leichtmetall	10	Arbeit vom Meister anfordern – Arbeitsplan u. Zeichnung lesen – Bearbeitungsfolge durchdenken – Grundzeit für den Empfang und Rückgabe der Werkzeuge. Vorbereitung der Maschine einschl. säubern
	2		Gußeisen	8	
II. Vorbereiten des Spann=vorganges	1	Einrichten (keine Vorrichtung)		1…8	Vorrichtung holen – Durchdenken des Spannvorganges – Spannschrauben heraussuchen – Spannschrauben zusam=mensetzen – Anbringen von Anschlag=schrauben usw. Die hierfür aufgeführ=ten Zeiten sind bei Benutzung einer Vorrichtung auf das Vorrichtungsgewicht abgestimmt und gelten unter der Voraussetzung, daß mit wachsendem Gewicht der Vorrichtung auch die Schwierigkeiten der Spannung und der Bearbeitung zunehmen.
	2	Schraubstock oder Winkel	lose	2	
			fest=gespannt	3…5	
	3	Vorrichtung	bis 5 kg.	2…4	
			„ 10 „	5…8	
			„ 20 „	8…12	
			„ 50 „	15…20	

Rüstgruppe	Ziffer	Rüstgegenstand		Werkzeugdurchmesser in mm bis: 20	50	80	Rüstfolge
III. Vorbereiten des Bohr=vorganges	1	Spiralbohrer		0,80	0,90	1,–	Bohrhülsen heraussuchen, – Einstellen der Werkzeuge nach Anschlag oder Skala, – Prüfen der Werkzeuge auf Durchmesser und Tiefenanschlag. Der Zeitanteil für den Empfang und die Rückgabe der Werkzeuge, der nicht im Anfangswert liegt, ist eingerechnet. (Die Werkzeuge sind beim Bezug auf Durchmesser und Tiefe gebrauchsfertig eingestellt.)
	2	Senker		0,80	0,90	1,–	
	3	Reibahle		1,20	1,50	1,80	
	4	Gewindebohrer		0,80	0,90	1,–	
	5	Einstechwerkzeug		1,50	1,75	2,–	
	6	Abflächwerkzeug planparallel ±0,1	von oben	0,80	1,10	1,40	
			von rückwärts	1,30	1,60	1,90	
		Abflächwerkzeug planparallel ±0,01	von oben	1,50	1,70	1,90	
			von rückwärts	2,30	2,50	2,70	
	7	Bohrstange	ohne Führg. bezw mit Oberführung	1,–	1,30	1,60	
			mit Ober= u. Unterführg.	1,40	1,70	2,–	
	8	Reibstange		1,50	1,80	2,10	
	9	Meßlehre		0,50	0,60	0,70	

Raboma-Maschinenfabrik Hermann Schoening **Berlin-Borsigwalde**

RABOMA	**Gebrauchswerte** für allgemeine Bohrarbeiten	Tafel **731**

Die angegebenen Vorschubwerte gelten für Werkzeuge aus Schnellstahl

Bei Maschinen mit geringerer Leistung sind die Werte entsprechend herabzusetzen.

Bei der Drehzahlermittlung sind für die kleinen Bohrer Ø die hohen, für die großen Bohrer Ø die niedrigen Schnittgeschwindigkeiten zugrunde zu legen.

Beim Bohren tiefer Löcher sind die Vorschübe gemäß nachstehender Aufstellung herabzusetzen.

Bohrer Ø	Bohrtiefe bis zum	Bohrtiefe vom	Bohrtiefe über
bis 20 mm	~ 5 fachen Bohrer Ø	5.... 8 fachen Bohrer Ø	8 fachen Bohrer Ø
" 32 "	~ 4 " "	4... 6,3 " "	6,3 " "
" 50 "	~ 3,15 " "	3,15...5 " "	5 " "
" 80 "	~ 2,5 " "	2,5....4 " "	4 " "
	1 facher Vorschub	0,8 facher Vorschubwert	0,5 facher Vorschubwert

Werkstoff	Arbeits-Stufe	Art des Werkzeuges	Schnittgeschwindigkt. m/min.	Vorschübe in mm/Umdr. Werkzeug Ø in mm: 5	6,3	8	10	12,5	16	20	25	31,5	40	50	63	80
Gußeisen Ge. 22. 91.	Bohren ins Volle	Spiralbohrer	28... 18	0,16	0,18	0,2	0,22	0,25	0,28	0,32	0,36	0,4	0,45	0,5	0,56	0,63
	Senken	Senker	20.....16	0,25	0,28	0,28	0,32	0,32	0,36	0,36	0,4	0,4	0,45	0,45	0,5	0,5
	Abflächen	Abflächmesser bezw. Zapfensenker	12,5....10	0,05	0,056	0,06	0,07	0,08	0,09	0,1	0,11	0,12	0,14	0,16	0,18	0,2
	Reiben	Reibahle	12,5.....10	0,8	0,8	0,9	0,9	1,0	1,0	1,12	1,12	1,25	1,25	1,4	1,4	1,6
	Ausbohren/Schruppen	Bohrstange	20	—	—	—	—	—	—	—	—	0,28	0,32	0,32	0,36	0,36
	Ausbohren/Schlichten	mit eingesetzten	25	—	—	—	—	0,18	0,2	0,22	0,25	0,28	0,32	0,36	0,4	0,45
	Feinbohren	Stählen	31,5	—	—	—	—	0,16	0,18	0,18	0,2	0,2	0,22	0,22	0,25	0,25
	Gewindeschneiden	Gewindebohrer	9..... 6,3	—	—	—	—	—	—	—	—	—	—	—	—	—
Maschinen-Baustahl St. 60. 11.	Bohren ins Volle	Spiralbohrer	28 25	0,11	0,12	0,14	0,16	0,18	0,2	0,22	0,25	0,28	0,32	0,36	0,4	0,45
	Senken	Senker	22,4	0,36	0,36	0,4	0,4	0,45	0,45	0,5	0,5	0,56	0,56	0,63	0,63	0,7
	Abflächen	Abflächmesser bezw Zapfensenker	12,5 ..10	0,05	0,056	0,06	0,07	0,08	0,09	0,1	0,11	0,12	0,14	0,16	0,18	0,2
	Reiben	Reibahle	8...... 6,3	0,4	0,45	0,5	0,56	0,63	0,71	0,8	0,9	1,0	1,1	1,25	1,4	1,6
	Ausbohren/Schruppen	Bohrstange	31.5	—	—	—	—	—	—	—	—	0,28	0,32	0,32	0,36	0,36
	Ausbohren/Schlichten	mit eingesetzten	40	—	—	—	—	0,14	0,16	0,18	0,2	0.22	0,25	0,28	0.32	0,36
	Feinbohren	Stählen	50	—	—	—	—	0,12	0,14	0,16	0,18	0,2	0.22	0.22	0,25	0,25
	Gewindeschneiden	Gewindebohrer	8.... 6,3	—	—	—	—	—	—	—	—	—	—	—	—	—
Messing Rotguß Kupfer Bronze	Bohren ins Volle	Spiralbohrer	56....35,5	0,12	0,14	0,16	0,18	0,2	0,22	0,25	0,28	0,32	0,36	0,40	0,45	0,5
	Senken	Senker	31,5	0,36	0,36	0,4	0,4	0,45	0,45	0,5	0,5	0,56	0,56	0,63	0,63	0,7
	Abflächen	Abflächmesser bezw Zapfensenker	25.....20	0,05	0,056	0,06	0,07	0.08	0,09	0,1	0,11	0,12	0,14	0,16	0,18	0,2
	Reiben	Reibahle	14	0,8	0,8	0,9	0.9	1,0	1,0	1,12	1.12	1,25	1,25	1.4	1,4	1,6
	Ausbohren/Schruppen	Bohrstange	50	—	—	—	—	—	—	—	0,28	0,28	0,32	0,32	0,36	0,36
	Ausbohren/Schlichten	mit eingesetzten	63	—	—	—	—	0,14	0,16	0,18	0,2	0,22	0,25	0,28	0,32	0,36
	Feinbohren	Stählen	71	—	—	—	—	0,12	0,14	0,16	0,18	0,2	0,20	0,22	0,22	0,22
	Gewindeschneiden	Gewindebohrer	14.... 10	—	—	—	—	—	—	—	—	—	—	—	—	—
Leichtmetall Al. Leg.	Bohren ins Volle	Spiralbohrer	160...125	0,16	0,18	0,2	0,22	0.25	0,28	0,32	0,36	0,4	0,45	0,5	0,56	0,63
	Senken	Senker	80 63	0,25	0,28	0,28	0,32	0,32	0,36	0,36	0,4	0,4	0,45	0,45	0,5	0,5
	Abflächen	Abflächmesser bezw. Zapfensenker	50.....28	0,05	0,056	0,06	0,07	0.08	0,09	0,1	0,11	0,12	0,14	0.16	0,18	0,20
	Reiben	Reibahle	25	0,8	0,8	0,9	0.9	1,0	1,0	1,12	1,12	1,25	1,25	1,4	1,4	1,6
	Ausbohren/Schruppen	Bohrstange	140...125	—	—	—	—	—	—	0,25	0,25	0,28	0,28	0,32	0,32	0,36
	Ausbohren/Schlichten	mit eingesetzten	80... 63	—	—	—	—	0,14	0,16	0,18	0,2	0,22	0,25	0,28	0,32	0,36
	Feinbohren	Stählen	140... 125	—	—	—	—	0,12	0,14	0,16	0,18	0,20	0,20	0,22	0,22	0,22
	Gewindeschneiden	Gewindebohrer	25... 18	—	—	—	—	—	—	—	—	—	—	—	—	—

Raboma-Maschinenfabrik Hermann Schoening **Berlin-Borsigwalde**

Nebenzeiten für das Bohren mit der Radial-Bohrmaschine

Tafel 732

Anmerkung: Die Abstufung der angegebenen Zeiten bezieht sich
1.) bei **Werkzeugen:** auf den Durchmesser bzw. das Gewicht d. Werkzeuges.
2.) beim **Einstellen d. Werkzeuges auf d. Körner:** auf die Genauigkeit des Lochabstandes.
3.) beim **Ein= u. Ausspannen d. Werkstückes bzw. beim Wenden der Vorrichtung:** auf das Werkstückgewicht u. auf die verwendete Vorrichtung.
4.) **allgemein:** auf die Größe der verwendeten Maschine.
Das Oelen der Werkzeugführungen ist in die aufgeführten Zeiten eingerechnet.

Griffgruppe	Ziffer	Griff	Abkürzung	Zeit in Minuten
I. Griffe am Werkzeug u. an d. Maschine	1	**Werkzeug anstellen** Werkzeug z. Schnitt an das Werkstück heran – und wieder in Ausgangsstellung zurückbringen; Bohrspindel=dreh – u. Vorschubbewegung ein – u. ausschalten.	Wa.	0,05...0,15
	2	**Werkzeug einstellen** Bohrsp. heben, Säule u. Bohrschl. lösen, Ausleger schwenken, Bohrschl. auf neue Lochmitte einst, Säule u. Bohrschl. festklemmen. – auf d. Körner	We.	0,10...1,-
		Werkzeug einstellen Werkzeug z. Schnitt an das Werkstück heran – u. wieder in Ausgangsstellung zurück=bringen; Bohrspindeldreh – u. Vorschubbewegung ein – u. ausschalten. – auf d. Bohrbuchse	We.	0,10...0,25
	3	**Werkzeug einstellen** wie in Ziffer 2 aber mit Höhen=verstellung des Auslegers. – auf d. Körner.	We. Ausl.	0,35...1,50
		» d. Bohrbuchse	We. Ausl.	0,30...0,45
	4	**Schnellwechselfutter** in den Kegel der Bohrspindel einsetzen	Sche.	0,10...0,15
		aus d. Kegel der Bohrspindel herausnehmen	Sch.	0,05...0,10
	5	**Werkzeug wechseln** Werkzeug herausschlagen bzw. heraus=nehmen, weglegen; neues Werkzeug aufnehmen, in Spindel bzw. Schnellwech=selfutter einsetzen einschl. Werkzeug sichern; Drehzahl u. Vorschub wech=seln. Falls Werkzeug nur herein oder herausnehmen: halbe Zeit. – mit Kegel	Ww.	0,15...0,50
		mit Kegel u. Ober= bzw. Unterführg	WOw bzw. WUw.	0,20...0,60
		in Schnell=wechselfutter	WSw.	0,10...0,20
		in Schnellwechselfutter u. Ober- bezw. Unterführg	WOSw. bzw. WUSw.	0,15...0,25
	6	**Bohrstange bzw. Reibstange** mit Ober= und Unterführung: aufnehm., säubern u mit d. Bohrbuchs. in d. Vorrichtg. einführen, in d. Kegel d. Bohrsp. einsetzen u. sichern, – Bohrschl. u. Säule festkl. einshl. Ausleger schwenk., in d. Höhe verstellen u. festkl.	Boh.	1,-...4,-
		wechseln einschl. wegschwenk. u. verstell. d. Ausl. in d. Höhe; lösen einst. u. wieder festkl. v. Bohrschl. u. Säule, – Bohrstg. säubern, aufnehm. u. weglegen, – Drehzahl u. Vorschub wechseln.	Bow.	1,60..6,3
		aus d. Kegel d. Bohrsp. herausschlagen, – mit d. Buchsen aus d. Vorrichtung herausheben u. weglegen, einschl. Ausleger wegschwenken u. in der Höhe verstellen.	Bo.	0,60...2,5
	7	**Bohrbuchse wechseln** (Bohrbuchse heraus= u. hereinnehmen)	Bw.	0,10...0,25
	8	Selbsttätige Tiefenauslösung einstellen.	—	0,10
	9	**Ausleger schwenken** (einschl. Lösen u. Festklemmen d. Säule) – ohne Höhenverstellung	—	0,05...0,10
		mit Höhenverstellung	Ausl.	0,25...1,-
	10	**Bohrschlitten u. Säule lösen u. festklemmen.**	—	0,10
	11	**Kühlwasser anstellen**	—	0,03
II. Griffe am Werkstück	1	**Werkstück in Vorrichtg. einspannen** einschl. Werkstück aufnehmen u. säubern – von Hand	—	0,20...2,-
		mit Kran einschl. Kranwartezeit	—	3...6
	2	**Werkstück aus Vorrichtg. ausspannen** einschl. Werkstück u. Vorrichtg. säubern u. Werkstück weglegen. – von Hand	—	0,15...1,50
		mit Kran einschl Kranwartezeit	—	2...5
	3	**Vorrichtung wenden** – von Hand	—	0,10...1,-
		mit Kran einschl. Kranwartezeit	—	2...5
	4	**Messen** geriebene Bohrung mit Lehre prüfen	—	0,10...1,5

Raboma-Maschinenfabrik Hermann Schoening **Berlin-Borsigwalde**

(Firma) RABOMA

Arbeitszeit-Vorrechnung

(Blatt 1)

Gehört zu Arbeitsplan gleicher Zeichnungs-Nr.

Tafel 733

Skizze und Bemerkungen

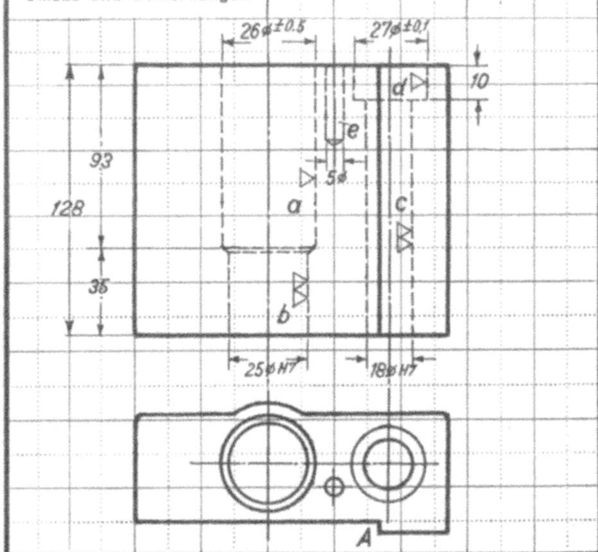

Gegenstand: Lagerplatte — Bauart: T; S 15

Werkstoff: Ge. 22.91.

Stückzahl: 1 — Rohgewicht: 4 kg

Verwendete Maschine: Raboma-Hochleistungs-Radialbohrmaschine 12U1000 — Inv.-Nr.: 846

Gruppe: V.B. 25 — Abt.-Nr.: 5

Rüstgrundzeit t_{rg} 33.20 min	Hauptzeit t_h: Maschzeit 8.15 min; Handzeit 0.90 min
	Nebenzeit t_n Handzeit 9.45 min
Rüstverlustzeit 14 v. H. t_{rv} 4.65 min	Grundzeit t_g 18.50 min
	15 v. H. Verlustz. t_{vst} 2.78 min
Rüstzeit t_r 37.85 min	Stückzeit t_{st} 21.28 min

Vorzugebende Rüstzeit	Vorzugebende Stückzeit bei Bedienung von
t_r = 38.– min	1 Maschine t_{st} = 21.50 min
	— Maschinen t_{st} = — min

Lfd. Nr.	Arbeitsunterteilung	Bearb. Fläche	ISA-Passung Bearb.-Zeich.	Werkzeug Vorrichtg.	D / a	L / s(s')	B / v	I / n	Verwendete Kalkulations-Unterlagen	Rüst-Zeit t_r min	Hauptzeit t_h Masch. min	Hauptzeit t_h Handz. min	Nebz. t_n Handz. min
	Rüstzeiten												
1	Anfangswert								Tafel 730, I, 2	8.–	—	—	—
2	Vorbereitung des Spannvorganges			Spannwerk W. 22009 W. 22074					" 730, II, 3	15.–	—	—	—
3	Vorbereitung des Bohrvorganges												
	je 1 Spiralbohrer 26⌀, 22⌀, 16.5⌀ und 5⌀			Normal					" 730, III, 1	3.40	—	—	—
	1 Bohrstange mit Oberführung z. Einsenken 23⌀			W. 22153					" 730, III, 7	1.–	—	—	—
	je 1 Bohrstange mit Ober- u. Unterführg. 18⌀ u. 13⌀			W. 22076 W. 22079					" 730, III, 7	2.80	—	—	—
	1 Reibstange 25⌀			W. 22078					" 730, III, 8	1.80	—	—	—
	1 Reibahle 18⌀			Normal					" 730, III, 3	1.20	—	—	—
	Arbeitszeiten												
1	Werkstück in Vorrichtung einspannen								Tafel 732, II, 1	—	—	—	0.60
2	Bw., WZw., Wr.								" 732, I, 7-5-2	—	—	—	0.60
3	Bohren	a	▽ ± 0,5	Spiralbohrer normal	26 / —	101 / 0,32	— / 20	1 / 235	" 731, bezw. Leistungstafel d. Masch.	—	1.40	—	—
4	Bw., WZw., Wr.								" 732, I, 7-5-1	—	—	—	0.40
5	Vorbohren	b		Spiralbohrer normal	22 / —	37 / 0,32	— / 21	1 / 300	" 731.	—	0.39	—	—
										33.20	1.79	—	1.60

	Tag	Name	Änderungen
ausgef.	10. 3. 40.		
geprüft			

D = Bearbeitungsdurchm in mm; L = Arbeitsweg des Werkzeuges in der Länge in mm; B = Arbeitsweg des Werkzeuges in der Breite in mm; I = Anzahl der Späne; a = Schnittiefe in mm; s = Vorschub in mm je Umdrehung; s' = Vorschub in mm je min; v = Schnittgeschwindigkeit in m je min; n = Drehzahl je min

(Firma RABOMA)

Arbeitszeit-Vorrechnung

(Fortsetzungs-Blatt 1)

Gehört zu Arbeitsplan gleicher Zeichnungs-Nr.

Tafel 734

Gegenstand: Lagerplatte   Bauart: T; S15

Lfd. Nr.	Arbeitsunterteilung	Bearb. Fläche	ISA-Passung Bearb.-Zeich.	Werkzeug Vorrichtg.	*) D / a	L / s(s')	B / v	i / n	Verwendete Kalkulations-Unterlagen	Rüst-Zeit t_r min	Hauptzeit t_h Masch. min	Hauptzeit t_h Handz. min	Nebz. t_n Handz. min
	Übertrag									33.20	1.79	—	1.60
6	Bw., WBw., Wz.								Tafel 732, I, 7-5-2	—	—	—	0.45
7	Vorbohren	c		Spiralbohrer normal	16.5 —	136 0,20	— 20	1 375	" 731 bezw. Leistungstafel d. Masch.	—	1.82	—	—
8	Späne entfernen durch Wenden d. Vorrichtg. v. Hand								" 732, II, 3	—	—	—	0.30
9	Bw., WBw., Wz.								" 732, I, 7-5-2	—	—	—	0.50
10	Einsenken (abflächen)	d	▽ ± 0,1	Bohrstange W. 22153	23 3,25	12 v. Hand	— 11	1 150	" 731 bezw. Leistungstafel der Maschine	—	—	0.70	—
11	WBw., Wz.								" 732, I, 5-2	—	—	—	0.30
12	Bohren	e	▽▽ ± 0,1	Spiralbohrer normal	5 —	28 v. Hand	— 24	1 1500	" 731 bezw. Leistungstafel d. Masch.	—	—	0.20	—
13	WBw., Boh.								" 732, I, 5-6	—	—	—	1.30
14	Ausbohren / Schlichten	b		Bohrstange W. 22076	24.75 1.40	37 0,25	— 25	1 300	" 731 bezw. Leistungstafel der Maschine	—	0.50	—	—
15	Bew.								" 732, I, 6	—	—	—	1.70
16	Reiben	b	▽▽ H7	Reibstange W. 22078	25 0,15	50 0,90	— 10	1 118	" 731 bezw. Leistungstafel der Maschine	—	0.48	—	—
17	Bew.								" 732, I, 6	—	—	—	1.70
18	Ausbohren / Schlichten	c		Bohrstange W. 22079	17.75 0,65	132 0,15	— 22	1 375	" 731 bezw. Leistungstafel der Maschine	—	2,34	—	—
19	Bo., Bw. WBw., Wz.								" 732, I, 6-7-5-2	—	—	—	1.20
20	Reiben	c	▽▽ H7	Reibahle normal	18 0,15	155 0,67	— 11	1 190	" 731 bezw. Leistungstafel der Maschine	—	1.22	—	—
21	Werkstück aus Vorrichtg. ausspannen								" 732, II, 2	—	—	—	0.40
										33.20	8.15	0.90	9.45

	Tag	Name	Änderungen
ausgef.	10. 3. 40		
geprüft			

*) D = Bearbeitungsdurchm. in mm; L = Arbeitsweg des Werkzeuges in der Länge in mm; B = Arbeitsweg des Werkzeuges in der Breite in mm; i = Anzahl der Späne
a = Schnittiefe in mm; s = Vorschub in mm je Umdrehung; s' = Vorschub in mm je min; v = Schnittgeschwindigkeit in m je min; n = Drehzahl je min

ABSCHNITT 74

ZENTRALE KÜHLMITTELVERSORGUNG

Der Wert einer ausreichenden Kühlung und Schmierung des Werkzeuges
Der Kühlmittelbedarf für eine Maschine • Die Kühlmittel
Die Einzelversorgung einer Maschine mit dem Kühlmittel • Zentrale Kühlmittelversorgung
Leitungsführung • Die Kühlmittelpumpen • Regelung der Kühlmittelzufuhr
Kühlung durch Preßluft

Die Kühlung übt auf die Standzeit des Werkzeuges einen großen Einfluß aus.
Bei der Zerspanung des Werkstoffes entsteht an den Werkzeugschneiden Wärme, die von der Reibung und der Formänderungsarbeit herrührt; sie wird um so größer, je höher die Schnittgeschwindigkeit und je härter oder zäher der Werkstoff ist.

Die örtliche Überhitzung nimmt den Werkzeugschneiden die Härte und damit die Schneidfähigkeit. Deshalb ist für ausreichende Kühlung zu sorgen. Wenn auch die Kühlflüssigkeit nicht immer unmittelbar an die Schneiden gelangt, so wird doch durch einen kräftigen Flüssigkeitsstrom das Wärmegefälle im Werkzeug stark vergrößert und damit die Wärmeabfuhr erleichtert.

Gleichzeitig soll das Kühlmittel aber auch einem Verziehen des Werkstückes vorbeugen, d. h. die Maßhaltigkeit sicherstellen und außerdem noch eine Schmierwirkung ausüben.

Es genügt also nicht, dem Bohrwerkzeug das Kühlmittel tropfenweise aus einem Gefäß oder mit einem Pinsel, Löffel u. dgl. zuzuführen, denn es soll ja nicht nur geschmiert, sondern vor allem gekühlt werden, und zwar nicht der Werkzeugschaft, sondern möglichst die Werkzeugschneide und der vor ihr liegende Werkstoff. Das Kühlmittel muß also von Anfang an in reichlichem Maße an das Werkzeug herangeführt werden. Trotzdem macht die Kühlung noch erhebliche Schwierigkeiten, weil das Bohrwerkzeug meist tief in dem mit Spänen vollgestopften Bohrloch steckt, so daß ein richtiger Umlauf des Kühlmittels im Bohrloch und damit ein guter Abfluß der Zerspanungswärme wenigstens beim Bohren ins Volle für gewöhnlich nicht zu erreichen ist. Deshalb sind auch die meisten Bohrwerkzeuge bei hohen Schnittgeschwindigkeiten gefährdet. Es gibt zwar beispielsweise Spiralbohrer mit innerer Kühlmittelzufuhr durch eingewalzte Rohre. Sie werden vorzugsweise für tiefe Löcher gebraucht; jedoch müssen bei ihnen gegenüber den normalen Spiralbohrern sowohl die Schnittgeschwindigkeit als auch der Vorschub wesentlich verringert werden.

Der Kühlmittelbedarf

Der Kühlmittelbedarf beträgt je Maschine etwa 3 l/min, gemessen am Strahlrohrausfluß. Die Förderleistung der Pumpe muß aber größer sein, da sich die Widerstände in den Leitungen als Reibungsverluste auswirken. Vor allem ist das bei den vielgebrauchten Schleuderradpumpen der Fall. Die gebräuchlichsten Pumpen für die Einzelversorgung fördern etwa 20—30 l/min bei 2 m manometrischer Förderhöhe.

*Die Kühlmittel**

Von einem guten Kühlmittel muß gleicherweise Kühlwirkung und Schmierfähigkeit verlangt werden. Es muß das Werkzeug gut benetzen und darf weder die Metalle noch die menschliche Haut angreifen.

Reines Wasser wäre zur Kühlung am besten geeignet. Nachteilig ist aber, daß ihm die Schmierwirkung fehlt und daß es Rostbildung begünstigt. Reines Wasser findet deshalb meist nur in Eisenkonstruktions-Werkstätten, Kesselschmieden, im Schiffbau usw. Anwendung oder dort, wo aus irgendwelchen Gründen das Kühlmittel nach dem Gebrauch nicht aufgefangen und wieder verwendet werden kann. Am besten eignet sich für den Bohrbetrieb eine Mischung von Wasser und Bohröl, d. h. eine Bohröl-Emulsion, wofür in DIN 6558 Näheres gesagt ist. Eine solche Emulsion vereinigt in sich sowohl die Kühl- als auch die Schmierwirkung; sie wird gewonnen, indem unter kräftigem Umrühren 1 Teil Bohröl in 15 Teile Wasser gegossen wird, so daß das Öl in feinsten Tröpfchen im Wasser verteilt ist. Bei einer fetteren Mischung würde sich eine Ölschicht auf dem Werkzeug bilden und die Wärmeabfuhr, also das Kühlen behindern.

Das gebrauchte Kühlmittel muß von Zeit zu Zeit erneuert werden, da es sich zersetzt. Zweckmäßig wird bei dieser Gelegenheit jeweils auch der Sammelbehälter gründlich gereinigt.

Einzelversorgung einer Maschine

Am einfachsten ist die Einzelversorgung einer Maschine, weil sich die Pumpenanlage in der Mehrzahl der Fälle organisch mit dem Maschinengestell verbinden läßt und so die kürzesten Leitungswege erforderlich sind.

Bei Maschinen mit großer Grundplatte ist der außerhalb des Säulenflansches liegende Raum der Platte als Sammelbehälter ausgebildet, in den das verbrauchte und durch die rings umlaufende Sammelrinne aufgefangene Kühlmittel zurückfließt (Tafel 740/1). Die Bohrspäne werden in herausnehmbaren Korbsieben zurückgehalten; zur Säuberung ist jede einzelne Kammer des Sammelbehälters durch eine große, mit einem Deckel verschlossene Öffnung zugänglich. Die Kühlmittelpumpe sitzt geschützt hinter der Säule auf der Grundplatte und taucht mit ihrem Schleuderrad in den Sammelbehälter ein; der Schalter für den Pumpenmotor ist in der vorn am Säulensockel sitzenden Schalttafel eingebaut. Das Kühlmittel wird durch einen Schlauch dem am Bohrschlitten befestigten, einstellbaren Strahlrohr zugeführt; durch einen Hahn kann die Ausflußmenge geregelt werden. Sämtliche Leitungen liegen außerhalb der Maschine, da sie beim Undichtwerden im Innern der Maschine Schaden verursachen würden.

Bei anderen Baumustern, beispielsweise Wandradialbohrmaschinen, müssen aber Pumpe und Sammelbehälter von der Maschine getrennt angeordnet werden (Tafel 740/2). Letzterer muß genügend groß sein und für 1 Maschine etwa 1 cbm fassen. Durch eingebaute Trennwände werden, ähnlich wie bei den Grundplatten, Absetz- und Abscheidekammern gebildet, die besonders dort nötig sind, wo das aufgefangene Wasser durch Sand oder andere Fremdkörper stark verunreinigt ist.

* Eine eingehende Darstellung der Kühlung und Schmierung bei der Metallbearbeitung gibt die AWF-Schrift 205.

Die Pumpe kann mit dem Sammelbehälter zusammengebaut oder in seiner unmittelbaren Nähe aufgestellt werden, auf alle Fälle jedoch so, daß die Saugleitung möglichst kurz ist (Tafel 740/2 u. 3).

Zentrale Kühlmittelversorgung

In manchen Fällen kann eine zentrale Kühlmittelversorgung vorteilhaft sein, beispielsweise wenn mehrere gleiche Maschinen nebeneinander arbeiten. Eine solche Anlage ist billiger, als wenn jede Maschine mit einer besonderen Pumpe ausgerüstet wird. Wichtiger ist aber, daß eine stärkere Pumpe verwendet werden kann, die sicherer ansaugt und deren Förderhöhe auch entsprechend größer ist. Die kleinen, für die Einzelversorgung gebräuchlichen Motorpumpen reichen für die gleichzeitige Versorgung mehrerer Maschinen nicht aus, weil ihre manometrische Förderhöhe zu gering ist. Bei Leitungen mit häufigen Richtungsänderungen sinkt infolgedessen die Fördermenge unverhältnismäßig stark. Von den besonderen Umständen hängt es ab, ob noch eine Reservepumpe nötig ist, um für alle Fälle bei einem Versagen geschützt zu sein.

Wo die Verhältnisse es erlauben, kann ferner ein Hochbehälter aufgestellt werden, der durch eine Motorpumpe mit Schwimmersteuerung gefüllt gehalten wird, so daß die Pumpe nicht dauernd zu laufen braucht.

Auch bei der zentralen Versorgung wird das Kühlmittel einem entsprechend großen Sammelbehälter durch Sammelrinnen zugeführt und von dort wieder abgesaugt.

Leitungsführung

Die Leitungen müssen möglichst einfach und gerade geführt werden. Scharfe Richtungsänderungen durch Kniestücke und Winkel ergeben Widerstände, die die Fördermenge der Pumpe verringern. Auch lange waagerecht verlegte Leitungen vermindern ihres Widerstandes wegen die Fördermenge. Ganz besonders aber muß bei selbstansaugenden Pumpen auf kurze Saugleitungen geachtet werden, da die meisten der am Markt befindlichen Pumpen dieser Art nur geringe Saughöhen zu überwinden vermögen und bei längerer Betriebsdauer durch Abnützung in ihrer Saugwirkung stark nachlassen.

Die Kühlmittelpumpen

Die Auswahl der geeigneten Pumpe erfordert Aufmerksamkeit in solchen Fällen, wo das Kühlmittel stark durch Sand oder ähnliche scharfe Fremdkörper verunreinigt ist und angesaugt werden muß, wo es also der Pumpe nicht zuläuft. Durch die unvermeidliche Abnützung der umlaufenden Pumpenteile ist eine zuverlässige Saugwirkung auf die Dauer in Frage gestellt.

Wenn irgend möglich, soll deshalb das Kühlmittel der Pumpe zulaufen, so daß es nicht angesaugt zu werden braucht. Es können dann Schleuderradpumpen (Zentrifugal-Tauchpumpen) verwendet werden, deren Schleuderrad von vornherein mit großem Spiel im Gehäuse läuft, weil keine Saugwirkung nötig ist. Sie sind sehr unempfindlich und Überdruck- oder Überlaufventile sind bei ihnen überflüssig. Pumpe und Antriebsmotor sind zusammengebaut, und das Flügelrad der Pumpe sitzt tief im Sammelbehälter, so daß ein Absinken des Wasserspiegels die Förderung nicht beeinflußt (Tafel 740/4).

Muß aber das Kühlmittel angesaugt werden, womöglich noch aus größerer Tiefe, so ist die Pumpe dementsprechend auszuwählen und vor allen Dingen daraufhin zu prüfen, ob sie eine Abnützung durch das häufig stark verunreinigte Kühlmittel verträgt, ohne in der Saugwirkung nachzulassen. Saugpumpen zeigt Tafel 740/2, 3 u. 5.

Regelung der Kühlmittelzufuhr

Üblicherweise wird der Kühlmittelzufluß zum Werkzeug durch einen von Hand betätigten Absperrhahn geregelt (Tafel 740/1, 2 u. 3). Bei kurzen Schnittzeiten und wenig tiefen Löchern, beispielsweise im Eisenbau, kann es vorteilhaft sein, das Kühlmittel dauernd in einem dünnen Strahl laufen zu lassen, während bei anderen Arbeiten der Hahn nach Bedarf auf- und zugedreht wird.

Selbsttätig arbeitende Einrichtungen, bei denen gleichzeitig mit dem Einschalten des mechanischen Vorschubes auch der Kühlwasserhahn geöffnet wird, bieten in der allgemeinen Bohrerei keine besonderen Vorteile. Die Kühlmittelpumpe muß sowieso laufen, und der Körner ist auf dem Werkstück ebensogut sichtbar, ob das Kühlwasser läuft oder nicht. Bei den Raboma-Radialen ist deshalb auf eine solche Einrichtung verzichtet.

Preßluft als Kühlmittel

Preßluft wirkt nur kühlend, so daß sie allenfalls dort verwendet werden könnte, wo auf die Schmierwirkung, wie bei Gußeisen, verzichtet werden kann.

Voraussetzung wäre, daß die Lochtiefe etwa das Doppelte des Bohrer-Durchmessers nicht überschreitet, weil bei tieferen Löchern wegen der Verstopfung des Bohrloches durch die Späne die Kühlluft nicht an die Spitze des Werkzeuges gelangt.

Das Umherfliegen der Späne wäre aber sehr störend, und vor allen Dingen würde der Gußstaub in die Lager der Maschine eindringen und Anfressungen verursachen. Deshalb muß vor der Verwendung von Preßluft als Kühlmittel und zum Ausblasen der Bohrlöcher dringend gewarnt werden. Ein Festfressen der Vorschubbüchse im Bohrschlitten ist fast regelmäßig die Folge der Verwendung von Preßluft, denn alle Vorkehrungen gegen das Eindringen von Gußstaub oder feinen Spänen in die Maschine werden nach längerer Dauer unwirksam.

Beim Trockenbohren von Stahl verschleißt selbstverständlich die Bohrerschneide sehr schnell, weil außer der wirksamen Kühlung auch die Schmierung fehlt. In Ausnahmefällen kann es jedoch von Vorteil sein, daß der Werkstoff nicht naß wird, nicht verschmutzt und auch nicht rostet.

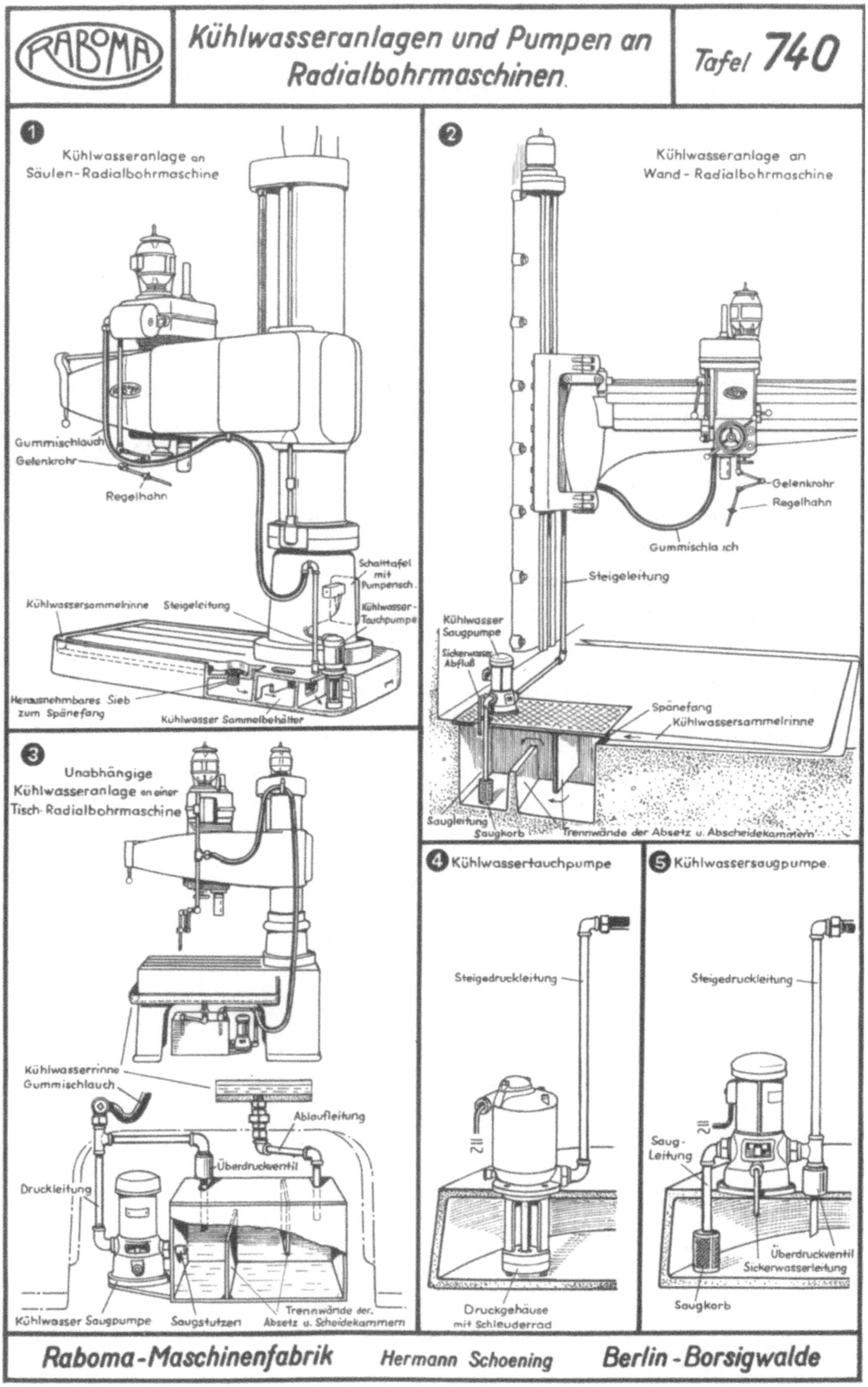
RABOMA
Kühlwasseranlagen und Pumpen an Radialbohrmaschinen.
Tafel 740
1
Kühlwasseranlage an Säulen-Radialbohrmaschine
Gummischlauch
Gelenkrohr
Regelhahn
Schalttafel mit Pumpensch.
Kühlwasser-Tauchpumpe
Kühlwassersammelrinne
Steigeleitung
Herausnehmbares Sieb zum Spänefang
Kühlwasser Sammelbehälter
2
Kühlwasseranlage an Wand-Radialbohrmaschine
Gelenkrohr
Regelhahn
Gummischlauch
Steigeleitung
Kühlwasser Saugpumpe
Sickerwasser Abfluß
Spänefang
Kühlwassersammelrinne
Saugleitung
Saugkorb
Trennwände der Absetz u. Abscheidekammern
3
Unabhängige Kühlwasseranlage an einer Tisch-Radialbohrmaschine
Kühlwasserrinne
Gummischlauch
Ablaufleitung
Überdruckventil
Druckleitung
Kühlwasser Saugpumpe
Saugstutzen
Trennwände der Absetz u. Scheidekammern
4 Kühlwassertauchpumpe
Steigedruckleitung
Druckgehäuse mit Schleuderrad
5 Kühlwassersaugpumpe.
Steigedruckleitung
Saug-Leitung
Überdruckventil
Sickerwasserleitung
Saugkorb
Raboma-Maschinenfabrik Hermann Schoening Berlin-Borsigwalde

ABSCHNITT 80

DER ELEKTRISCHE EINZELANTRIEB DER RADIALBOHRMASCHINEN

Der allgemeine Aufbau der elektrischen Ausrüstung • Die Stromart • Die Motoren Schaltgeräte und Kommandoschalter (Befehlsschalter, Steuerschalter) • Die Schalttafel Motorschutz und Sicherungen • Installation • Wartung

Die Raboma-Radialbohrmaschine ist ein Musterbeispiel für die Vereinfachung des mechanischen Aufbaues einer Werkzeugmaschine durch Mehrmotorenantrieb unter besonders ungünstigen, durch die Beweglichkeit des Bohrschlittens und des Auslegers bedingten Verhältnissen. Die Lösung dieser Aufgabe schon zu einer Zeit, als nicht nur Motoren und Schaltgeräte in der notwendigen Sonderausführung fehlten, sondern auch noch die Einführung des Einzelantriebes in den Kreisen der Abnehmer von Werkzeugmaschinen Schwierigkeiten bereitete, kann als eine besondere Leistung angesprochen werden. Richtungweisend wurde der senkrecht auf dem Bohrschlitten stehende Motor, wie er damals von der Raboma erstmalig angewendet worden ist.

Allgemeiner Aufbau der elektrischen Ausrüstung

Um kürzeste Kraftwege zu erzielen und den mechanischen Aufbau zu vereinfachen, wird jede Arbeitsstelle durch einen besonderen Motor angetrieben, und jeder dieser Motoren hat sein eigenes Schaltgerät, das vom Bohrschlitten aus bedient wird. Meist sind es 4 Motoren bei jeder Maschine, und zwar

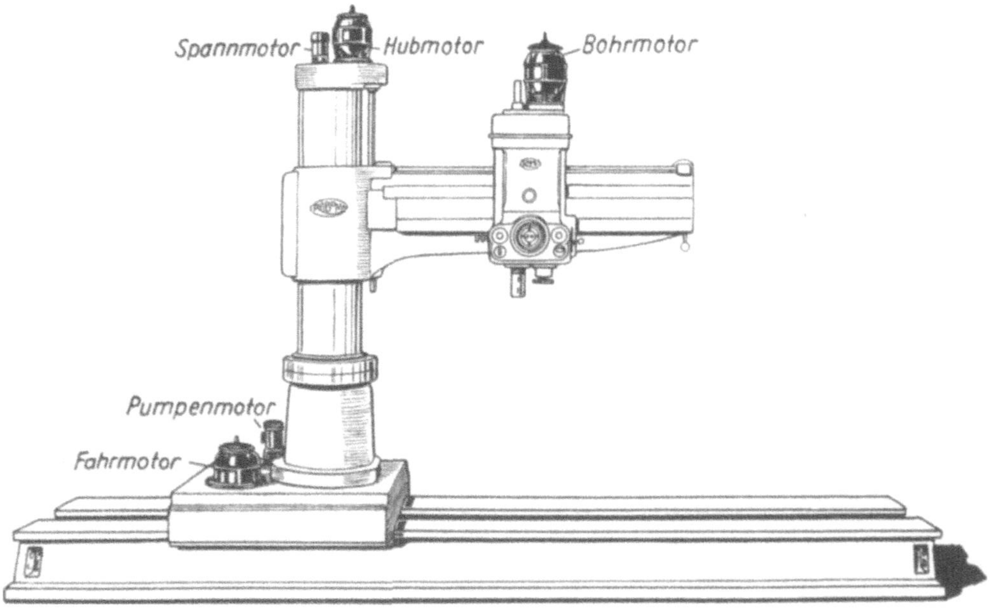

Bild 800: Sitz der elektrischen Antriebsmotoren

je einer

für den Antrieb der Bohrspindel,

für die Höhenverstellung des Auslegers,

für das Festspannen der Säule und des Bohrschlittens,

für die Kühlwasserpumpe.

Ist die Maschine auf einem Bett verschiebbar, so wird für diese Bewegung ein weiterer Motor erforderlich (Bild 800), ebenso wenn auch noch der Bohrschlitten durch einen Hilfsantrieb entlang dem Ausleger verschoben werden soll.

Die Standortbedienung macht es notwendig, alle Schalteinrichtungen in bequemer Reichweite am Bohrschlitten anzubauen. Dies hat in den letzten Jahren zu einer starken Bevorzugung der Schützensteuerungen geführt, deren Steuerschalter sich auf kleinstem Raum am Bohrschlitten selbst unterbringen lassen, während die umfangreichen Schütze ihren Platz an einer anderen geeigneten Stelle finden können. Die Hauptschalttafel, an die der Strom vom Netz herangeführt wird, ist unten im Sockel der Säule eingebaut. Von dort muß der Strom den einzelnen Verbrauchsstellen über Schleifringe zugeleitet werden, weil nur die innere Säule feststeht, das äußere Mantelrohr mit dem Ausleger sich jedoch um 360° dreht.

Den Schaltplan einer Maschine der gebräuchlichsten Ausführung mit 4 Motoren zeigt Tafel 801. In ihm zeichnen sich neben den Motoren deutlich die vier Gruppen der elektrischen Ausrüstung ab: Die Schalttafel mit dem Hauptschalter und den Kurzschlußsicherungen im Säulensockel, die Schleifringe auf dem Säulenkopf, die Schützensteuerung im rückwärtigen Teil des Auslegers und die Kommandoschalter mit dem Strommesser am Bohrschlitten.

Stromart

In mindestens 95 v. H. aller Fälle wird heute in allen Ländern Drehstrom zum Antrieb von Werkzeugmaschinen verwendet. Die Vorteile der Regelbarkeit des früher bevorzugten, aber empfindlichen Gleichstrommotors sind durch die inzwischen im Getriebebau gemachten Fortschritte wett gemacht. Die höheren bzw. niedrigeren Drehzahlen der Motoren mit einer von 50 Hertz abweichenden Periodenzahl werden bei den Raboma-Radialen im Drehzahlwechselgetriebe ausgeglichen, so daß die Bohrspindel in allen Fällen mit den genormten Drehzahlen umläuft.

Die Motoren

Die verwendeten Motoren entsprechen mit wenigen Ausnahmen der DIN-Bauart V 1 mit senkrechter Welle, zwei Führungslagern und unterem Befestigungsflansch; sie sind spritzwassergeschützt und haben innere Kühlung durch einen besonderen Ventilator. Gelegentlich werden aber auch für den Spindelantrieb Motoren mit Oberflächenkühlung verwendet, deren Wicklung gegen den Zutritt von Gußstaub und Feuchtigkeit geschützt ist. Der Vorteil dieser teureren Motoren ist aber bei Radialbohrmaschinen nicht sehr erheblich, da hier der Motor verhältnismäßig weit ab vom Werkzeug sitzt und die alljährliche Reinigung ausreicht, um ihn vor Verschmutzung zu bewahren. Außerdem stört bei den oberflächengekühlten Motoren der außen von oben nach unten streichende Luftstrom den Arbeiter in sehr unangenehmer Weise.

Die Drehstrommotoren sind Asynchronmotoren mit Käfigläufern, und zwar in der Hauptsache mit einer Drehzahl (n = 1450); nur bei den kleinen Raboma-Schnelläufer-Radialen wird zur Vereinfachung des mechanischen Getriebes von der Polumschaltbarkeit (n = 1450 u. 2900) Gebrauch gemacht.

Schaltgeräte

Die einfachsten und betriebssichersten Geräte für das Ein- und Ausschalten der Motoren sind handbetätigte **Walzenschalter** mit direkter Schaltung des Hauptstroms. Infolge ihrer Abhängigkeit von der mehr oder weniger rasch erfolgenden Handbetätigung, die einen verzögerten Schaltvorgang zur Folge haben kann, ist ihre Lebensdauer kürzer als die der selbsttätigen Schaltgeräte. Sie eignen sich deshalb vornehmlich nur für eine geringe Schalthäufigkeit und, da sie wegen Platzmangels in den äußeren Abmessungen klein gehalten werden müssen, nur für kleine Leistungen. Ihre Anwendung ist infolgedessen auf Radialbohrmaschinen mit kleinen Antriebsleistungen beschränkt.

Schützensteuerungen lassen die bei Radialbohrmaschinen an den meisten Stellen nötige große Schalthäufigkeit zu und vereinfachen den Aufbau und die Bedienung der Maschine sehr wesentlich. Sie haben den Vorteil, daß nur die kleinen Kommandoschalter für die Steuerströme am Bohrschlitten angebaut zu werden brauchen, während die Schütze dort untergebracht werden können, wo der nötige Raum zur Verfügung steht. Schütze und Kommandoschalter lassen sich also unabhängig voneinander rein nach Zweckmäßigkeitsgründen ein- oder anbauen.

Für die Lebensdauer der Schütze ist ausschlaggebend, ob sie in Öl oder in Luft arbeiten.

Ölschütze sind durch die Ölfüllung gegen die Einwirkung von Gußstaub und Kühlwasserdämpfen vollkommen geschützt und bedürfen keiner Wartung, wenigstens nicht bei Drehstrom. Bei sehr hohen Schaltzahlen und größeren Leistungen verbrennen aber die Kontakte in verhältnismäßig kurzer Zeit und kleben dadurch fest. Aber auch das Öl verbrennt, und die Rückstände können bei Gleichstromschützen zu Stromüberbrückungen führen. Auflagen aus Wolfram oder ähnlichen schwer schmelzbaren Metallen bringen eine Besserung, indem sie das Festbrennen der Kontakte verhindern; wegen des hohen Übergangswiderstandes ergibt sich aber im Dauerbetrieb eine unerwünschte Erwärmung an den Kontaktflächen.

Luftschütze sind trotz ihrer Einkapselung gegen das Eindringen von Staub und Feuchtigkeit nicht vollkommen geschützt und erfordern daher eine gewisse Wartung. Dieser Nachteil fällt aber kaum ins Gewicht gegenüber dem Vorteil, daß sie eine größere Schalthäufigkeit zulassen. Die Lebensdauer

Bild 802: Apparateschrank im Ausleger einer Raboma-Radiale

der in Luft schaltenden Kontakte ist vielmals größer, weil Luft als Spülmittel gegenüber Öl sehr viel beweglicher ist. Schaltzahlen von 1 × 1 000 000 bei 600 Schaltungen je Stunde sind ein guter Mittelwert, so daß die Lebensdauer der Kontakte eines Luftschützes heute schon als befriedigend bezeichnet werden kann.

Die Schütze sind bei der Raboma-Radialbohrmaschine in einem abgeschlossenen Raum auf dem Rücken des Auslegers, dem sogenannten Tornister, eingebaut. Sie sind mit den Sondersicherungen für die Motoren übersichtlich auf einem gemeinsamen Rahmen als Einheit zusammengefaßt und bequem zugänglich (Bild 802).

Die Kommandoschalter (Befehlsschalter) für Schützensteuerungen

Für die am Bohrschlitten an- oder eingebauten Kommandoschalter werden je nach dem Zweck Kreuz- oder Schwenkschalter oder auch Druckknöpfe verwendet.

Bei den mittleren und großen Raboma-Radialen werden Bohr- und Hubmotor durch einen sogenannten Kreuzschalter sinnfällig und einprägsam geschaltet: Schalterstellung links oder rechts ergibt Links- oder Rechtslauf des Bohrmotors, Schalterstellung oben oder unten Auf- oder Abwärtsfahrt des Auslegers mit selbsttätigem Lösen bzw. Wiederfestspannen der Auslegerschelle.

Durch Schwenkschalter wird — ebenfalls sinnfällig — die Fahrtrichtung von Maschinen gesteuert, die auf einem Bett verschiebbar sind. Bei kleineren Radialen dienen solche Schalter auch zur Steuerung der Hub- und Spanneinrichtung des Auslegers.

Bei Maschinen mit elektro-hydraulischer Festspannung von Bohrschlitten und Säule ist in der Mitte des Bohrschlittenverschiebe-Handrades ein Doppeldruckknopfschalter eingebaut, der mit dem Daumen betätigt werden kann, ohne daß das Handrad beim Einstellen der Bohrspindel losgelassen zu werden braucht.

Die Schalttafel

Mit dem Hauptschalter kann die ganze Maschine durch einen Griff stromlos gemacht werden. Dies darf aber, um die Kontakte zu schonen, nicht mit laufendem Bohrmotor geschehen.

Die hinter dem Schalter sitzenden Hauptsicherungen sind so bemessen, daß sie außer dem Schutz gegen Kurzschluß gleichzeitig auch den Grobschutz für den Bohrmotor als dem größten Stromverbraucher übernehmen. Hinter den Hauptsicherungen ist ein noch besonders abgesicherter Schalter für den Pumpenmotor angeschlossen.

Vor dem Hauptschalter liegt unmittelbar an den Netzleitungen eine zweipolige, gesicherte Steckdose, um auch bei Instandsetzungsarbeiten und bei stromloser Maschine kleine Werkzeuge oder eine Handlampe anschließen zu können.

Der Motorschutz und die Sicherungen

Alle Motoren sind gegen Kurzschluß durch Grobsicherungen geschützt. Da diese aber wegen der hohen Einschaltstromspitzen für den 2- bis 3fachen Vollaststrom bemessen werden müssen, ist noch ein Schutz gegen länger andauernde geringere Überlastung nötig. Hierfür werden thermische Auslöser verwendet, die dem Motorstrom angepaßt sind und die nicht nur den Motor selbst, sondern auch seine Zuleitung schützen.

Die Leitungen brauchen also nicht entsprechend der Grobsicherung, sondern nur für den Motorvollaststrom bemessen zu werden, so daß sich kleinste Querschnitte ergeben. Die Kurschlußsicherungen für den Hub- und Spannmotor sowie die thermischen Auslöser sind mit der Schützensteuerung als Einheit zusammengebaut. Da somit jeder Motor durch Grobsicherungen und durch thermische Auslöser geschützt ist und auch den Steuerleitungen noch besondere Sicherungen vorgeschaltet sind, wird ein Größtmaß von Betriebssicherheit erreicht.

Die Installation

Für die Raboma-Radialbohrmaschinen wird ein öl- und säurefestes Lackkabel verwendet, das sich auch in den Tropen bewährt hat. Zum Anschluß an die Motoren oder Apparate dienen je nach den Leitungsquerschnitten Kabelschuhe oder Kabelösen. In jedem Fall können die Leitungen mehrmals an- und abgeklemmt werden, ohne daß der Anschluß leidet oder die Enden neu hergerichtet werden müssen.

Alle Leitungen sind an den Enden durch aufgeklemmte Schilder mit der gleichen Bezeichnung versehen, wie die entsprechenden Klemmen am Apparat oder Motor, so daß jede Gefahr einer Verwechslung ausgeschaltet ist. Beim Anschluß muß nur auf die richtige Bezeichnung geachtet werden. Die festen Leitungen sind in Stahlpanzerrohren verlegt, die beweglichen in Panzerschläuchen, die gegen das Eindringen von Feuchtigkeit durch eine Preßspanauskleidung besonders geschützt und an ihren Anschlußstellen durch Stopfbüchsen oder Schlauchflansche festgelegt sind.

Instandhaltung und Wartung

Zur Erhaltung der Betriebssicherheit kann auch bei der elektrischen Ausrüstung auf ein Mindestmaß von Pflege nicht verzichtet werden.

Die Hersteller der Motoren verlangen, daß jährlich einmal die Wicklungen vom anhaftenden Schmutz gesäubert und dabei die Kugellager mit frischem Fett gefüllt werden. Die Kontakte der Walzenschalter und Schütze müssen von Zeit zu Zeit, nötigenfalls mit einer feinen Feile, von Brandstellen befreit und so nachgestellt werden, daß sie gut anliegen und genügend durchfedern. Ist eine Nachstellung nicht mehr möglich, dann sind sie zu erneuern. Leichtes Einfetten begünstigt die Gleitbewegung und verhindert so das Anbrennen. Bei Luftschützen sind sodann die Bewegungsstellen gelegentlich mit einem Tropfen Öl zu versehen.

Manche Störungen sind auf Wackelkontakte zurückzuführen, die häufig schwer aufzufinden sind. Deshalb müssen auch gelegentlich alle Klemmschrauben nachgezogen werden. Für einen Elektriker sind dies Selbstverständlichkeiten. Es ist also nur nötig, diese Instandhaltungsarbeiten in bestimmten Zeiträumen zu wiederholen, ihre Ausführung aber auch zu überwachen. Der Elektriker kann dann auch den Bedienungsmann der Maschine dahingehend belehren, daß es zwecklos ist, eine herausgesprungene thermische Motorschutzsicherung immer wieder einzudrücken, ohne vorher die Ursache, die Überlastung des Motors, zu beseitigen.

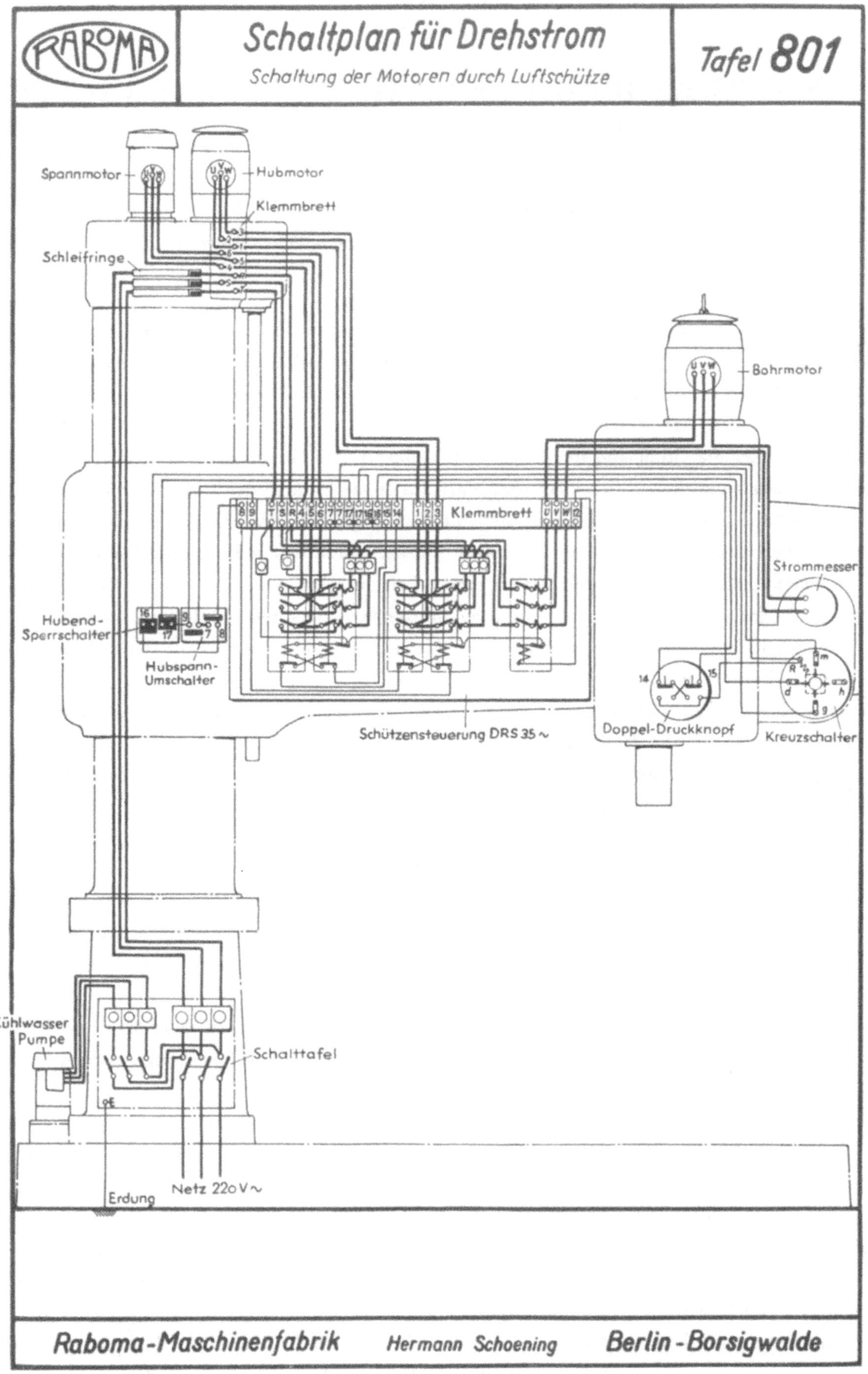
RABOMA
Schaltplan für Drehstrom
Schaltung der Motoren durch Luftschütze
Tafel 801
Spannmotor
Hubmotor
Klemmbrett
Schleifringe
Bohrmotor
Klemmbrett
Strommesser
Hubend-Sperrschalter
Hubspann-Umschalter
Schützensteuerung DRS 35 ~
Doppel-Druckknopf
Kreuzschalter
Kühlwasser Pumpe
Schalttafel
Erdung
Netz 220 V ~
Raboma-Maschinenfabrik
Hermann Schoening
Berlin-Borsigwalde

ABSCHNITT 81

DIE VERWENDUNG VON MEHRSPINDELBOHRKÖPFEN BEI RADIALBOHRMASCHINEN

Die Schnittzeit • Die Nebenzeiten
Die allgemeinen Nachteile des mehrspindligen Bohrens

Häufig taucht in der Reihenfertigung die Frage auf, wieweit mit einem Mehrspindelbohrkopf die Arbeitsleistung einer Radialbohrmaschine gesteigert werden kann. Den Ausgangspunkt bildet meist der Wunsch, die Schnittzeiten zu verkürzen und die Einstellzeiten von Loch zu Loch zu sparen, also kürzere Arbeitszeiten zu erreichen.

Der Leistung der Maschine sind durch die Vorschubkraft, das Drehmoment und den Antriebsmotor Grenzen gesetzt, und keine dieser Grenzen darf durch die Summe der Bohrerleistungen des Mehrspindelbohrkopfes überschritten werden. **In den Fällen, wo sich die Maschine schon mit einem einzigen Werkzeug voll ausnutzen läßt, können mehrere Werkzeuge, in einem Mehrspindelbohrkopf vereinigt, keinen Vorteil bringen,** da sie doch nur zu einem Teil ausgenutzt werden dürfen, um die Maschine nicht zu überlasten. Überlegungen, die darauf hinzielen, Mehrspindelköpfe zu verwenden, können also nur dort Erfolg haben, wo eine geringe Anzahl kleinerer Löcher mit einer entsprechend kräftigen Maschine zu bohren sind.

Auskunft über die zulässige Belastung der Maschine, die den Maßstab für die Beurteilung der Verwendungsmöglichkeit von Mehrspindelbohrköpfen bildet, geben die Leistungstabellen der Radialbohrmaschinen unter Beachtung des im Abschnitt 13: „Der Leistungsbereich einer Radialbohrmaschine“ Gesagten. Wenn also für eine Maschine mit 10-PS-Antriebsmotor die Schnittleistungsgrenze bei Löchern von 20 mm Durchmesser in Ge durch einen Vorschub von 1 mm/Uml. mit einer Schnittgeschwindigkeit von 56 m/min. gekennzeichnet ist, so können bei einem verringerten Vorschub von 0,50 mm/Uml. und einer Schnittgeschwindigkeit von nur 28 m/min. gleichzeitig vier Löcher gebohrt werden, weil gegenüber der Leistungstabelle sowohl der Vorschub als auch die Schnittgeschwindigkeit je auf etwa die Hälfte heruntergesetzt sind. In dem Beispiel wäre also ein solcher Fall gegeben.

Die Grenze für die Verwendung mehrerer Spindeln läßt sich demnach bei jeder Maschine leicht aus dem für den Bohrerdurchmesser in der Leistungstabelle als höchstzulässig angegebenen Vorschub und der Schnittgeschwindigkeit errechnen.

Eine andere Frage ist, wieweit Ersparnisse an den Nebenzeiten zu erzielen sind.

Bei guten Radialbohrmaschinen ist mit Schablonen, auf die auch bei Mehrspindelbohrköpfen nicht verzichtet werden kann, für die Verstellung der Bohrspindel von Loch zu Loch, einschließlich der Festspannung der Maschine, mit insgesamt nicht mehr als etwa 5 Sekunden zu rechnen, und es ist meist fraglich, ob es gelingen wird, die Einstellzeit für den Mehrspindelbohrkopf entsprechend niedrig zu halten. Folgende Umstände müssen dabei beachtet werden: Die Stellung eines Mehrspindelbohrkopfes ist bei einer **Ständerbohrmaschine** sowohl gegenüber der Maschine selbst als auch auf dem Weg über den Tisch gegenüber dem Werkstück festgelegt. Bei der **Radialbohrmaschine** dagegen werden beim Schwenken des Auslegers sämtliche Spindeln des Mehrspindelbohrkopfes auf Kreisen geschwenkt, deren Mittelpunkt die Säulenachse bildet. In der Regel müßte also bei der Verwendung eines Mehrspindelbohrkopfes der Ausleger festgespannt bleiben, damit das Lochbild zum Werkstück nicht verändert wird, weil sonst jedesmal neu eingestellt werden müßte. Dabei ginge aber der Vorteil der Radialen verloren, daß der Ausleger zum Beladen des Tisches weggeschwenkt werden kann.

Die allgemeinen Nachteile des Bohrens mit Mehrspindelbohrköpfen sind bekannt und brauchen deshalb nur kurz gestreift zu werden: der schlechte Wirkungsgrad infolge der meist recht ungünstigen Übersetzungen, die mangelhafte Lagerung der Spindeln und ihre unzulängliche Schmierung, die schwierige Einstellung der Bohrer auf gleiche Länge und ihre ungleiche Schnitthaltigkeit, die dazu führt, sie nur wenig zu beanspruchen, um eine lange Standzeit zu erreichen.

Zusammengefaßt kann gesagt werden, daß zwar häufig die Verhältnisse auf den ersten Blick zugunsten eines Mehrspindelbohrkopfes zu sprechen scheinen, daß aber bei näherer Prüfung die Fälle selten sind, wo aus seiner Verwendung tatsächliche Vorteile entstehen. Es kann sich dabei im allgemeinen nur um wenige Bohrungen von verhältnismäßig kleinem Durchmesser handeln.

Um aber nicht mißverstanden zu werden, sei noch besonders betont, daß bei diesen Überlegungen eine Gegenüberstellung der Radialbohrmaschine zur Mehrspindelbohrmaschine gänzlich ausscheidet. Wo in der Großreihenfertigung eine solche voll ausgenutzt ist, kann die Radialbohrmaschine nicht in Wettbewerb mit ihr treten.

ABSCHNITT 82

DAS VORSCHUBMASS

Die beiden Vorschubmaße: mm/Uml. und mm/min.
Die unterschiedliche Belastung des Vorschubwechselgetriebes
Die Auswirkung des Drehzahlwechsels der Bohrspindel auf die Spanstärke
Der Einfluß des Vorschubmaßes auf die Stückzeitrechnung

Bei Werkzeugmaschinen mit sich drehender Hauptspindel ist das Vorschubmaß nicht einheitlich. Je nachdem die Vorschubbewegung von der Hauptspindel abgeleitet wird oder von ihr unabhängig ist, sind Vorschübe in Millimetern je Umlauf der Hauptspindel (z. B. bei Bohrmaschinen) oder Vorschubgeschwindigkeiten in Millimetern je Minute (z. B. bei Fräsmaschinen) auf den Schaltschildern angegeben. Die beiden Vorschubarten wirken sich in der Praxis unterschiedlich aus. Auf Bohrmaschinen bezogen ergibt sich folgender Vergleich:

Vorschub in mm/Uml.

Durch Antrieb des Vorschubwechselgetriebes von der Bohrspindel wird erreicht, daß das Werkzeug bei jeder Umdrehung um ein dem eingestellten Vorschub entsprechendes Wegstück vorgeschoben wird (Tafel 820/1). Der Vorschub ist mit der Bohrspindel gekoppelt, und demgemäß ändert sich bei einem Drehzahlwechsel der Spindel nichts an der Stärke des Spanes, den jede Schneide des Werkzeuges bei einer Umdrehung abzuheben hat.

Vorschubgeschwindigkeit in mm/min.

Wird dagegen das Vorschubwechselgetriebe unmittelbar vom Bohrspindelantriebsmotor (Tafel 820/2) oder auch durch einen besonderen Motor angetrieben, so besteht keine Abhängigkeit zwischen der jeweiligen Drehzahl der Bohrspindel und dem eingestellten Vorschub. Letzterer läßt sich also nicht auf eine Umdrehung der Bohrspindel, sondern nur auf die Zeiteinheit beziehen und als Vorschubgeschwindigkeit in mm/min. messen.
Gegenüber dem Vorschub in mm/Uml. besteht der Unterschied, daß die Bohrspindel nicht je Umdrehung um ein bestimmtes Wegstück vorgeschoben wird, sondern je Minute, und daß die Spanstärke abhängig ist von der Zahl der Umdrehungen, die die Bohrspindel in der Minute macht. Bei einem Wechsel der Spindeldrehzahl ändert sich also die Spanstärke.

Die unterschiedliche Belastung des Vorschubwechselgetriebes

Das Vorschubwechselgetriebe, das die Aufgabe hat, das Werkzeug entgegen dem Widerstand des Werkstoffes vorzuschieben, muß für eine bestimmte Leistung um so größer bemessen werden, je kleiner seine Antriebsdrehzahl ist. Es wird beim Vorschub in mm/Uml. verhältnismäßig groß, weil es bei den niedrigen Spindeldrehzahlen ebenfalls niedrige Eigendrehzahlen hat.
Beim Vorschub in mm/min. ist die Antriebsdrehzahl des Vorschubgetriebes von der Spindeldrehzahl unabhängig und kann so groß wie möglich gewählt werden, zumal zum Schluß sowieso eine größere Untersetzung notwendig ist. Das Vorschubwechselgetriebe erreicht also in diesem Fall wegen der kleineren Drehmomente die räumlich kleinste Ausdehnung, was hinsichtlich der Konstruktion, der Herstellung und damit auch des Preises ein Vorteil ist.

Die Auswirkung des Drehzahlwechsels der Bohrspindel auf die Spanstärke

Bei einer Bohrspindeldrehzahl von 200 Uml/min. und einem Vorschub von 0,5 mm/Uml. als Beispiel wird das Werkzeug um 100 mm minutlich vorgeschoben (Tafel 820/1), ebenso mit einer eingestellten Vorschubgeschwindigkeit von 100 mm/min. (Tafel 820/2). In beiden Fällen kommt auf jede Schneide eines Spiralbohrers ein Span von 0,25 mm Stärke.

Muß nun die Schnittgeschwindigkeit, d. h. die Spindeldrehzahl, wie dies häufig vorkommt, wegen harter Stellen im Werkstoff, z. B. auf 100 Uml./min., also auf die Hälfte verringert werden, so zeigt sich die unterschiedliche Auswirkung beider Vorschubarten auf die Schneidenbelastung der Werkzeuge. Auch nach der Halbierung der Bohrspindeldrehzahl bleibt im ersten Fall beim Vorschub in mm/Uml. seine Größe von 0,5 mm/Uml. gleich und somit auch die auf jede Schneide des Spiralbohrers entfallende Spanstärke von 0,25 mm. Nur der Vorschub von 100 mm je Minute, die Vorschubgeschwindigkeit, wird halbiert, d. h. auf 50 mm verringert. Im zweiten Fall läuft der Vorschub auch nach dem Drehzahlwechsel der Bohrspindel mit 100 mm/min. weiter, trotzdem die Spindel selbst nur noch die halbe Umdrehungszahl macht. Die Bohrspindel wird also während einer Umdrehung um 1 mm vorgeschoben, und damit verdoppelt sich die Spanstärke auf 0,5 mm je Schneide.

Der Spanquerschnitt, den eine Schneide bei einem bestimmten Werkstoff abzutrennen vermag, bildet aber den Ausgangspunkt bei der Bemessung des Vorschubes. Ein Werkzeug mit nur zwei Schneiden wie der Spiralbohrer ist mindestens dort, wo wirtschaftlich gebohrt wird, auch voll, d. h. bis an seine Leistungsgrenze ausgenutzt. Einer Vergrößerung des Vorschubes auf das Doppelte wie im Beispiel könnte es nicht ohne Gefahr standhalten.

Anders ist dies bei Werkzeugen mit vielen Schneiden, z. B. Walzenfräsern. Hier liegen die Schnittverhältnisse so, daß eine Steigerung des Vorschubes, selbst auf ein Mehrfaches, kaum gefährlich werden kann, da mit Rücksicht auf den kleinen Fräsdorndurchmesser und auf den Wert des Werkzeuges die Belastung der einzelnen Schneiden in der Regel sehr niedrig angesetzt wird. Beim Fräsen ist also eine Vorschuberhöhung nicht so gefährlich wie beim Bohren.

Infolgedessen ist ein Vorschub in mm/min. an Fräsmaschinen brauchbar, nachteilig aber an Bohrmaschinen. Bei letzteren müßte mit jeder Drehzahlverminderung auch die Vorschubgeschwindigkeit verringert werden. Das kann aber vom Arbeiter weder verlangt noch erreicht werden, da er die Zusammenhänge nicht zu übersehen vermag.

Der Einfluß des Vorschubmaßes auf die Stückzeitrechnung

Bei beiden Vorschubarten bleibt die Rechnung die gleiche, da in jedem Fall die Belastungsfähigkeit einer Werkzeugschneide den Ausgangspunkt bildet. Wird z. B. eine Fräszeitberechnung gewissenhaft aufgestellt, so muß zuerst der für einen Fräserzahn zulässige Vorschub festgestellt werden. Aus der Zahl der Fräserzähne ergibt sich dann der Vorschub je Umdrehung und aus der gewählten Schnittgeschwindigkeit und damit der Spindeldrehzahl schließlich die Vorschubgeschwindigkeit in Millimetern je Minute. Diese Vorschubgeschwindigkeit wird meistens vorhandenen Tafeln entnommen, eine Erleichterung, die auch für Bohrmaschinen gegeben ist. In den sogenannten Leistungstabellen ist die Vorschubgeschwindigkeit ebenfalls verzeichnet und kann in gleicher Weise, den jeweiligen Verhältnissen angepaßt, für die Stückzeitrechnung herangezogen werden.

Das Vorschubmaß: Vorschubgeschwindigkeit in Millimetern je Minute bringt also bei der Bohrmaschine keine Vorteile; ein nach Millimetern je Umlauf der Bohrspindel rechnender Vorschub ist vorzuziehen.

RABOMA

Bohrmaschinen-Vorschubantriebe
und ihre Auswirkung auf die Schneidenbelastung der Bohrer

Tafel 820

1 Von der Bohrspindel **abhängiger Vorschub** in mm je Bohrspindel Umdr.

2 Von der Bohrspindel **unabhängiger Vorschub** in mm je Minute

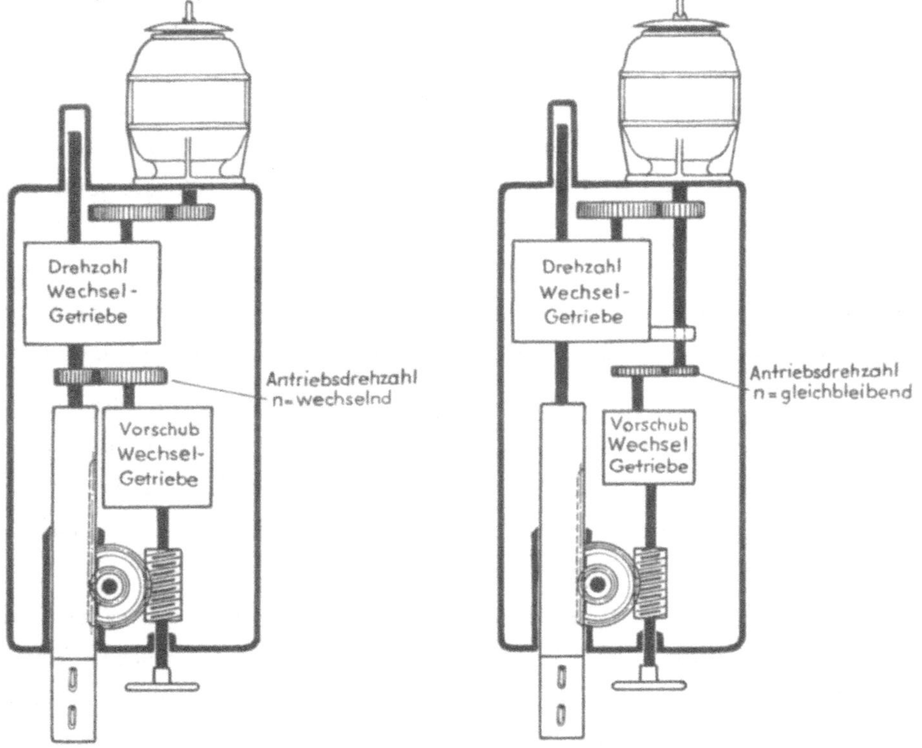

Wenn z.B. von 200 Umdr. auf 100 Umdr. umgeschaltet wird, ergibt sich folgende Abhängigkeit der Vorschübe:

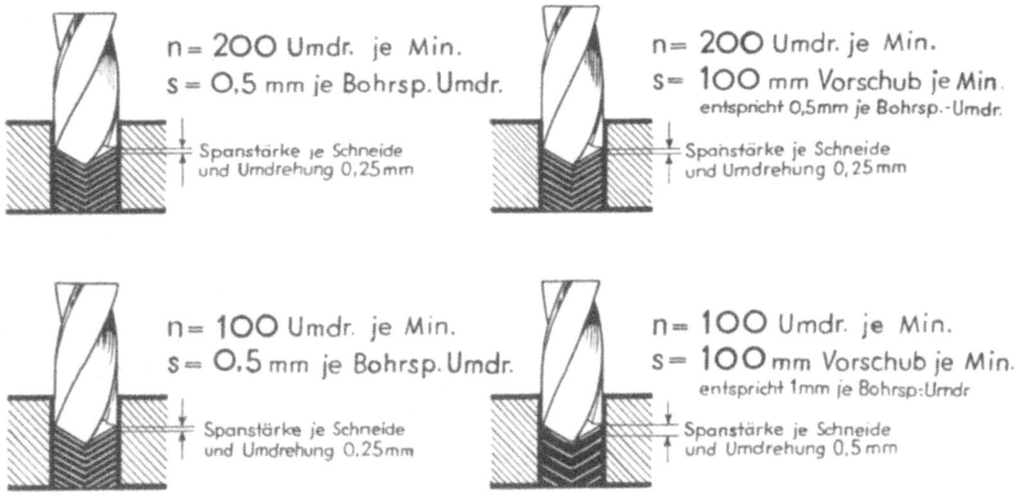

Bei Herabsetzung der Bohrspindeldrehzahlen ergibt sich:

Gleichbleibende Schneidenbelastung ⟷ Erhöhte Schneidenbelastung

Raboma-Maschinenfabrik *Hermann Schoening* **Berlin-Borsigwalde**

ABSCHNITT 83

SCHWINGUNGEN

Im Leerlauf oder beim Bohren auftretende Schwingungen • Resonanzschwingungen und ihre Vermeidung Die Resonanzzone • Schwingungen, verursacht durch einseitig wirkende Schnittkräfte

Beim Bohren mit der Radialbohrmaschine treten bisweilen Schwingungen auf, die der Maschine von irgendeiner Seite her aufgezwungen sind und deren Entstehungsursache zunächst nicht ohne weiteres erkennbar ist. Um abhelfen zu können, muß deshalb festgestellt werden, ob sie im Leerlauf oder nur beim Bohren vorkommen.

Schwingungen im Leerlauf der Maschine werden vornehmlich durch freie Massenkräfte umlaufender Teile angeregt. Ihr Ausgangspunkt liegt also in der Maschine selbst. Durch sorgfältiges Auswuchten des Rotors im Antriebsmotor und entsprechende Bearbeitung aller Getriebeteile ist bei guten Maschinen die Gefahr der Entstehung von Schwingungen dieser Art von vornherein beseitigt.

Beim Bohren auftretende Schwingungen dagegen gehen von den Werkzeugschneiden aus. Ihre Ursache sind Kraftschwankungen bei der Spanbildung. Die Abtrennung des Spanes erfolgt meist nicht in gleichmäßigem Fluß, sondern stoßweise: die Werkzeugschneiden werden abwechselnd bei der Bildung des Spanes belastet und beim Spanbruch wieder entlastet. Diese Stöße nimmt das Werkzeug auf und überträgt sie auf die Maschine.

Resonanzschwingungen und ihre Vermeidung

Bleibt die Zahl der Kraftschwankungen an den Werkzeugschneiden unter der Eigenschwingungszahl der Maschine, was üblicherweise der Fall ist, so werden sie durch die dämpfenden Kräfte der Maschine aufgezehrt, höchstens, daß gelegentlich ein leichtes, kaum störendes Rattern auftritt. Fällt sie aber mit der Eigenschwingungszahl der Maschine zusammen, so tritt **Resonanz** ein, die Maschine schaukelt sich auf und gerät mehr oder weniger heftig ins Schwingen (Resonanzschwingungen, Tafel 830/1). Diese Resonanz ist eine natürliche und auch auf anderen Gebieten, z. B. bei Motoren, bekannte Erscheinung. Bei Werkzeugmaschinen wurde sie so lange nicht beachtet, wie die Schnittgeschwindigkeiten klein blieben, so daß die Zahl der Kraftschwankungen an der Werkzeugschneide wesentlich unter der Eigenschwingungszahl der Maschine lag. Mit der Steigerung der Schnittgeschwindigkeiten rückt die Zahl der Schnittkraftschwankungen aber immer mehr in den Bereich der Eigenschwingungszahl der Maschine, so daß die Resonanz dem Betriebsmann heute eine durchaus geläufige Erscheinung ist, der er beispielsweise beim Fräsen durch die Wahl anderer Schneidenzahlen, Schneidenwinkel oder den Wechsel von Schnittgeschwindigkeit, Vorschub und Schnittiefe, also durch die Änderung der Zahl der Kraftschwankungen an den Werkzeugschneiden zu begegnen weiß.

Dieselben Mittel helfen auch bei der Radialbohrmaschine. Bei ihr treten Resonanzschwingungen allerdings verhältnismäßig selten auf, nämlich nur beim Bohren kleiner Löcher mit sehr hohen Schnittgeschwindigkeiten und ganz kleinen Vorschüben unter Verwendung normaler Werkzeuge, also bei Schnittleistungen, die in der Praxis seltener sind.

Durch Verringern der Schnittgeschwindigkeit, manchmal auch Vergrößern des Vorschubes oder durch Verändern des Werkzeuganschliffs läßt sich die Schwingungszahl der Spanbildung heruntersetzen. Leider wird von dieser Abhilfemöglichkeit beim Bohren selten Gebrauch gemacht. Der Dreher ändert bei eintretendem Rattern ganz selbstverständlich den Anschliff seines Stahles. Beim Bohren sollte dies ebenso selbstverständlich sein, denn der Spiralbohrer besitzt einen Universalanschliff, der nicht für jede Schnittleistung passend ist und der daher in besonderen Fällen geändert werden muß. Ein solcher Sonderfall liegt z. B. dann vor, wenn in der Resonanzzone gebohrt werden muß, weil in Rücksicht auf andere, denselben Arbeitsgang ausführende Maschinen einheitliche Drehzahlen und Vorschübe vorgeschrieben sind, die Änderung einer oder auch beider Größen demnach nicht ohne weiteres möglich ist. Hiergegen hilft nur ein Ändern des Anschliffes (Tafel 830/3).

Selbstverständlich handelt es sich dabei nur um kleine Korrekturen, die auch vollkommen genügen, z. B. um das Abziehen der Schneide mit dem Ölstein, also um eine geringe Veränderung des Spanwinkels oder auch des Hinterschliffs. Niemals darf aber der Spiralbohrer deswegen von Hand angeschliffen werden, denn nur der Maschinenschliff gibt den erforderlichen gleichmäßigen Schnitt.

Die andere Möglichkeit der Abhilfe von Schwingungen besteht gelegentlich in der Änderung der Eigenschwingungszahl der Maschine, und zwar dadurch, daß die Festspannung der Maschine bzw. des Bohrschlittens allein, etwas gelöst, d. h. die schwingende Masse geändert wird (Tafel 830/2).

Der Drehzahlbereich einer neuzeitlichen Radialbohrmaschine ist so außerordentlich groß, daß bei einer bestimmten Zusammensetzung von Bohrerdurchmesser, Drehzahl und Werkstoff Resonanz eintreten muß, um so mehr als zur Erregung meist schon ganz kleine Kräfte genügen. Bei den Raboma-Radialbohrmaschinen ist jedoch die **Resonanzzone,** d. h. der Bereich, in dem Resonanz auftritt, außerordentlich klein, so daß sie ohne Nachteil übergangen werden kann und daher keinesfalls stört.

Schwingungen, verursacht durch einseitig wirkende Schnittkräfte

Außer den erwähnten beiden Schwingungsarten tritt aber häufig noch eine dritte auf, wenn nämlich bei schweren Schruppschnitten wegen ungenügender oder fehlender Führung eines Werkzeuges mit einseitiger oder ungleicher Schneidenbelastung nicht nur das Werkzeug elastisch abgebogen, sondern auch der Ausleger hin- und hergerissen wird.

Im Abschnitt 23: „Der Einfluß der Werkzeugform auf das entstehende Loch“ ist dargelegt, daß Zapfensenker, Abfläch- und Ausbohrwerkzeuge, Ausschneidapparate u. ä. gut geführt werden müssen, wenn sie einwandfrei arbeiten sollen. Gegen diese Selbstverständlichkeit wird bedauerlicherweise außerordentlich häufig verstoßen, und ein mehr oder weniger starkes Hin- und Herschwanken des Auslegers ist bei schweren Schnitten die natürliche Folge. Viel trägt manchmal auch der falsche Anschliff bei. Bei Abflächmessern für Gußeisen z. B. wird meist ein Spanwinkel von 0° gewählt; ein solches Werkzeug neigt leicht zum Rattern.

RABOMA	**Schwingungen**	*Tafel* **830**

1 *Resonanzschwingungen beim Bohren von St. 60. 11.*
25 mm Ø, n = 475 U/min., v = 37 m/sec., s = 0,12 mm/U

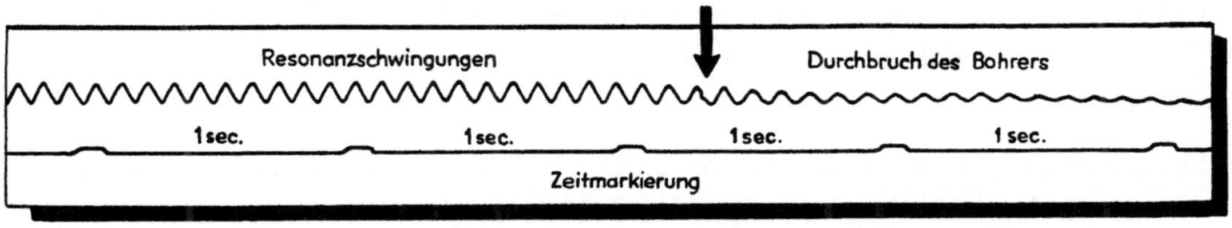

2 *Verkleinerung der Schwingungsausschläge durch Änderung der schwingenden Masse, in diesem Fall durch Lösen der Bohrschlitten-Festspannung.*

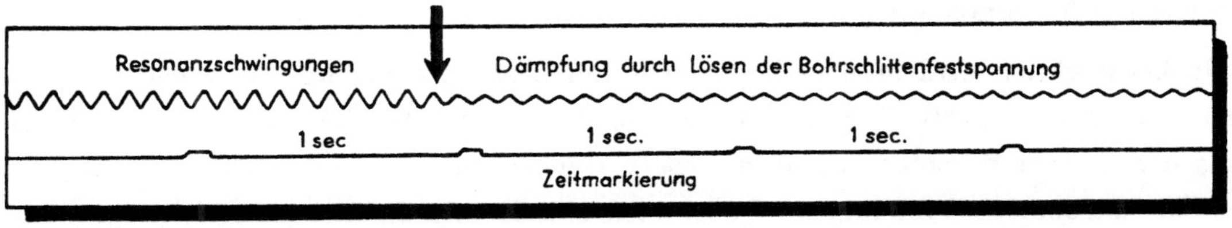

3 *Nach geringfügiger Änderung des Hinterschliffs an den Spiralbohrerschneiden (Abziehen mit dem Ölstein) arbeitet die Maschine schwingungsfrei.*

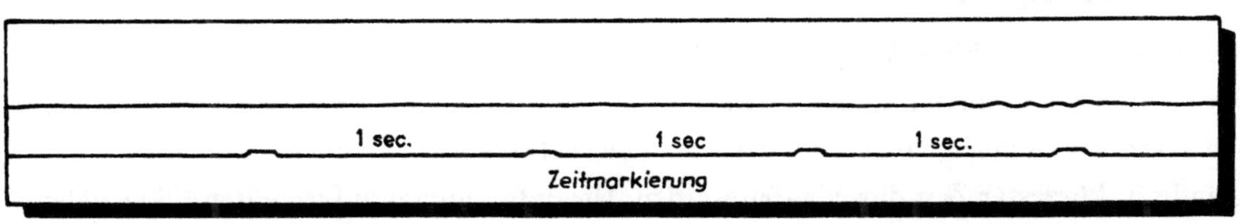

Raboma-Maschinenfabrik **Hermann Schoening** **Berlin-Borsigwalde**

ABSCHNITT 90

DIE HERSTELLUNG DER RABOMA-RADIALBOHRMASCHINE

Konstruktion • Fertigung • Planung

Hervorragende Leistungen sind nur durch Zusammenfassung aller Kräfte auf einem Sondergebiet möglich, wie dies bei den Raboma-Radialbohrmaschinen der Fall ist, auf deren Herstellung und Weiterentwicklung sich die Arbeitskraft und die vierzigjährigen Erfahrungen eines ganzen Werkes vereinigen.

Die Raboma-Radialen werden in großen Reihen und in einer Art von fließender Fertigung gebaut, deren Vorteile als bekannt vorausgesetzt werden können. Für den Käufer ist wichtig, daß auf diese Weise eine Maschine entsteht, die ein Höchstmaß von Güte mit Preiswürdigkeit vereint, weil alle Teile mit den besten Herstellungsverfahren austauschbar gefertigt sind, so daß eine vollkommene Betriebssicherheit gewährleistet ist.

Voraussetzung für diese Fertigung ist eine ausgereifte **Konstruktion.** In jeder neuen Raboma sind die aus laufenden Beobachtungen sorgfältig gesammelten Erfahrungen verwertet, vor allem auch die von gut geschulten Reisemonteuren aus fremden Betrieben mitgebrachten sowie die aus dem Kreis der Kundschaft bekanntgewordenen.

Jede Neukonstruktion wird in einer besonderen Entwicklungsabteilung als Probemaschine gebaut und ganz eingehend geprüft. Wir beschränken uns dabei nicht etwa nur auf die betriebsmäßige Erprobung der fertigen Maschine in langen Dauerversuchen, sondern prüfen schon vorher jedes Teilgetriebe auf besonderen Prüfständen. Dabei wird jede Bewegung und jeder Schaltvorgang durch selbsttätig arbeitende Geräte 100000mal, oft sogar noch häufiger wiederholt, entsprechend einer durchschnittlichen Betriebsdauer von zwei Jahren, und zwar unter den gleichen Verhältnissen, wie sie für die Maschine gegeben sind. Einzelne Teile oder auch ganze Gruppen werden verbessert, wenn nötig erneuert und wieder einer Dauerprüfung unterzogen, bis sie sowohl betriebs- als auch fertigungstechnisch die günstigste Gestalt erhalten haben. Eine zweite Probemaschine bzw. eine kleine Serie von wenigen Stücken wird, wenn irgend möglich, bei Kunden ausprobiert, und erst im Falle der vollständigen Bewährung wird in Reihen gebaut.

Entsprechend dem gewählten Verfahren ist die gesamte **Fertigung** der Teile unserer Maschinen, 5 verschieden schwere Baumuster in Ausladungen von 800—4500 mm umfassend, in einzelne Sondergruppen oder Abteilungen eingeteilt, die von den betreffenden Werkstücken mehr oder weniger zwangläufig in kürzester Zeit durchlaufen werden. Die dafür einmal aufgestellten Pläne haben Gültigkeit, solange sich das Erzeugnis nicht grundlegend ändert. Um die Austauschbarkeit zu gewährleisten, werden alle Teile ausnahmslos in Vorrichtungen bearbeitet.

Trotz dieser Unterteilung ist die Fertigung nicht starr, sondern beweglich, wie dies für ein Erzeugnis, das dauernd auf dem höchsten Stand der Entwicklung bleiben soll, unbedingt nötig ist. Bei jeder Reihe besteht nach entsprechend rechtzeitiger Vorbereitung die Möglichkeit, Neuerungen oder Verbesserungen durchzuführen.

In nicht zu feiner Gliederung sind folgende Bearbeitungs-Abteilungen eingerichtet:

Kurze Wellen
Zahnräder
Büchsen und ähnliche Teile
Hebel und Gehäuse
Lange Wellen und Spindeln
Bohrschlittenkörper und -kappen
Gestelle und Gestellteile.

Ihnen schließt sich die Vor- bzw. Gruppenmontage der Einheiten (Wendekupplung, Wellen, Schaltkopf, Bohrspindel, Gewichtsausgleich, Spannwerk usw.) sowie die Hauptmontage der Bohrschlitten und Gestelle an. Den Schluß bilden die Fertigrevision und die Abnahmeprüfung der ganzen Maschine. Die Ausbringung je Arbeitstag kann in weiten Grenzen dem Absatz angepaßt werden. Da es natürlich nicht möglich ist, jeden Tag ein anderes Bohrschlittenmodell mit seinen mehreren hundert Teilen zu bauen, wurde für die einfache Ausbringung die Zahl 24 als Mindeststückzahl einer Reihe zur Norm erhoben*.

Maßgebend war, daß damit auch in Zeiten geringeren Absatzes kein zu großer Vorrat an fertigen Bohrschlitten entsteht, während andererseits die Einrichtezeiten in wirtschaftlichen Grenzen bleiben. Bei erhöhter Ausbringung werden von jedem Baumuster mehrere Reihen, also ein Mehrfaches der Zahl 24 in Auftrag gegeben. Die Maschinengestelle dagegen, deren Herstellung wesentlich weniger Arbeitsgänge erfordert als die der Bohrschlitten, werden teilweise in kleineren Reihen hergestellt.

Der sogenannte „Arbeitstakt“ wechselt mit der Zahl der täglich gebauten Bohrschlitten und ist bei den einzelnen Baumustern verschieden. Er wird deutlich sichtbar in den Gruppen, in denen die großen, an jeder Maschine nur einmal vorkommenden Stücke hergestellt werden, ebenso in der Montage.

Die Zulieferung aus den Kleinteil-Gruppen ist so geregelt, daß diejenigen Teile in der Vormontage zuerst erscheinen, die dort zuerst gebraucht werden. Ein Zwischenlager wird nicht benötigt. Bei jeder Aufgabe einer Reihe wird eine Anzahl Teile mehr in Arbeit gegeben und nachher an das sogenannte Ersatzteillager geliefert, aus dem nach Bedarf Ersatz für Arbeitsausschuß oder für Instandsetzungen beim Kunden entnommen werden kann.

Die einzelnen Abteilungen enthalten sämtliche Arbeitsmaschinen, die zur einbaufertigen Bearbeitung der Stücke nötig sind. Sie stellen also gewissermaßen in sich abgeschlossene Werkstätten dar, die auch über die nötigen Schlosser, Entgrater, Revisoren usw. verfügen. Die Befürchtung, daß durch eine solche Aufteilung in mehrere Abteilungen manche Maschinen doppelt benötigt, aber nicht voll ausgenutzt würden, hat die Praxis als gegenstandslos erwiesen.

Es ergibt sich aber eine wesentliche Verringerung der Durchflußzeit der Werkstücke durch die Abteilungen, ferner Verkürzung der Transportwege, Erleichterung der Terminüberwachung und nicht zuletzt eine Leistungssteigerung dadurch, daß die einzelnen Leute an ihren Maschinen nur immer wieder dieselben Stücke fertigen.

In den Montage-Abteilungen wird nur zusammengebaut, d. h. Nacharbeiten sind nicht erlaubt. Da also nur passende Teile zusammengebaut werden können, werden auf diese Weise die Güte und die Genauigkeit der Einzelteile auf eine größtmögliche Höhe gebracht.

---

*) In Rucksicht auf das Mehrfachspannen muß die Mindeststuckzahl durch 2 und 3 bzw. ein Mehrfaches davon teilbar sein.

Die zusammengebauten Teil-Einheiten werden vor dem Einbau in die Bohrschlitten noch einmal geprüft, um sicher zu sein, daß bei der Abnahmeprüfung der fertigen Maschine nicht einzelne Teile, wie beispielsweise die Bohrspindel, ausgewechselt werden müssen, weil sie den an sie gestellten Ansprüchen hinsichtlich der Genauigkeit nicht genügen. Auch werden sowohl der fertige Bohrschlitten als auch das Gestell mit dem Hubwerk zur Sicherheit gegen das Auftreten mechanischer Fehler, ferner zur Prüfung der Laufruhe, der Schmierung, der Schaltungen usw. einer vorläufigen Laufprobe unterzogen, ehe die Maschine in die Fertigrevision geht. Erst in dieser Abteilung erhält sie zum Schluß ihre vollständige elektrische Ausrüstung und wird nach den DIN-Vorschriften abgenommen.

Zum **Transport** durch die Werkstatt liegen die Teile in Kästen, die innerhalb der Abteilungen von Hand verschoben werden. Den Weitertransport der fertigen Teile zum Bereitstellungsplatz in der Montage besorgen Elektrokarren. Die besondere Form der Transportkästen macht es möglich, sie in der Montage zu Regalen aufeinanderzustellen, um aus ihnen die Teile zum Zusammenbau handgerecht entnehmen zu können.

Die **Planung** richtet sich nach dem Verkauf des jeweils vorhergehenden Zeitraumes. Die verschiedenen Baumuster folgen nach Bedarf hintereinander, und zwar werden immer so viele Reihen desselben Baumusters zusammengefaßt, wie die Rücksicht auf die Lieferzeiten es zuläßt. Auf diese Weise entsteht ein Fertigungsplan, aus dem auf den Tag genau ersichtlich ist, wann die Bohrschlitten der einzelnen Reihen fertig werden und damit auch, zu welchem Zeitpunkt eine Maschine lieferbar ist. Somit kann sich der Käufer auf die von der Verkaufs-Abteilung gegebenen Lieferfristen unbedingt verlassen.

Diese Organisation hat sich sowohl bei kleinem Umsatz als auch in den Zeiten höchster Anspannung vollkommen bewährt.

ABSCHNITT 91

ZUSAMMENBAU UND PRÜFUNG DER RABOMA-RADIALBOHRMASCHINEN*)

Der Zusammenbau von Werkzeugmaschinen in Reihenstückzahlen stellt zwei Aufgaben. Einerseits muß aus den Einzelteilen mit ihren zulässigen Abweichungen von den Nennmaßen jene Genauigkeit des Ganzen zusammengestellt werden, welche die Maschine kennzeichnet, andererseits gilt es, die Arbeitsweise beim Zusammensetzen der Teile so wirtschaftlich wie möglich zu gestalten.
Die erste Forderung führt zu verschiedenen **konstruktiven Maßnahmen** und zu Überlegungen über die zweckmäßigste Vermaßung (Toleranzgebung).

Der Zusammenbau von Teilen, die lehrenhaltig nach einer bestimmten Passung hergestellt sind, ergibt beim Zusammentreffen der Grenzmaße die bekannten Abweichungen vom Nennmaß in den Schlußgliedern, die in gewissen Fällen für die Genauigkeit der Maschine nicht tragbar sind. Sie zu beseitigen, gibt es verschiedene Wege.

1. Die zulässigen Abweichungen für das einzelne Werkstück werden verengt. Das führt jedoch zu einer empfindlichen Erhöhung der Herstellungskosten.
2. Das Aussuchen der nach einer bestimmten Passung hergestellten Einzelteile. In der Regel genügt ein Aussondern nach einer oberen und einer unteren Hälfte des Toleranzfeldes, um beim Zusammenfügen genau passende Teile zu finden.
3. Die Vermaßung wird so sorgfältig überdacht, daß die Genauigkeit am Werkstück nur dort verlangt wird, wo sie unbedingt erforderlich ist.
4. Die Anordnung von Ausgleichsgliedern, die erst beim Zusammenbau fertiggestellt und angepaßt werden.

Die zweite Forderung, die größtmögliche Wirtschaftlichkeit der Arbeitsweise, wird erfüllt durch weitgehende **Unterteilung** der Gesamtarbeit.

Bild 910: Nach der Schlußprüfung in den mechanischen Werkstätten werden die Einzelteile am Bereitstellungsplatz gesammelt; von hier gelangen sie zum Zusammenbau der Einheiten.

Bild 911: Zusammenbau der Wendekupplung. Die Kästen dienen hier übereinandergestellt als Regale zur Lagerung der Teile.

*) Aufsatz von Dr. Forster in der Zeitschrift Werkstattstechnik und Werksleiter. 1939; Heft 5.

Bild 912: Die fertigen Einheiten wandern aus dem Schraubstock auf Gestelle, die gleichlaufend zum Fluß des Zusammenbaues der Bohrschlitten stehen.

Bild 913: Der weitere Zusammenbau erfordert keine Anpassungsarbeiten mehr. Deshalb werden auf den beiden letzten Arbeitsplätzen keine spanabhebenden Werkzeuge (Feilen, Meißel, Bohrer) mehr gebraucht. Die Abbildung mag auf den ersten Blick gestellt aussehen, ist aber ohne Vorbereitung mitten bei der Arbeit aufgenommen.

So selbstverständlich es ist, daß bei der Herstellung eines Werkstückes nicht ein Mann nacheinander die Dreh-, Fräs-, Bohr- und Schleifarbeiten ausführt, genau so zweckmäßig ist es, nicht von einem einzigen eine ganze Maschine aus den fertigen Einzelteilen zusammensuchen zu lassen.

Baut aber eine Gruppe die Maschinen zusammen, so bildet sich bald der Zustand heraus, daß ein bestimmter Mann immer wieder mit den gleichen Arbeiten beschäftigt wird, einfach deshalb, weil er sie von allen in besonders vorteilhafter Weise und darum am sichersten und in der kürzesten Zeit erledigt. Führt die Gruppe ihre Arbeiten im Stücklohn aus, dann läßt sich kein tüchtiger Gruppenführer diesen Vorteil entgehen, und jeder Mann in der Gruppe macht mit, weil es sein eigener Vorteil ist.

Dieser Zustand muß **bewußt** angestrebt werden beim Zusammenbau in Reihenstückzahlen. **Die Gesamtarbeit wird in Gruppen unterteilt,** um die Vorteile der größeren Stückzahl und der gleichbleibend wiederkehrenden Arbeit zu erreichen. Diese Vorteile sind bekannt, es wird erreicht:

1. daß jeder Arbeitskamerad einen übersichtlichen, begrenzten Arbeitsbereich erhält,
2. daß er nach kurzer Zeit die Sonderaufgaben seines Bereiches genau kennt und weiß, auf welche Feinheiten er besonders zu achten hat. Dabei sammelt er infolge der größeren

Bild 914: Das Maschinengestell ist aus Grundplatte, Ständer, Ausleger und Windwerk zusammengesetzt. Die Abbildung zeigt das Aufziehen des Auslegers auf dem Ständer, Die Ausleger-Einheit ist zum Anbau des Windwerkes fertiggestellt. Auch die elektrische Ausrüstung ist schon in der Kammer eingebaut und braucht später, wenn die Maschine den Zusammenbau verläßt, nur noch angeschlossen zu werden.

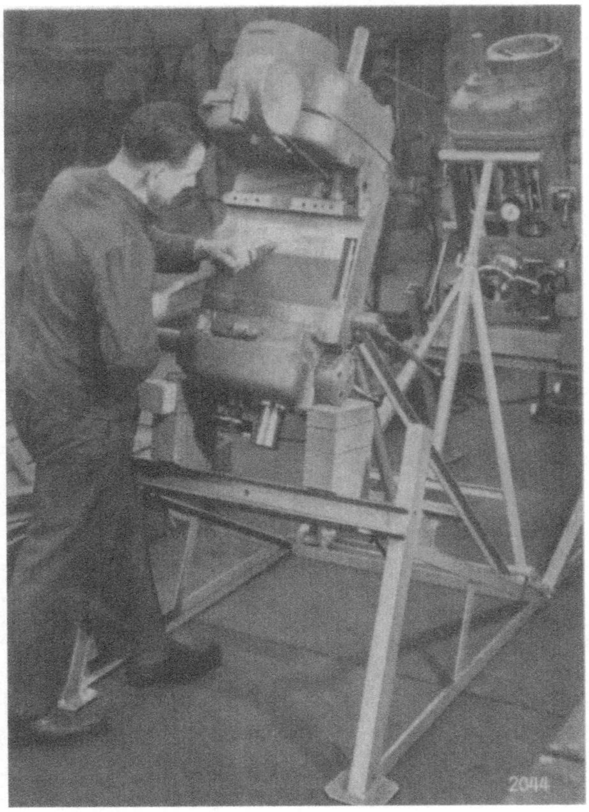

Bild 915: Baugruppen sind unter anderen das Aufsetzen und Einfahren des Windwerkes, oder das Aufschaben des Bohrschlittens. Für letztere Arbeit ist wieder ein besonderer Bock vorhanden, der die Aufgabe wesentlich erleichtert.

Stückzahl rasch Erfahrungen und kann die Genauigkeit der Arbeit steigern,

3. daß er die Arbeitsfolge klar überschaut und auf Grund der Übung imstande ist, die einzelnen Arbeitsgänge sicher und rasch zu wiederholen, ohne daß die Genauigkeit gefährdet wird. So wird auch die Ausbringung gesteigert.

Die Voraussetzung für die Unterteilung des Zusammenbaues ist die **konstruktive** Teilung und damit die **Schaffung von Einheiten,** wie etwa Schieberadsätze, Kupplungen, Schaltungen u.a., welche für sich zum Einbau vollständig fertiggestellt werden können.

Diese Einheiten müssen bei der **Konstruktion bewußt gestaltet werden.** Sie entstehen nicht von selbst aus dem Gesamtmechanismus der Maschine. Sie sind zu untersuchen auf ihre **Ein- und Ausbaufähigkeit,** außerdem darauf, ob die Endabweichungen der Kettenmaße in solchen Grenzen liegen, daß die **Einheiten unter sich vollständig austauschbar** sind.

Sind diese Einheiten geschaffen, dann ist es erforderlich, sie in der richtigen Reihenfolge und auf dem kürzesten Weg an die Maschine heranzubringen. Auch die Einbauarbeiten selbst werden zweckmäßig wieder unterteilt, damit jeder Arbeitskamerad beim endgültigen Zusammenbau einen leicht überschaubaren Arbeitsbereich erhält, dessen Aufgaben genau festgelegt sind und einfach überwacht werden können. So entstehen die einzelnen **Schlossergruppen.** Sie arbeiten vielfach mit Sonderwerkzeugen und Vorrichtungen für einzelne Arbeiten. Gelegentlich stellen auch Einbaulehren die Austauschbarkeit der Einheiten

Bild 916: Der Bohrschlittenkörper wird zum Einbau der Teile und Einheiten auf einem besonderen um 90° schwenkbaren Bock festgespannt. Darauf wandert er im Takt von der ersten Schlossergruppe bis zur vierten und weiter auf den Prüfstand [im Hintergrund sichtbar als erhöhte Rampe]. Dort wird das richtige Zusammenarbeiten aller Teile und Einheiten festgestellt.
Die beiden ersten Schlossergruppen haben eine Reihe von spanabhebenden Anpassungs- und Verbohrungsarbeiten zu erledigen. Darum werden in der 3. Gruppe [im Vordergrund] die Teile zunächst wieder ausgebaut und sorgfältig gereinigt.

sicher. Wichtig ist, daß die Teile wirklich einbaufertig aus den Teilwerkstätten angeliefert werden. Z. B. müssen alle Entgratarbeiten und das Aufstempeln der Zeichnungsnummer schon dort geschehen. Für den Schlosser in der Baugruppe wären das störende Nebenarbeiten.

Hierbei tritt nun die Frage auf, wer für die Güte des Zusammenbaues verantwortlich ist, wenn die Arbeit in so viele einzelne Arbeitsgänge getrennt wird. Jeder Mann ist verantwortlich für die Güte der von ihm zusammengesetzten Einheiten, ebenso jede Schlossergruppe für die Brauchbarkeit der von ihr geleisteten Arbeit. Die Prüfung der Einheiten wird zwar in der Regel von der nächsten Gruppe vorgenommen, aber tatsächlich zeigt meist erst der Lauf der Maschine, ob alles in Ordnung ist. Selbst ein einfaches Zahnrad kann ja erst in der fertigen Maschine beweisen, ob es die verlangte Laufruhe ergibt.

Bild 917: Das Maschinengestell bleibt, nachdem es einmal sorgfältig nach der Wasserwaage ausgerichtet ist, auf seinem Platze stehen und die Schlossergruppen kommen eine nach der anderen heran, um ihre besondere Arbeit auszuführen.

Bild 918: Die Werkabnahme der fertig gebauten Maschine wird in einem getrennten Raum durchgeführt. Dabei wird jede Funktion noch einmal mit großer Sorgfalt geprüft. Das Bild zeigt die Umschlagmessung. An diese schließen sich an die Prüfung des Rundlaufs der Bohrspindel und die Messung der Vorschubbewegung entlang einem rechten Winkel, der auf die Grundplatte gestellt wird.

Am günstigsten ist die Aufteilung, wenn jede folgende Schlossergruppe erst dann weiterbauen kann, wenn die vorherige ihre Arbeit zuverlässig und einwandfrei erledigt hat.

Wie bei allen wiederkehrenden Arbeiten ist auch beim Zusammenbau die **Ordnung auf dem Arbeitsplatz** von großer Wichtigkeit, und zwar nicht allein übersichtliche Lagerung der zum Einbau kommenden Werkstücke, sondern auch Übersicht über die benutzten Werkzeuge. Ihr Bild auf dem Arbeitstisch muß sich dem Gedächtnis so einprägen — es muß immer genau das gleiche bleiben —, daß während der Arbeit gar kein Fehlgriff mehr möglich ist (Abb. 912 u. 915). Auch das gebrauchte Werkzeug muß also auf seinen einmal gewählten Platz mit solcher Sicherheit zurückgelegt werden, daß bei späterer

Bild 919: Die Aufbäumung der Maschine wird am Auslegerende (ungünstigster Belastungsfall] gemessen. Zur Erzeugung der Vorschubkraft wird ein Kraftbügel benutzt. Nach diesen statischen Prüfungen wird durch mehrfaches Probebohren die Arbeitsleistung der Maschine gemessen.

Benützung keine Suchsekunde erforderlich wird. So werden die **Nebenzeiten beim Zusammenbau** auf ein Mindestmaß beschränkt.

Der einmal geweckte Ordnungssinn wird sich auch auf die Sorgfalt und Genauigkeit der Arbeit günstig auswirken. Zu Anfang sträubt sich der an selbständige Arbeit gewöhnte Schlosser gegen den scheinbar pedantischen Zwang, der ihm auferlegt wird. Hat er aber einmal begriffen, daß seine Selbständigkeit dadurch gar nicht gefährdet wird, sondern daß es sich um seinen eigenen Vorteil handelt, dann macht er selbst Anstrengungen, sein Werkzeug jederzeit gebrauchsfertig vor sich zu haben.

Selbstverständlich müssen die Arbeitskameraden mit ihren Sonderaufgaben vertraut gemacht und etwa bei der Entwicklung einer neuen Bauart besonders geschult werden, doch wird dies durch die weitgehende Unterteilung verhältnismäßig leicht und dauert nicht sehr lange, vorausgesetzt, daß die Grundkenntnisse des Faches beherrscht werden.

Wo beim Zusammenbau von Gruppe zu Gruppe ein **Arbeitstakt** eingeführt werden kann, da vereinfacht sich die Schreibarbeit der Abrechnung sehr wesentlich, denn es braucht nur die Leistung der Endgruppe beobachtet zu werden, die sich auf allen Vorleistungen aufbaut.

Schließlich ist die Frage nicht mehr schwer zu entscheiden, ob die Maschine beim Zusammenbau von einer Schlossergruppe zur anderen wandern soll, oder ob umgekehrt die Maschine an ihrem Platze stehen bleibt und die Schlossergruppen nacheinander herankommen. Es kann sich nicht darum handeln, etwa die Arbeit im Gleichtakt nur gerade in der Form des fortbewegten Hauptstückes durchzuführen, sondern es kommt darauf an, für jeden Fall den kürzesten und darum billigsten Weg zu finden. Wo Gleichtakt ist, da liegt auch Fließarbeit im weiteren Sinne vor mit allen ihren Vorteilen.

Nach diesen Überlegungen wird der reihenmäßige Zusammenbau der **Raboma-Maschine** vorgenommen, wie ihn die Bilder 910 bis 919 zeigen.

NORMBLATT*)-VERZEICHNIS

Gruppe DIN-Blatt Nr.	Benennung
Zahlen, Maßwesen, Normung	
3	Normaldurchmesser
102	Bezugstemperatur der Meßwerkzeuge und Werkstücke
323	Normungszahlen, dezimal-geometr. Reihen
4890/2...	Zoll-Millimeter, Umrechnungstafel
DIN- und ISA-Passungen	
7165	Gesamtübersicht, Einheitsbohrung, Nennabmaße
7166	Einheitswelle, Nennabmaße
Metrisches Gewinde	
13	Metr. Gewinde v. 1 bis 10 mm ∅
14	Metr. Gewinde v. 6 bis 149 mm ∅
241	Metr. Feingew. 1 v. 154 bis 499 mm ∅
242	Metr. Feingew. 2 v. 24 bis 189 mm ∅
243/1..3	Metr. Feingew. 3 v. 1 bis 300 mm ∅
516	Metr. Feingew. 4 v. 12 bis 250 mm ∅
517	Metr. Feingew. 5 v. 9 bis 82 mm ∅
518	Metr. Feingew. 6 v. 6 bis 80 mm ∅
519	Metr. Feingew. 7 v. 4,5 bis 80 mm ∅
520	Metr. Feingew. 8 v. 3 bis 50 mm ∅
521	Metr. Feingew. 9 v. 2,3 bis 22 mm ∅
Whitworth-Gewinde	
11/2...	Whitworth-Gewinde, Gewindegrenzmaße fein
239	Whitworth-Feingew. 1 v. 56 bis 499
240	Whitworth-Feingew. 2 v. 20 bis 189
259	Whitworth-Rohrgew. ohne Spitzenspiel
260	Whitworth-Rohrgew. mit Spitzenspiel
Schrauben, Muttern	
69	Durchgangslöcher für Schrauben
918/1..3	Schrauben und Muttern, Benennungen
Stifte	
1	Kegelstifte
7	Zylinderstifte
92	Verteilung der Splinte und Kegelstifte auf Bolzen- und Schraubendurchmesser
257	Kegelstifte mit Gewindezapfen, Whitworth-Gewinde 1/4″ bis 1 1/2″
258	Kegelstifte mit Metr. Gewinde M 5 bis M 39
Schmierung, Kühlung	
6543	Lagerschmieröl
6557	Schneid- und Kühlöl für Metallbearbeitung (mit Wasser nicht mischbar)
6558	Kühlmittelöl für die Metallbearbeitung (mit Wasser mischbar, sog. wasserlösliches Bohröl)
6562	Wälzlagerfett
Anstrich von Werkzeugmaschinen	
1842	Anstrich von Werkzeugmaschinen, Farbton
Werkzeugbefestigung, Werkstückbefestigung	
10	Vierkante für Werkzeuge
228	Werkzeugkegel, Schaft und Hülse, Konstruktionsblatt
231	Morsekegel, Schaft und Hülse

Gruppe DIN-Blatt Nr.	Benennung
Werkzeugbefestigung, Werkstückbefestigung	
233	Metrische Kegel, Schaft und Hülse
238	Bohrfutterkegel
317	Austreiber für Werkzeugkegel nach DIN 228
332	Zentrierbohrungen
508	T-Nutensteine
650	Bearbeitete T-Nuten
651	Unbearbeitete T-Nuten
1806	Querkeilbefestigung, Schäfte
1807	Hülsen (Bohrspindel)
1808	Einsatzhülsen
Werkzeugbewegung	
860	Richtwerte für Leerlaufdrehzahlen bei Werkzeugmaschinen und Getrieben
1403	Bewegungsrichtungen an Bohrmaschinen
Vorrichtungen	
172	Bundbohrbuchsen
173	Einsteckbohrbuchsen und Ansatzschrauben
179	Zylindrische Bohrbuchsen
180	Kegelige Bohrbuchsen
6314	Spanneisen, einfach
6315	Spanneisen, U-förmig
6316	Spanneisen, gekröpft
6317	Spanneisen, doppelt gekröpft
6318	Treppenböcke für Spanneisen
6319	Kugelscheiben und Kugelpfannen
6320	Füße mit Gewindezapfen
6321	Auflagebolzen
Bohrer, Senker, Reibahlen	
331	Anbohrer
336	Bohrerdurchmesser für Gewindekernlöcher, Richtlinien
337	Kurze Spiralbohrer mit Zylinderschaft aus Werkzeugstahl, Konstruktionsblatt
338	Kurze Spiralbohrer mit Zylinderschaft und Mitnehmerlappen aus Schnellstahl, Konstruktionsblatt
339	Lange Spiralbohrer mit Zylinderschaft aus Werkzeugstahl, Konstruktionsblatt
340	Lange Spiralbohrer mit Zylinderschaft und Mitnehmerlappen aus Schnellstahl, Konstruktionsblatt
341	Spiralbohrer mit Morsekegel aus Werkzeugstahl, Konstruktionsblatt
342	Untermaße für Spiralsenker und Aufstecksenker
343	Spiralsenker mit Kegelschaft Konstruktionsblatt
344	Spiralsenker mit Zylinderschaft, Konstruktionsblatt
345	Spiralbohrer mit Morsekegel aus Schnellstahl, Konstruktionsblatt
346	Spiralbohrer mit stärkerem Morsekegel aus Schnellstahl, Konstruktionsblatt
365	Herstellungsgenauigkeit rund geschliffener Spiralbohrer, Spiralsenker und Aufstecksenker

*) Die Normblatter sind von der Beuth-Vertrieb GmbH., Berlin SW 68, zu beziehen.

Gruppe	DIN-Blatt Nr.	Benennung
Senker		
	222	Aufstecksenker, Konstruktionsblatt
	320	Zentrierbohrer für Schutzsenkung
	321	Senker für Körnerloch mit Schutzsenkung
	333	Zentrierbohrer
	334	Spitzsenker 60°
	335	Spitzsenker 90°
	347	Spitzsenker 120°
	348	Senker 30° (für Kegelsenkschrauben)
	370	Kopfsenker für Zylinderschrauben nach DIN 65 (Whitworth-Gewinde)
	381	Spitzsenker 75°
Reibahlen		
	208	Maschinen-Reibahlen mit Morsekegel, unverstellbar
	209	Maschinen-Reibahlen mit Morsekegel und aufgeschraubten Messern
	210	Maschinen-Reibahlen mit Morsekegel, nachstellbar
	211	Grundreibahlen mit Morsekegel, nachstellbar
	212	Maschinen-Reibahlen mit Zylinderschaft, unverstellbar
	213	Maschinen-Reibahlen mit Vierkant, unverstellbar
	214	Maschinen-Reibahlen mit Vierkant und aufgeschraubten Messern
Reibahlen		
	215	Maschinen-Reibahlen mit Vierkant, nachstellbar
	216	Grundreibahlen mit Vierkant, nachstellbar
	217	Aufsteckhalter mit Morsekegel für Reibahlen und Senker
	218	Aufsteckhalter mit Vierkant für Reibahlen und Senker
	219	Aufsteck-Reibahlen, unverstellbar, Konstruktionsblatt
	220	Aufsteck-Reibahlen m. aufgeschraubten Messern, Konstruktionsblatt
	221	Aufsteck-Grundreibahlen, nachstellbar, Konstruktionsblatt
	369	Einstellringe für Reibahlen
Gewindebohrer		
	351	Handgewindebohrer für Whitworth-Gewinde nach DIN 11
	352	Handgewindebohrer für Metrisches Gewinde nach DIN 13 und 14
	353	Handgewindebohrer für Whitworth-Rohrgewinde nach DIN 259 u. 260
	510	Maschinen-Backengewindebohrer für Whitworth-Gewinde nach DIN 11
	511	Maschinen-Backengewindebohrer für Metr. Gewinde nach DIN 13 u. 14
	512	Maschinen-Backengewindebohrer für Whitworth-Rohrgewinde nach DIN 259 und 260

STICHWORT-VERZEICHNIS

S

Sch

St

GPSR Compliance

The European Union's (EU) General Product Safety Regulation (GPSR) is a set of rules that requires consumer products to be safe and our obligations to ensure this.

If you have any concerns about our products, you can contact us on ProductSafety@springernature.com

In case Publisher is established outside the EU, the EU authorized representative is:

Springer Nature Customer Service Center GmbH
Europaplatz 3
69115 Heidelberg, Germany

Batch number: 10684218

Printed by Printforce, the Netherlands